航空发动机基础与教学丛书

旋转盘腔复杂流动与轮缘封严

胡剑平　杜　强　谢　坐　刘振侠　著

U0263501

科学出版社

北　京

内 容 简 介

本书是西北工业大学与中国科学院工程热物理研究所两个研究团队的科研成果结晶,总结了团队对于航空发动机/燃气轮机的旋转盘腔内非定常流动、边界层的不稳定性的流动机理以及旋转盘腔轮缘封严燃气入侵机理及抑制策略的最新研究成果,内容包括简单盘腔、横流盘腔、带涡轮主流横流盘腔内的非定常流动及转/静盘边界层内流动不稳定性,结构对轮缘封严及盘腔内流动的影响,轮缘封严燃气入侵的抑制策略。

本书可作为从事航空发动机/燃气轮机空气系统研究、设计的工程技术人员、高等院校相关领域的教师及研究生的参考用书,也可作为高等院校航空发动机专业的研究生教材。

图书在版编目(CIP)数据

旋转盘腔复杂流动与轮缘封严 / 胡剑平等著. —北京：科学出版社,2024.6
(航空发动机基础与教学丛书)
ISBN 978 – 7 – 03 – 077962 – 5

Ⅰ. ①旋… Ⅱ. ①胡… Ⅲ. ①航空发动机—燃气轮机—空气动力学—研究 Ⅳ. ①V235.1

中国国家版本馆 CIP 数据核字(2024)第 031552 号

责任编辑：胡文治 / 责任校对：谭宏宇
责任印制：黄晓鸣 / 封面设计：殷 靓

科 学 出 版 社 出版
北京东黄城根北街 16 号
邮政编码：100717
http://www.sciencep.com

南京展望文化发展有限公司排版
上海锦佳印刷有限公司印刷
科学出版社发行　各地新华书店经销

*

2024 年 6 月第 一 版　开本：B5(720×1000)
2024 年 6 月第一次印刷　印张：20
字数：392 000
定价：**150.00 元**
(如有印装质量问题,我社负责调换)

丛 书 序

　　航空发动机是"飞机的心脏",被誉为现代工业"皇冠上的明珠"。航空发动机技术涉及现代科技和工程的许多专业领域,集流体力学、固体力学、热力学、燃烧学、材料学、控制理论、电子技术、计算机技术等学科最新成果的应用为一体,对促进一国装备制造业发展和提升综合国力起着引领作用。

　　喷气式航空发动机诞生以来的 80 多年时间里,航空发动机技术经历了多次更新换代,航空发动机的技术指标实现了很大幅度的提高。随着航空发动机各种参数趋于当前所掌握技术的能力极限,为满足推力或功率更大、体积更小、质量更轻、寿命更长、排放更低、经济性更好等诸多严酷的要求,对现代航空发动机发展所需的基础理论及新兴技术又提出了更高的要求。

　　目前,航空发动机技术正在从传统的依赖经验较多、试后修改较多、学科分离较明显向仿真试验互补、多学科综合优化、智能化引领"三化融合"的方向转变,我们应当敢于面对由此带来的挑战,充分利用这一创新超越的机遇。航空发动机领域的学生、工程师及研究人员都必须具备更坚实的理论基础,并将其与航空发动机的工程实践紧密结合。

　　西北工业大学动力与能源学院设有"航空宇航科学与技术"(一级学科)和"航空宇航推进理论与工程"(二级学科)国家级重点学科,长期致力于我国航空发动机专业人才培养工作,以及航空发动机基础理论和工程技术的研究工作。这些年来,通过国家自然科学基金重点项目、国家重大研究计划项目和国家航空发动机领域重大专项等相关基础研究计划支持,并与国内外研究机构开展深入广泛合作研究,在航空发动机的基础理论和工程技术等方面取得了一系列重要研究成果。

　　正是在这种背景下,学院整合师资力量、凝练航空发动机教学经验和科学研究成果,组织编写了这套"航空发动机基础与教学丛书"。丛书的组织和撰写是一项具有挑战性的系统工程,需要创新和传承的辩证统一,研究与教学的有机结合,发展趋势同科研进展的协调论述。按此原则,该丛书围绕现代高性能航空发动机所涉及的空气动力学、固体力学、热力学、传热学、燃烧学、控制理论等诸多学科,系统介绍航空发动机基础理论、专业知识和前沿技术,以期更好地服务于航空发动机领域的关键技术攻关和创新超越。

　　丛书包括专著和教材两部分,前者主要面向航空发动机领域的科技工作者,后者则面向研究生和本科生,将两者结合在一个系列中,既是对航空发动机科研成果的及时总结,也是面向新工科建设的迫切需要。

　　丛书主事者嘱我作序,西北工业大学是我的母校,敢不从命。希望这套丛书的出版,能为推动我国航空发动机基础研究提供助力,为实现我国航空发动机领域的创新超越贡献力量。

2020 年 7 月

前 言

涡轮盘腔由于其特殊的位置和结构,在发动机运行过程中可能会受到主流高温燃气的入侵,从而导致轮盘超温、破裂等严重影响发动机安全运行的问题,同时由于涡轮盘腔流动特性十分复杂,影响因素众多,导致腔内参数预测十分困难,因此开展涡轮盘腔内的流动及其燃气入侵特性具有重要的理论和应用价值。

本书以西北工业大学与中国科学院工程热物理研究所两个研究团队近年来在旋转盘腔及轮缘封严流动与换热领域的研究成果为基础,结合最新的研究进展撰写而成,本书共分 7 章,第 1 章介绍了发动机旋转盘腔与燃气入侵的诱因,后又围绕航空发动机盘腔复杂流动与轮缘封严论述了三个问题:

1) 旋转盘腔流动特征及盘腔内非定常数值计算方法

第 2 章总结了简单盘腔内部流动的数值方法,验证了采用壁面函数的大涡模拟方法在简单盘腔流动分析是适用的,而对于带涡轮主流的盘腔流动的预测,WMLES 方法存在一定的偏差,相比之下 DES 方法能够给出更为精准的预测结果。

第 3 章以简单旋转盘腔为对象,讨论了腔内平均流动特性、流动不稳定性、湍动能分布特性,重点论述径向通流对流动特性的影响,同时讨论了转盘转矩、静盘摩阻对腔内流体的非对称做功现象。

2) 带横流的盘腔内部旋转流动与燃气入侵评估

第 4 章通过数值模拟讨论了横流盘腔内的平均流动特性、盘腔与横流通道之间的传质特性、轮缘间隙的 Kelvin - Helmholtz 不稳定性以及盘腔端区的大尺度流动结构。

第 5 章基于直接模拟结果,论述了涡轮盘腔中的非定常燃气入侵方式以及燃气入侵导致的"径向分区"现象,提出了燃气入侵深度评估准则以及静盘边界层封严效率关联式。

3) 几何结构对轮缘封严流动的影响及抑制燃气入侵的方法

第 6 章论述了轴向轮缘封严、单层轮缘封严、鱼嘴式轮缘封严三种典型轮缘封严结构对应的封严特性,尤其是转速及封严流量对盘腔内的瞬时燃气入侵程度和不稳定性流动特性,揭示了不同轮缘封严结构之间在封严机理和流动特性规律上的一些异同。

第 7 章分别针对轴向轮缘封严结构和单层轮缘封严结构提出两种带有高径位供气孔的新型轮缘封严结构,论述了两种结构对盘腔内非稳定涡发展的影响,以及两种结构尺寸对封严效率和流场结构的影响。为轮缘封严的供封严气流路精细化设计的探索提供了新思路。

作者

2023 年 11 月

目　录

第 3 章 经典模型旋转盘腔模型流动机理研究

第4章　横流盘腔流动机理研究

第5章　外部复杂横流盘腔流动机理及燃气入侵后果评估

第6章　不同轮缘封严结构的封严特性和流动机理

第7章　轮缘密封结构设计及燃气入侵抑制策略的探索

第1章
发动机旋转盘腔与燃气入侵的诱因

1.1 燃气涡轮发动机在能源领域的作用

　　燃气涡轮发动机广泛应用于火力发电(简称火电)和航空交通领域。电力是现阶段我国应用最广泛的二次能源。火电包括燃煤发电、燃油发电、燃气发电、余热发电、余压发电、余气发电、垃圾焚烧发电、生物质发电。

　　21 世纪以来世界人口数量急剧增加,这导致电力需求和交通领域面临巨大的挑战。尽管在过去的几十年间,科学技术取得了巨大进步,但是很多新兴国家缺乏相应的基础设施,仍有很多人无电可用。国际能源机构(International Energy Agency, IEA)称 2023~2050 年全球将增加 17 亿人口,其中几乎所有增量来自亚洲和非洲的城市地区[1]。近年来光伏发电等可再生资源发电技术得到了长足进步,尤其是 2023 年全球可再生能源装机容量超过了 440 GW,是有史以来最大的绝对增长[2]。同时,以煤炭、石油和天然气等为燃料的火力发电在总发电量占比逐渐下降,但是预计到 2030 年仍将达到 73%。我国作为太阳能光伏最大生产国,2021 年火力发电量仍占据了全年总发电量的 67.48%,并且绝对量比 2020 年增加了 9.44%,如图 1-1 所示[3]。

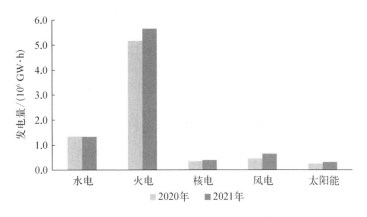

图 1-1　2020—2021 年我国发电量统计

　　发电过程与温室气体排放和全球气温上升有关,国际能源机构(IEA)称与能源相关的二氧化碳排放量将在 21 世纪 20 年代中期达到峰值,但排放量仍然很高,预计能将 2100 年的全球平均气温推高至约 2.4℃[1]。另一方面,由于二氧化碳排放量通常与发电厂燃气轮机的装机容量和效率息息相关,因此仍迫切需要改善其性能以促进电力部门更好地脱碳,目前最直接的手段是通过优化设计提升燃气轮机的热循环效率。据统计,通过有效的管理和技术更新,我国 2023 年的火力发电标准煤耗下降 0.2%,仍有下降的空间[4]。

　　与电力行业类似,航空运输面临着同样的挑战。在过去的 40 年里,全球的航班交通量和航空旅客数量都在增加。据统计,2011~2016 年航空运输量一直保持稳定的增长。由于东亚经济大幅增长,2017 年东亚地区的客运输量已经接近 40 亿[5]。航空运输发展的同时也带来了二氧化碳排放的问题,航空运输每年的二氧化碳排放量约占二氧化碳总排放量的 2%,而缺乏替代燃气轮机的推进系统从而导致温室气体排放量不断增加是航空运输业发展的主要障碍之一[6]。因此碳达峰和碳中和战略目标的实现必须考虑航空运输碳排放的问题。

　　国际航空运输协会提出了包含排放量减排目标的“飞行路径 2050”(Flightpath 2050)以及实现的技术路线。在这份技术路线中,预计约 30% 的减排目标将通过提高燃油效率以及降低发动机和机身的重量来实现。额外再通过优化空中交通和机场程序进一步减少碳排放。因此,飞机零部件的部分供应商正在改进现有技术以实现 2030 年碳排放的零增长目标,改进技术主要部件之一就是基于燃气涡轮的航空涡扇发动机。纵观过去 40 年涡扇发动机相关的改进历程,其研究的主要重点均放在提高热力循环效率和推进效率方面。近年来,通过提高燃烧室出口温度和减少部件的气动损失,循环效率得到了提高。其中这些技术的改进也在地面燃气轮机发电领域有所体现。

　　综上,由于燃气轮机需求的增加和严格的环境法规的实施,电力部门和航空部门都将提高热力循环效率作为技术发展的一个重要内容。另外,发展高性能、低油耗、长寿命的航空发动机对于增强我国战略力量具有重大意义。事实上,发展先进动力已经成为我国国防发展计划的重点内容,位列“全国推进武器装备自主可控发展工程”10 项重点推进工作之首。

1.2　影响燃气轮机/航空发动机高温部件的关键因素

　　提高涡轮前气体压力是提高发动机性能参数最直接的方法。图 1-2 列出了汽轮机入口温度的发展历程[7],可以估算涡轮入口温度峰值每年增加约 10 K。为得到更高涡轮前流体温度,通常采用镍基高温合金(如 Inconel)与陶瓷基热障涂层结合使用的方法提高材料的耐热极限。虽然耐温材料的研究空间仍非常大,但是高压涡轮第一级导叶、第一级动叶以及第二级导叶在没有主动冷却的前提下依然无法承受巨大的热负荷,通常仍需要高效的叶片冷却方案,如图 1‐3 所示。当前先进航空发动机的涡轮进口温度已经超过 2 100 K,远远超过金属部件的耐温极限,因此需要引入冷却气体对热端部件进行冷却。

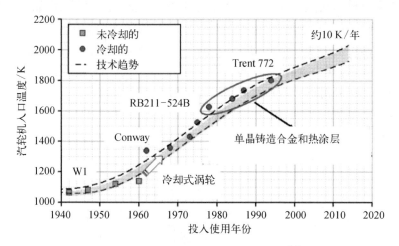

图 1‐2　汽轮机入口温度的发展历程[7]

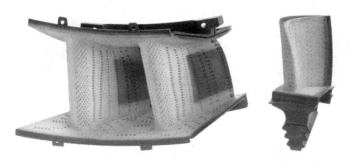

图 1‐3　配有隔热涂层的 GP7000 全冷却高压涡轮叶片[8]

　　先进涡轮的设计需要多方面考虑,不仅要评估气动性能,而且需要解决热结构和声学问题。本书在所有问题分析与讨论中均以气体为主,并涉及部分热力学相关内容。对于冷却叶片,除了气膜孔结构设计外,叶片表面的气膜冷却、叶片内部冷却通道的强化换热以及轮缘封严密封,这三项技术在涡轮设计中变得愈加重要。上述三项技术的冷气均来自发动机空气系统。通常,涡轮前温度的升高会导致冷却要求的增加,而冷却气流的增加反过来会降低涡轮的气动性能以及整机推力下降。因此空气系统的引气位置和引气量需要在热管理和气动性能的综合因素下进行设计。

1.3 发动机空气系统的基本概念

冷却气体在发动机内部的流路系统通常被称为航空发动机的空气系统,是航空发动机中重要的功能系统,其工作状况直接影响发动机的安全、可靠和高性能运转。图 1-4 展示了 CFM56 发动机的空气系统结构示意图。可以看出,空气系统流路是一个由不同的元件组成的复杂流体网络,通常从压气机的适当位置抽取满足流动参数要求(压力、温度和流量)的空气,冷却空气按照设计流路流动,经发动机主流道内侧或外侧的一系列元件到达目标结构(如孔、管道、封严结构、转静盘腔等),以完成各项规定功能,最终工作后的空气从确定的位置排出与主流汇合,或直接泄漏到机体外部排入大气。

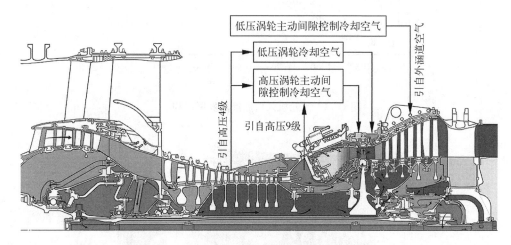

图 1-4 CFM56 发动机空气系统结构示意图

从图 1-4 中可以看出,空气系统的流路结构十分复杂,并且担负着多重功能,具体归纳如下:

(1) 空气系统为发动机热端部件(燃烧室、涡轮叶片、轮盘等)提供足够的冷却空气,保证各部件均工作在许用温度范围内,如图 1-5(a)、图 1-5(b)所示。

图 1-5(a)给出 CFM56-7 燃烧室冷却的示意图,该燃烧室的类型为全环形,由内环、外环、内罩、外罩和圆顶盖组成,两环上设置有若干冷却孔,高压压气机 9 级出口的冷却空气经冷却孔进入,在火焰筒壁面形成一层气膜,维持壁温在容许的范围内。图 1-5(b)给出 AL-31F 高压涡轮转子叶片的冷却示意图,冷却空气经高压导向器中腔引入,再穿过导向器支撑上的孔到达叶片根部,经叶片内冷通道、冷却气膜孔以冷却叶片表面。

(2) 封严发动机内部涡轮盘腔,将冷却空气流与主流隔离,防止主流燃气入侵,引发零部件过热,甚至出现危险的热膨胀,如图 1-5(b)所示。

图 1-5(b)给出了 AL-31F 轮缘封严示意图,冷却空气依次经过高压涡轮后篦齿封严、轮缘封严流出,与主流燃气汇合,达到隔绝燃气与冷却空气的目的。

(3) 封严轴承腔,将滑油流路与空气流路隔离,防止轴承腔内的滑油外泄,造成滑油的过度消耗,以及对空气流路的污染,如图 1-5(c)所示。

图 1-5(c)给出了某型发动机压气机、涡轮主轴轴承腔的封严示意图。从压气机某级引入高压气体,经发动机内通道到达轴承腔石墨封严前,经封严流入轴承腔内,达到隔绝滑油与空气的目的。

(4) 通过调节盘腔或卸荷腔压力,平衡轴承的轴向载荷。

(5) 维持压气机转轴和盘合适的温度状态,保证发动机良好的工作性能。

(6) 进行涡轮叶片叶尖间隙的主动控制,改善发动机性能。

(7) 冷却发动机附件,如发电机。

(8) 为防冰系统提供热空气,防止发动机进气道前缘、压气机整流罩、第一级导流叶片等部位结冰,进而导致发动机故障,如图 1-5(d)所示。图 1-5(d)给出了某型发动机进口整流罩防冰系统示意图。从高压压气机引热空气,经发动机内部通道或外部管道输送至发动机进口整流罩,热空气对整流罩表面加温,防止该部位结冰。

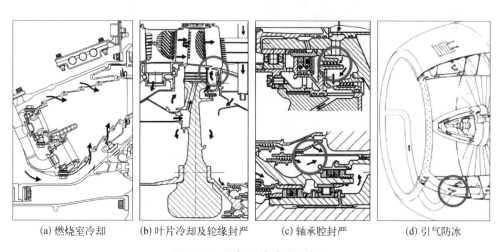

(a) 燃烧室冷却　　(b) 叶片冷却及轮缘封严　　(c) 轴承腔封严　　(d) 引气防冰

图 1-5　空气系统功能示意图

随着发动机性能的日益改善,对空气系统中的冷气流量以及空气系统特性的要求随之提高,目前高性能涡轮风扇发动机内空气系统所占的空气量已达到发动机内涵总空气量的 20%以上,并有继续增加的趋势,提高空气系统的设计技术水平已成为发动机设计行业一项重要任务。

1.4　空气系统盘腔流动与换热

由图1-4与图1-5可以看出,各种类型的腔室是空气系统流路的重要组成部分。发动机旋转盘腔大致可分为以下两种结构形式:

(1) 第一种结构在盘前有一静止罩,冷气通过静止罩射入,冷却涡轮盘后流出腔体或进入叶片,如图1-6(a)所示。这种结构的特点是在所研究的区域内只有部分固体边界是运动的,其余边界则是静止的,习惯上称为转-静系。转-静系盘腔通常位于涡轮侧,其主要特点是腔室的固体壁面中只有一部分边界是旋转的,其余边界则保持静止,因此转-静系之间不可避免地存在一定的转-静间隙来保持固体边界之间的相对运动。由于转-静系盘腔不可避免地存在转-静间隙,因此涡轮盘腔外部的高温高压主流燃气有可能会通过转-静间隙倒灌流入盘腔,造成涡轮盘心过热、轴承损坏等严重问题。

(2) 第二种结构在盘前有一个与其一起旋转的辅助盘,或两个同向旋转的涡轮盘,冷气在两个旋转盘间流动,如图1-6(b)所示。这种结构的特点是整个系统

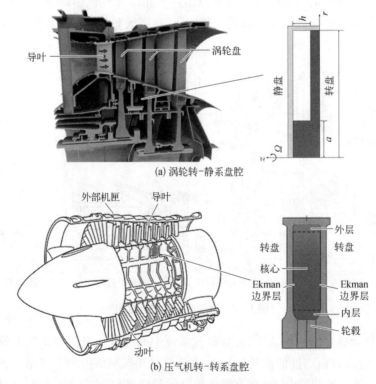

(a) 涡轮转-静系盘腔

(b) 压气机转-转系盘腔

图1-6　航空发动机空气系统中的典型腔室结构

$\varOmega$. 转速;a. 内径;h. 转-静间隙

以一定的角速度旋转,在旋转坐标系中,由于高速旋转所产生的离心力、科氏力和由离心力衍生的浮升力使得腔内流体的流动与换热有别于转-静系统,习惯上称为转-转系。

对涡轮盘的冷却计算是航空发动机空气系统计算的一部分。第一个任务是要获得涡轮盘的最高温度和盘内温度分布,以便进行强度分析。涡轮盘表面与冷气的对流换热系数是计算转盘温度分布的必要条件之一。对流换热系数的准确与否,直接影响涡轮盘内温度场和热应力的计算结果。另一个主要任务是确定转盘的摩擦力矩 M。对于换热计算而言,盘腔中各种复杂形态的流动会直接对轮盘换热造成影响,本节针对空气系统旋转盘腔中常见的流动结构以及这些流动结构下轮盘的换热特征进行简单介绍。

1.4.1　简单盘腔流动基本流型与换热

在早期的涡轮转子以及一些小型发动机的低压涡轮转子中,由于涡轮盘温度较低,无须另外提供冷气对其进行冷却,这样在涡轮盘和静止盘之间就形成了一个无外加冷气流动的空腔,如图 1-7 所示。图 1-7(a)在盘缘处无密封装置,称为开式系统,这种结构会导致发动机燃气沿静子表面径向内流,形成燃气倒灌。实际发动机中在盘缘处都有密封装置,用于防止外界高温燃气进入腔内,空气在转、静盘之间的腔体内循环流动,如图 1-7(b)所示,称为闭式系统。对于上述两种系统可作如下简化:轴线通过轴心的两个半径为 r_0 的圆盘,其中一个称为转子(以角速度 ω 旋转),另一个称为静子(静止不动),两盘的间隙为 S,定义间隙比 $G = S/r_0$。

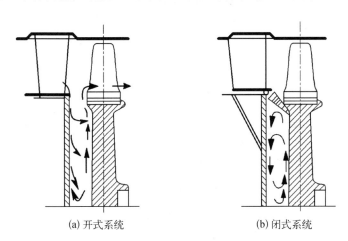

(a) 开式系统　　　　　　　　　　(b) 闭式系统

图 1-7　典型的无冷气供给的转静系统

对于开式系统,最经典的流动理论模型为 Batchelor 模型与 Stewartson 模型。Batchelor 认为,根据不同的边界条件,转、静盘壁面会分别形成边界层,而边界层以外的自由流则整体以某一个低于转盘转速的恒定转速转动,也被称为"旋转核心"。这种流态的流速分布特性如图 1-8(a)~(c)所示,被称为 Batchelor 流型。当盘腔的转-静间隙较小时,整个盘腔的黏性效应均不可忽略。因此 Stewartson 提出了另一种盘腔流型,如图 1-8(d)~(f)所示,被称为 Stewartson 流型。Stewartson 流型的特点是在盘腔全场的黏性作用下,转-静盘边界层发生了融合,形成了贯穿整个盘腔的边界层流动,而不存在旋转核心结构。根据 Batchelor 的描述,流体在转盘和静盘都存在独立的边界层,前者是径向外流,后者是径向内流,并且在两个边界层中存在着一个旋转核心,其旋转角速度为 $\Omega_c(0 < \Omega_c < \Omega$, Ω 为转盘旋转角度)。Batchelor 流型盘腔内各向的速度分布如图 1-8(a)~(c)所示。对于典型的涡轮盘腔结构,其间隙比通常较大,因此大部分区域表现为经典的 Batchelor 流型,符合旋转核心 Taylor - Proudman(T-P)定理及 BEK(Bödewadt, Ekman, von Kármán)边界层流动规律,这一流动特性与简单盘腔基本相同。

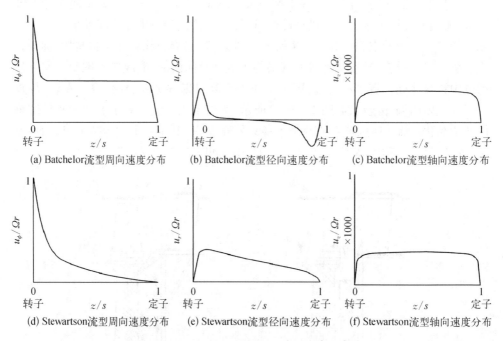

图 1-8　两种盘腔流型速度分布[9, 10]

　　与 Batchelor 不同,Stewartson[10] 提出了另外一种转静腔流体流动结构,他认为在转盘附近确实存在一个边界层,但在边界层内无量纲速度的周向分量从转盘表面的 1 一直减小到静盘的 0,这实际上认为边界层的厚度等于两盘间隙,否认了旋转核心的存在。Stewartson 流型盘腔内沿轴向的速度分布如图 1-8(f)所示。Batchelor 流型和 Stewartson 流型的主要区别在于两盘间是否存在旋转核心。经过多年的研究,现已基本查明:当两盘间隙比较大即远大于两盘边界层的厚度时,圆盘间的流动结构不是唯一的,究竟是哪种流型将由许多因素决定,诸如转盘半径、转盘边缘的条件等。但对工程上的绝大多数转-静系而言,尤其是在两盘外加一个周向环罩,两盘间的流动结构明显具有 Batchelor 流型特点。在空气系统中,由于二次气流较为珍贵,所以一般引入少量二次气流,这就导致即使是开式旋转盘腔,其整体流动特征也由 Batchelor 流动形态主导。

对于密封环罩的出现,使得两盘间的流动有别于开式系统。无论间隙是大还是小,两盘间的流动有可能是层流流动,也可能是湍流流动。Daily 等[11]依据带罩转-静系旋转盘实验数据,按间隙比 G 与旋转雷诺数 Re_φ 的不同所划分的四个区,如图 1-9 所示,该雷诺数基于转盘转速 Ω、最大半径 r_0 和流体动力黏性系数 ν $\left(Re_\varphi = \dfrac{\Omega r_0^2}{\nu}\right)$。当盘腔的间隙比较小时,流动表现为 Stewartson 流型。并根据旋转雷诺数的大小分为层流 Stewartson 流型(图 1-9 中①区)和湍流 Stewartson 流型(图 1-9 中③区)。相应的,当盘腔的间隙比较大时,腔内流动均属于 Batchelor 流型,并且根据旋转雷诺数的大小分为层流 Batchelor 流型和湍流 Batchelor 流型,分别如图 1-9 中②区和④区所示。

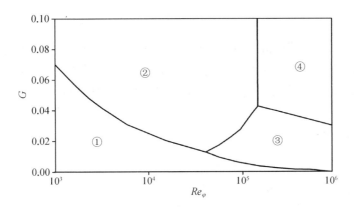

图 1-9　无供气时转静系统的四个流动区域

针对 Batchelor 流型,通过实验以及数值模拟,对盘腔换热进行了较为详细的研究。

实验方面,Boutarfa 等[12]对静盘中心有进气孔的开式转静系统的对流换热进行了研究。实验旋转雷诺数的范围为 $5.87 \times 10^4 \leqslant Re_\varphi \leqslant 1.76 \times 10^5$,间隙比的范围为 $0.01 \leqslant G \leqslant 0.17$,静盘为等温。该文献总结了在不同的间隙比 G 范围下的局部 Nu_r 和平均 Nu_{av} 经验关系式,其中 Re_φ 为基于最大半径 r_0 的旋转雷诺数,$Re_{\varphi,r}$ 为基于当地半径 r 的局部雷诺数,具体如下:

(1) $G = 0.01$:

$$Nu_{av} = 7.46Re_{\varphi}^{0.32} \tag{1-1}$$

局部 Nu_r 在该研究区域内基本不变。

(2) $0.02 \leqslant G \leqslant 0.06$:

$$Nu_r = 0.5(1 + 5.47 \times 10^{-4}e^{112 \times G})Re_{\varphi,r}^{0.5} \tag{1-2}$$

$$Nu_{av} = 0.5(1 + 5.47 \times 10^{-4}e^{112 \times G})Re_{\varphi}^{0.5} \tag{1-3}$$

式中,e 为自然对数的底。

(3) $G > 0.06$:

$$Nu_r = 0.55\left(1 + 0.462e^{-13 \times \frac{G}{3}}\right) \tag{1-4}$$

$$Nu_{av} = 0.55\left(1 + 0.462e^{-13 \times \frac{G}{3}}\right)Re_{\varphi}^{0.5} \tag{1-5}$$

当 $G \to \infty$,结果接近自由盘的经验关联式:

$$Nu_r = 0.55Re_{\varphi,r}^{0.5} \tag{1-6}$$

$$Nu_{av} = 0.55Re_{\varphi}^{0.5} \tag{1-7}$$

Pellé 等[13]对开式转静系统转盘侧对流换热进行了测量,在中心处,由于射流冲击的影响,旋转的作用基本上可以忽略,Nu 和射流雷诺数 Re 有关,射流雷诺数 Re 基于射流速度和中心开口直径 $\check{D}$,按照实验的间隙比范围可以将转盘侧的拟合公式分为三组。

(1) $0.01 < G < 0.02$:

$$Nu = 0.025G^{-0.1}Re^{0.85} \tag{1-8}$$

(2) $0.02 \leqslant G < 0.04$:

$$Nu = 0.145G^{0.35}Re^{0.85} \tag{1-9}$$

(3) $0.04 \leqslant G < 0.16$:

$$Nu = 0.04G^{-0.05}Re^{0.85} \tag{1-10}$$

上述公式所适用的冲击范围可以用下式来计算:

$$r/\check{D} = 3(1 - 0.76e^{-25 \times G}) \tag{1-11}$$

式中,$\check{D}$ 为射流的直径,可以看出射流冲击覆盖范围随着间隙比 G 的增加而增加。

对于转盘表面的平均 Nu 分布,考虑了冲击和旋转的作用,同样可以分为三个区域。

(1) $0.01 < G < 0.02$:

$$Nu_{av} = 0.08G^{-0.07}Re^{0.5}Re_{\varphi}^{0.85} \qquad (1-12)$$

(2) $0.04 < G < 0.08$:

$$Nu_{av} = 0.06G^{0.15}Re^{0.5}Re_{\varphi}^{0.5} \qquad (1-13)$$

(3) $G = 0.16$:

$$Nu_{av} = 0.06Re^{0.25}Re_{\varphi}^{0.5} \qquad (1-14)$$

从更普遍的角度来看,Nu 的分布规律与 Batchelor 流型中边界层的流动形态有关,即轮盘上边界层为层流、转捩、湍流时,Nu 应有不同的特征。针对这普遍的特征,Pellé 等[14]对无中心进气孔的开式转-静系进行了对流换热的实验研究。实验旋转雷诺数范围为 $1.29 \times 10^5 \leqslant Re_{\varphi} \leqslant 6.45 \times 10^5$,间隙比的范围为 $0.01 \leqslant G \leqslant 0.16$。根据湍流区和层流区给出相应的 Nu 分布。

层流 Batchelor 流型:

$$Nu_r = 0.463(1 - e^{-40 \times G})(1 - e^{-1.2 \times 10^5 Re_{\varphi}})Re_{\varphi, r}^{0.746} \qquad (1-15)$$

$$Nu_{av} = 0.473(1 - e^{-40 \times G})(1 - e^{-1.2 \times 10^5 Re_{\varphi}})Re_{\varphi, r}^{0.746} \qquad (1-16)$$

湍流 Batchelor 流型:

$$Nu_r = 0.035(1 - e^{-40 \times G})(1 - e^{-4.2 \times 10^5 Re_{\varphi}})Re_{\varphi, r}^{0.746} \qquad (1-17)$$

$$Nu_{av} = 0.0325(1 - e^{-40 \times G})(1 - e^{-4.2 \times 10^5 Re_{\varphi}})Re_{\varphi, r}^{0.746} \qquad (1-18)$$

数值模拟方面,Du 等[15]通过基于傅里叶/谱元法的高精度大涡模拟,也将轮盘的换热信息根据边界层的流动状态进行了分类,其中对静盘侧 Nu_r 进行拟合得到关系式:

$$Nu_r = 0.04952 \times Re_{\varphi, r}^{0.719} \qquad (1-19)$$

对转盘侧 Nu_r 拟合得到关系式:

$$Nu_r = 0.366 \times Re_{\varphi, r}^{0.502} \qquad (1-20)$$

他们还将自己的模拟结果与 Pellé 和 Harmand 等人实验结果的拟合关系式以及 Tuliszka-Sznitko 等[16]的数值模拟结果进行了比较。如图 1-10 所示,图 1-10 (a)为静盘侧的 Nu 分布,图 1-10(b)为转盘侧的 Nu 分布,图中纵坐标 $2r/s$ 为使用两盘间距的一半($s/2$)无量纲化后的径向位置。由于图中工况对应静盘侧为湍流,转盘侧为层流,而所有的结果也都显示了与湍流 Nu 拟合式和层流 Nu 拟合式一致的分布,这进一步说明了轮盘上的换热与边界层的流动形态密不可分。

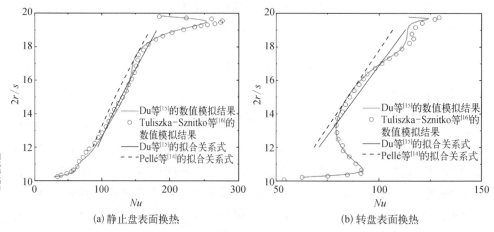

(a) 静止盘表面换热　　　　　　　　　(b) 转盘表面换热

图 1 – 10　**Du** 等的数值模拟结果和 Nu 关联式结果

1.4.2　涡轮盘缘燃气入侵的诱因及最小封严流量

由于转-静系盘腔不可避免地存在转-静间隙,因此涡轮盘腔外部的高温高压主流燃气有可能会通过转-静间隙倒灌流入盘腔,造成涡轮盘心过热、轴承损坏等严重问题。图 1 – 11 展示了典型的涡轮盘腔的结构示意图。涡轮盘腔几何结构与图 1 – 7 所示的简单盘腔基本一致,但是在涡轮盘腔外部存在涡轮主流通道。在涡轮导叶、动叶以及外部通道横流效应的影响下,涡轮盘腔的流动特性与简单盘腔存在一定的区别。

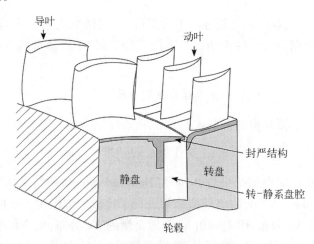

图 1 – 11　典型涡轮盘腔的结构示意图[17]

图 1-12 展示了涡轮盘腔内部流动结构的典型示意图。与简单盘腔不同,在盘腔入口($r<r_{in}$)存在封严气流汇集的区域。经过 $r=r_{in}$ 这一径向位置后,封严气流在转盘泵效应的抽吸作用下汇入转盘边界层,并沿转盘壁面径向向外流动,由盘腔端区出口汇入主流通道。类似地,在盘腔端区出口位置($r>r_{out}$)存在外部入侵主流汇集的区域,经过 $r=r_{out}$ 这一径向位置后,入侵主流汇入静盘边界层,并沿静盘壁面径向向内流动,同时随着静盘边界层内流体轴向迁移至旋转核心内部。由于外部入侵气流大部分都汇入静盘边界层,这一现象被称为静盘边界层对转盘壁面的"热缓冲"效应。可以看出,涡轮盘腔内涉及多股流体之间的复杂掺混作用。下面对涡轮盘腔流动特性有关研究进行总结,主要关注涡轮盘腔的燃气入侵诱导机制、理论模型构建、实验研究以及数值模拟研究。

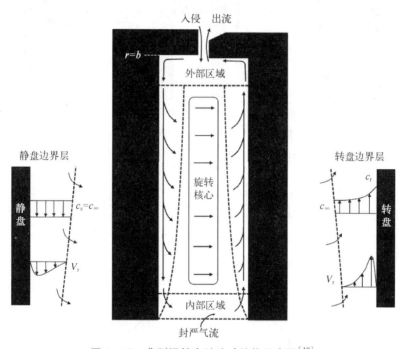

图 1-12　典型涡轮盘腔流动结构示意图[18]

c_s. 静盘封严效率;c_r. 转盘封严效率;c_∞. 旋转核心封严效率;b. 外径;V_r. 径向速度

为减少外部燃气入侵,目前主要有两种方法。第一种方法是向盘腔供给冷气,从质量守恒的角度来看,向盘腔供气能够增大腔压,强迫盘腔间隙处维持径向出流流动,从而减少外部燃气入侵;从冷却效果的角度来看,向盘腔供冷气能够防止腔温过热而导致部件失效。然而冷气的注入虽然对抑制燃气入侵有显著的作用效果,但是过多地从压气机引气将使得发动机整体热效率下降。此外,由于盘腔轮缘位于空气系统分支流路末端,冷气将直接汇入主流流道,从而导致涡轮效率下降。

因此封严冷气的供给量是设计和研究人员的重点关注问题之一。

　　抑制燃气入侵的第二种方法是在涡轮盘腔外缘设置轮缘封严结构。设置轮缘封严结构能够增大燃气入侵的流阻,从而减少燃气入侵。典型的轮缘封严结构如图 1-13 所示,通过减小封严结构轴向间距 S_c 和增加高位封严环的方法增大入侵流阻[19]。随着封严技术的发展,还出现了一些更为复杂的封严结构形式。Du 等[20]提出了一种新型抑制燃气入侵的轮缘封严形式,通过在轮缘引入一股高位封严气体来提高封严结构的封严效率,如图 1-14 所示。

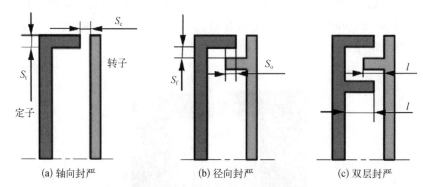

(a) 轴向封严　　　　　(b) 径向封严　　　　　(c) 双层封严

图 1-13　典型的轮缘封严结构[19]

S_t. 封严唇径向厚度;S_c. 封严结构轴向间距;S_f. 封严径向间距;S_o. 封严轴向搭接尺寸;l. 双层封严间隙

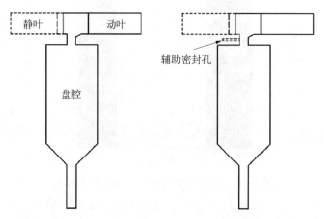

图 1-14　具有高位封严孔的复杂轮缘封严结构[20]

　　由于转子、静子之间存在间隙仅仅是燃气入侵现象的必要条件,有必要对燃气入侵的驱动力,即燃气入侵的诱导机制开展讨论。目前公认的燃气入侵机制主要有三种,分别是旋转诱导入侵、外部诱导入侵以及混合诱导入侵,近年随着高精度数值模拟技术和实验能力的发展,部分学者也提出了一些新的入侵机制。为减少燃气入侵对发动机正常运行造成影响,通常会向盘腔供给一股封严气流,可以维持腔压,从而实现封严功能。由于抽取封严气流对发动机整体热效率具有负面影响,因此许多早期研究集中于如何确定一个最小封严流量,以同时保证良好的封严效果和最大整机热效率。下面分别对这三种诱导机制进行介绍,并介绍在不同诱导机制下最小封严流量的有关研究。

1.4.2.1　旋转诱导入侵

对于涡轮盘腔内部流动,转盘边界层内由于泵效应导致盘腔出流,为维持盘腔内部质量守恒,外部主流可能会被抽吸进入盘腔,导致燃气入侵,如图 1-15 所示。这种由转盘泵效应所导致的燃气入侵现象被称为旋转诱导入侵现象。

最早对涡轮盘腔最小封严流量展开研究的是 Bayley 等[21]。他们采用边界层积分方程计算了不同封严流量工况下盘腔入口到出口的压降 Δp,如式(1-21)所示,其中 A 和 B 为拟合系数,C_w 为无量纲封严流量,Re_φ 为旋转雷诺数。Bayley 等提出,当腔内径向

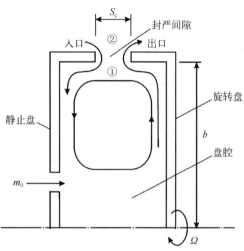

图 1-15　旋转诱导入侵机理图

S_c. 封严结构轴向间距;b. 盘腔半径;m_0. 封严流量;Ω. 转速

压降 Δp 为 0 时,盘腔可以实现完全封严,因此通过式(1-21)可以得到实现完全封严的最小流量表达式,如式(1-22)所示,其中 G 为间隙比。根据不同的旋转雷诺数、间隙比,A 和 B 存在不同的取值。Chew 等[22, 23]采用同样的方法,推导得到了最小封严流量的表达式(1-23),其中 k 为封严结构的流阻系数,对于不同的封严结构具有不同的取值,$u_{d,\,mean}$ 为通过封严流量折合的径向速度,b 为外径。

$$\Delta p = AC_w - BRe_\varphi \qquad (1-21)$$

$$C_{w,\,min} = \sqrt{\frac{B}{A}}\,GRe_\varphi \qquad (1-22)$$

$$C_{w,\,min} = 2\pi k\left(\frac{u_{d,\,mean}}{\Omega b}\right)GRe_\varphi^{0.2} \qquad (1-23)$$

当封严流量达不到最小封严流量时,外部主流便会发生入侵。为评估外部入侵对腔内的影响,通过传质比拟的方法,使用封严气流在腔内的浓度来表征封严效率,如式(1-24)所示,其中 c_{seal} 为封严气流的浓度,c_a 为外部主流的浓度,c_∞ 为盘腔的当地浓度。

$$\eta = \frac{c_{\text{seal}} - c_a}{c_\infty - c_a} \tag{1-24}$$

根据已发表的实验数据,盘腔内的封严效率可以通过最小封严流量和给定的封严流量进行预测,如式(1-25)所示。这一关系式在许多实验中被证明有良好的预测效果。

$$\eta = \frac{C_w}{0.8C_w + 0.2C_{w,\,\text{min}}} \tag{1-25}$$

1.4.2.2　外部诱导入侵

针对旋转诱导入侵现象已经有了许多研究,但是后续研究中发现,由于盘腔外部的涡轮主流在叶片的影响下,流场存在明显的周向不均匀特性,因此外部涡轮主流流场对燃气入侵的影响更为显著,在燃气入侵中占据主导地位。如图1-16所示,这一流场周向不均匀特性极大地影响了盘腔轮缘流动,并造成燃气入侵。早期与外部诱导燃气入侵的有关研究可以参考 Kobayashi 等[24]、Phadke 等[25-27]、Dadkhah 等[28]以及 Hamabe 等[29]。

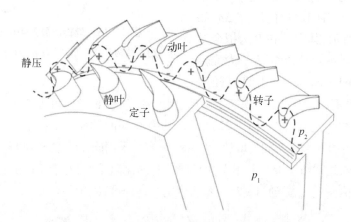

图1-16　涡轮主流通道中的周向非均匀压力场

Phadke 等[26, 27]研究了外部非均匀主流对燃气入侵特性的影响,他们使用进气网格构造了6个不同等级的周向不均匀气流,其周向不均匀程度由压力不均匀系数所决定,如式(1-26)所示,其中 Δp_{max} 为压力周向最大静压差,U 为外流速度。

$$c_{p,\,\text{max}} = \frac{\Delta p_{\text{max}}}{\frac{1}{2}\rho U^2} \tag{1-26}$$

Phadke 经过大量实验,绘制了在盘腔静止状态下(转速为0)不同外流雷诺数 Re_w 和不同压力不均匀系数条件对最小封严流量的影响图。如图1-17所示,图中

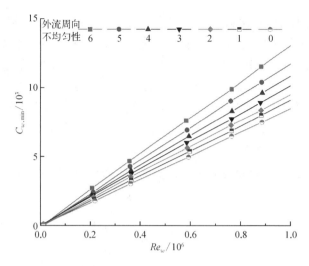

图 1 - 17 盘腔静止状态下最小封严流量随外流雷诺数和压力不均匀系数的变化

7 条线分别代表了均匀外流和 6 种不同不均匀性的外流。可以看出,无量纲最小封严流量随着外流雷诺数增大而增大,基本呈线性关系。线性关系的斜率由压力不均匀性所决定。

图 1 - 18 给出了不同转速条件下盘腔最小封严流量随外流雷诺数的变化。其中不同的线条代表不同的转速,外流周向不均匀性为图 1 - 17 中的 6 级。可以看出转动条件下最小封严流量的变化趋势与静止条件下有很大的不同。当外流雷诺数较小时,不同转速条件下最小封严流量存在明显的差异,Phadke 将其称为旋转主

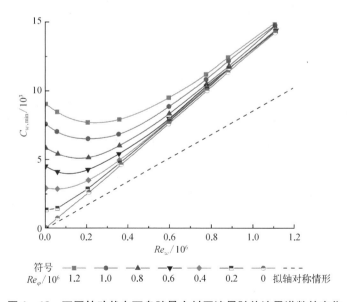

图 1 - 18 不同转动状态下盘腔最小封严流量随外流雷诺数的变化

导区域。而当随着外流雷诺数增大,最小封严流量基本重合,此时旋转效应的作用效果不显著,外流压差在燃气入侵中占据主导地位,因此被称为外流主导区域。

对于旋转主导区域,Phadke 认为可以参考 1.4.2.1 节中的结论,将最小封严流量拟合成式(1-27)的形式,其中 G 为间隙比,Re_φ 为旋转雷诺数。而对于外流主导区域,他认为可以将封严间隙类比称为节流孔,并类比节流孔的流量公式将最小封严流量写成式(1-28)的形式,其中 Δp_s 为轮缘间隙周向平均之后的平均压差,C_d 为流阻系数,ρ 为气体密度,μ 为动力黏性系数,b 为盘腔外径。压差条件下通过节流孔的流量公式的具体推导过程可以参考 Borutzky 等[30]的研究。

$$C_{w,\ \min} \propto G^m Re_\varphi^n \tag{1-27}$$

$$C_{w,\ \min} = 2\sqrt{2}\,C_d G \sqrt{\frac{\rho \Delta p_s b^2}{\mu^2}} \tag{1-28}$$

Scanlon 等[31]在 Phadke 提出的节流孔模型基础上,不采用 Phadke 的周向平均方法,而是考虑了压力的周向不均匀特性,将外部主流的非均匀压力场使用正弦函数进行拟合,如图 1-19 所示,图中 N 为涡轮扇区数量,θ 为周向角度,p_{ann} 为封严处主流局部压力,$p_{\min}$ 为封严处主流局部压力最小值,$p_{\max}$ 为封严处主流局部压力最大值。由此,经过轮缘间隙的流量可以写成式(1-29)的形式,其中 p_{cav} 为盘腔平均压力,C_d 为流阻系数,R 为摩尔气体常量,t 为温度,A_{gap} 为封严间隙面积。

$$\int \mathrm{d}\dot{m} = C_d \sqrt{\frac{2p_{cav}}{Rt}} \int \sqrt{\Delta p_s}\,\mathrm{d}A_{gap} \tag{1-29}$$

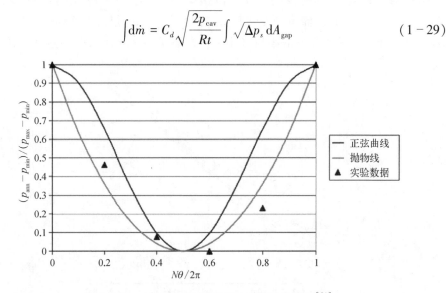

图 1-19 主流非均匀压力场及正弦拟合函数[31]

1.4.2.3 混合诱导入侵及其他入侵机制

在实际发动机运行工况下,尤其是在非设计工况点,上述两种入侵方式并不是单独作用的,而是存在一定的耦合作用机制。外部诱导和旋转诱导耦合作用下形成的燃气入侵现象被称为混合诱导入侵。耦合入侵的作用机制较为复杂,通常采用实验和三维数值模拟的方法开展研究。关于耦合诱导入侵的有关研究可以参考文献[32]。

除了上述公认的三种入侵机制以外,一些学者也对其他可能的入侵机制进行了研究。Liu 等[33]研究了外部主流波形幅值、初始相位以及频率对燃气入侵的影响,他们发现当外部主流波形的初始相位与腔内压力波形初始相位保持一致时,能够有效降低燃气入侵。Jia 等[34]研究了转子振动对燃气入侵的影响,发现转子振动会降低燃气入侵,提升转静间隙处的封严效率。Dawson 等[35]通过实验、理论和数值模拟结合的分析方法,证明了大尺度的周向压力波是导致燃气入侵的一种新机制,在压力波动入侵中,波长和波幅均受影响。下面对涡轮盘腔燃气入侵现象有关的理论、实验和数值模拟研究进行总结。

1.4.3 涡轮盘腔实验研究进展

本节介绍涡轮盘腔有关的实验研究。表 1-1 列出了目前在公开文献中所检索到的涡轮盘腔实验台。由表可以看出,目前大部分实验台的运行参数基本位于 $Re_\varphi \sim 10^6$ 量级,而典型发动机运行工况的旋转雷诺数基本达到 $Re_\varphi \sim 2 \times 10^7$ 量级。因此大部分的涡轮盘腔实验台并不能完全模拟发动机运行工况。Wisler[36]指出,低速实验尽管无法完全模拟真实工况,但是低速实验能更好地保证实验精度,此外低速实验的花费更少,风险更小。因此大多数涡轮盘腔实验台维持在 $Re_\varphi \sim 10^6$ 量级。

表 1-1 世界主要轮缘封严实验台及其运行参数总结

研 究 机 构	运 行 参 数
联合技术研究中心[37]	$Re_\varphi \sim 5 \times 10^6$,单级
亚利桑那州立大学[38]	$Re_\varphi \sim 0.6 \times 10^6$,1.5 级
亚琛工业大学[39]	$Re_\varphi \sim 1.5 \times 10^6$,1.5 级
萨塞克斯大学[28, 40-42]	$Re_\varphi \sim 2 \times 10^6$,2 级
GE 全球研发中心[43]	$Re_\varphi \sim 3.5 \times 10^6$,1.5 级
宾夕法尼亚州立大学[44]	$Re_\varphi \sim 1 \times 10^7$,1.5 级
俄亥俄州立大学[45]	$Re_\varphi \sim 6.3 \times 10^6$,1.5 级
巴斯大学[46-48]	$Re_\varphi \sim 1 \times 10^6$,1.5 级
延世大学[49, 50]	$Re_\varphi \sim 3 \times 10^5$,1.5 级
北京航空航天大学[33, 51]	$Re_\varphi \sim 8 \times 10^6$,1.5 级

下面以巴斯大学轮缘封严实验台为例,介绍涡轮盘腔中主要测量手段及其实现方法。图1-20展示了巴斯大学轮缘封严实验台的测量段及测点布置示意图。从图中可以看出,所采用的测量手段主要有三种:静压测量、浓度测量以及总压测量。其中静压测点分布在主流端壁位置以及盘腔内部,通过测量可以获得腔内径向压力分布以及主流通道的周向非均匀压力分布。总压测点分布在盘腔内部,并且与静压测点保持相同径向位置,由于腔内旋转核心径向、轴向流速基本为0,通过总压、静压换算可以得到腔内的周

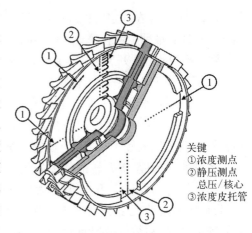

关键
①浓度测点
②静压测点
　总压/核心
③浓度皮托管

图1-20　巴斯大学轮缘封严实验台测量段及测点布置示意图[52]

向速度。浓度测点的目的是获取腔内的封严效率,实验中采用传质比拟的方法,在封严气流中掺入异性气体(通常为二氧化碳),通过测量腔内异性气体浓度来得到封严效率。传质比拟下封严效率的计算方法如式(1-24)所示。浓度测点分布在腔内同一角向不同径向位置,通过浓度测量可以获得腔内的封严效率径向分布。

在涡轮盘腔实验中,一个主要的关注参数是封严效率。对于封严效率的测量,除了采用传质比拟的方法以外,还可以通过直接测量温度来计算封严效率。这种方法由于实验需要制造温差,实现过程较为困难,因此相比传质比拟方法较为少见。相关研究可以参考 Cho 等[53]的研究。Graber 等[54]是最早在涡轮盘腔实验中使用传质比拟浓度测量手段的学者,但是他的实验中并没有考虑导叶和动叶的影响,而是仅考虑了均匀的外部横流通道。Dadkhah 等[28]同样采用了传质的方法测量封严效率,在他的研究中仅考虑了涡轮导叶的影响。他提出,如果不以实现100%完全封严为目标,而是以95%封严效率为接受准则的话,涡轮盘腔的封严气用量将下降35%。Eastwood 等[41]采用传质测量的方法,研究了涡轮前腔出流气流对涡轮后腔的“再入侵”现象。

涡轮盘腔内部的浓度测量数据为构建和验证经验关联式、低维度模型提供了可靠的数据库。Gentilhomme 等[55]采用实验数据对基于孔模型得到的最小封严流量表达式进行了拟合,并取得了非常良好的拟合效果,如图1-21所示。周昆原[56, 57]采用极大似然估计方法,发展了 Owen 提出的燃气入侵双孔模型,通过统计学、理论、实验数据结合整理,得到了合理的最小封严流量的预估值。

涡轮盘腔实验的另一个关注点是燃气入侵导致的非定常现象。实验中对涡轮盘腔内的非定常特性主要的关注点有两个:第一个是主流通道转-静干涉引入的非定常现象对燃气入侵及盘腔流动特性的影响;第二个是盘腔内部的非定常现象。

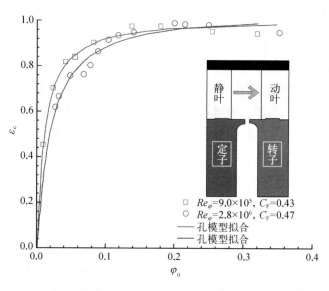

图 1-21　Gentilhomme 实验数据与孔模型拟合曲线[55]

　　针对外部主流转-静干涉,Green 等[58]首次同时在实验中考虑了导叶和动叶的影响,他们惊讶地发现动叶的引入并不会造成更多的燃气入侵,而是减少了燃气入侵。他们认为这是动叶对导叶尾迹的"抚平"作用造成的。Bohn 等[59]指出动叶的存在会增大主流的周向压力不均匀特性,但是他们指出动叶对盘腔内部封严效率的影响是不确定的,封严效率是否降低与盘腔的间隙比和封严构型有关,如图 1-22所示。

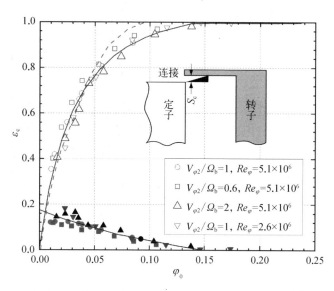

图 1-22　最大似然法预测封严效率与实验数据对比[55]

　　Roy 等[60-62] 在涡轮盘腔实验台开展了外部主流和盘腔内的瞬态压力、速度、封严效率分布特性研究,比较了不同导叶、动叶叶型和不同封严结构条件下腔内瞬态流动特性,如图 1-23 所示。他们的结果表明主流通道内的平均静压周向分布随着静叶栅距周期性变化,而在腔内压力周向分布基本呈现均匀分布的特性。他们的实验数据还表明主流通道中时均压差与非定常压差变化幅值在同一数量级。更多有关转-静干涉对涡轮盘腔流动特性影响可以参考 Bohn 等[63]、Wang 等[64] 的研究。

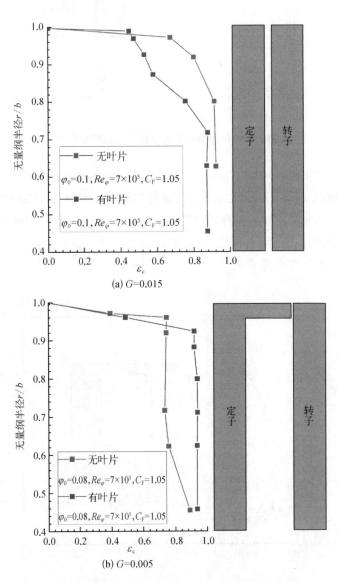

图 1-23　动叶引入对不同盘腔结构内封严效率的影响

对于涡轮盘腔内部的非定常流动现象,Cao 等[65]首次通过对静盘侧压力波形实验数据进行快速傅里叶变换(fast Fourier transform, FFT)探测到与转子频率不相关的压力频率,如图 1-24 所示。这一发现对涡轮盘腔燃气入侵的非定常流动特征具有重要价值。Jakoby 等[66]、Schädler 等[67]、Roy 等[68]、Savov 等[69]、Town 等[70]和 Beard 等[71]的研究中也报道了类似的实验现象。

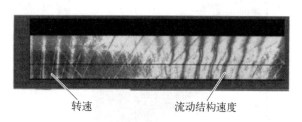

转速　　　流动结构速度

图 1-24　静盘侧压力波形实验数据 FFT 分析[65]

通过傅里叶分析,他们认为这些非转子频率的压力信号是由腔内的大尺度流动结构导致的。这些大尺度流动结构同时也被计算流体力学(computational fluid dynamics, CFD)结果所验证,如图 1-25 所示。通过对压力脉动的相关性分析可以计算得出这些大尺度流动结构的运动速度。计算表明,这些大尺度流动结构以略低于转盘转速在腔内旋转,因此造成腔内存在非转子频率的低频率扰动。

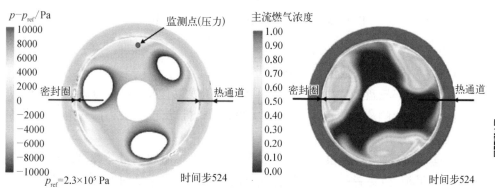

图 1-25　涡轮盘腔中的大尺度流动结构[66]

除了上述静压、浓度测量技术的应用以外,在涡轮盘腔实验中也实现了非常规测试手段的应用,如高频压力传感器、激光多普勒测速仪(laser Doppler velocimeter, LDV)、粒子成像速度场仪(particle imaging velocity field meter, PIV)技术等。上述关于主流通道、盘腔内的非定常流动现象的研究均用到了高频压力传感器测量技术。Bohn 等[72]采用了高时空分辨率的非定常 LDV 测量了封严间隙内的速度场,他们发现封严间隙中的流动特性不仅受到转-静干涉的影响,同时还受到导叶的二次流动的影响,但是他并未直接指出非定常压力场与燃气入侵之间的直接相关关系。Zhou 等[73]采用 PIV 测量了腔内的时均流速分布,并获得了一个扇区内流速分布云图,如图 1-26 所示。

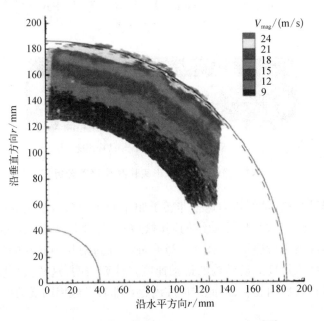

图 1-26　PIV 测量的扇区内流速分布云图[73]

1.4.4　涡轮盘腔数值模拟研究进展

下面介绍涡轮盘腔计算流体力学(CFD)数值模拟有关的研究进展。数值模拟能够获得精细化的流场信息,因此相比实验和理论推导,能够更为深入地分析流场信息,捕捉流场中的流动结构。

通过 CFD 模拟,能够很方便地开展实验和理论难以观测、预测的现象。首先,通过 CFD 模拟,研究者更为深入地探究了涡轮盘腔与主流之间的非定常耦合流动现象。Chew 等[74]最早对涡轮盘腔与涡轮主流耦合流动开展了数值模拟研究,他们通过数值模拟计算了 Green 等[75]的实验台。在数值模拟中,Chew 等采用的模型依然为涡轮盘腔,但是在盘腔端区给定了导叶的势流近似条件下的入口边界条件,而忽略了动叶的影响。数值模拟结果与实验结果达到了良好的吻合效果。Hills 等[76]同样基于 Green 等的实验台开展了数值模拟工作,在他们的模拟工作中同样采用盘腔模型,采用了单个导叶的数值模拟结果作为盘腔的输入边界条件。通过与实验结果对比,Hills 等的数值模拟结果表明,在低封严流量工况时吻合效果较好,而在高封严流量时吻合效果不好,明显低估了盘腔内的燃气入侵。Hills 等将这一偏差归结为在数值模拟中没有考虑盘腔与主流通道之间的耦合作用效果。因此,Hills 等[77]随后又采用同时含有主流通道和盘腔结构的计算模型,结果表明数值模拟的预测精度得到了明显的提升。他们认为计算精度的提升是由于考虑了转-静干涉所带来的非定常因素的影响,在非定常干涉的影响下,主流通道内的周向压力非均匀特性会增强,因而更多的燃气会入侵进入盘腔。转-静干涉对压力非均匀特性的影响也被 Gentilhomme 等[55]的研究工作所证实。

CFD 模拟发现了涡轮盘腔间隙处存在间隙环流区,即认为涡轮主流入侵燃气和腔内气流的掺混主要发生在转-静间隙以及盘腔端区。两股流体之间的掺混在轮缘间隙处形成了明显的分离泡结构,将分离泡结构所占据的区域称为间隙环流区。图 1-27 展示了不同封严流量工况下轮缘间隙处的环流结构示意图,当封严流量较小时,燃气入侵流量较大,入侵深度更深,因此分离泡结构所占据的区域更大。随着封严流量增大,分离泡区域逐渐减小,直到完全封严时不再出现燃气入侵和分离泡结构。这一间隙环流区最早在 Ko 等[78]的数值模拟工作中被提出,是湍流输运模型的理论基础。间隙环流结构同时也被 de Cosmo 等[79]的数值模拟工作所证实,但是目前还未见到流场可视化实验研究证明轮缘间隙存在该分离泡结构。

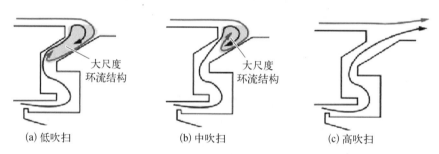

(a) 低吹扫   (b) 中吹扫   (c) 高吹扫

图 1-27 不同封严流量工况下的间隙环流区结构示意图[80]

此外,在 1.4.3 节中已经介绍了涡轮盘腔内存在大尺度流动结构,如图 1-25 所示。目前这些大尺度流动结构更多地采用数值模拟方法来进行研究。Chew 等[81]对腔内大尺度流动结构的有关研究进行了详细的综述,并总结了不同研究所采用的数值模拟方法、所获得的流动结构转速、数量等信息,具体可参考 Chew 等[81]的综述文章。

随后,许多学者采用数值模拟方法对涡轮盘腔内的流动不稳定性开展了大量研究。目前广泛被研究的涡轮盘腔内的流动不稳定性主要有三种:Kelvin - Helmholtz(K-H)不稳定性、Taylor - Couette 不稳定性以及流场中的非定常波动。最早提出涡轮盘腔内存在 K-H 不稳定性的是 Rabs 等[82]。在他们的研究中首次指出由于主流和盘腔内流体之间存在周向速度差,在速度的剪切作用下会产生 K-H 不稳定性,在 K-H 不稳定性的作用下会诱导形成一系列的 K-H 涡结构。

Rabs 等研究了不同封严流量工况下腔内的 K－H 涡结构,并指出主流不均匀流场会抑制 K－H 涡结构的生成。Chilla 等[83]、Savov 等[69]、Horwood 等[84]的数值模拟研究也给出了类似的结论。Boudet 等[85]指出,在轮缘间隙处由于存在转子和静子之间的相对运动,因此存在明显的 Taylor－Couette 不稳定性,当封严流量增大时,Taylor－Couette 不稳定性将会被抑制。类似的研究结论可以参考 Gao 等[86]和 O'Mahoney 等[87]的研究。除了上述两种经典的流动不稳定性以外,Gao 等[88]还指出,在离心力和压差的共同作用下,轮缘间隙处会形成惯性波动,同样造成间隙处存在不稳定流动的现象,如图 1－28 所示。类似的结论也可以参考 Bru 等[89]的研究。

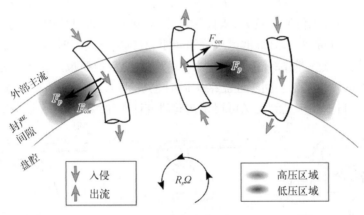

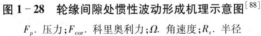

图 1－28　轮缘间隙处惯性波动形成机理示意图[88]

F_p. 压力;F_{cor}. 科里奥利力;Ω. 角速度;R_s. 半径

囿于计算能力和计算资源的限制,早期数值模拟研究主要是通过雷诺平均纳维-斯托克斯(Reynolds averaged Navier－Stokes, RANS)方法或者非稳态雷诺平均纳维-斯托克斯(unsteady Reynolds averaged Navier－Stokes, URANS)方法开展的。随着计算能力的发展,大涡模拟(large eddy simulation, LES)方法也被应用于涡轮盘腔的数值模拟研究中来。Gao 等[86]采用 LES 研究了涡轮盘腔中的非定常流动现象,并对比了 LES 模拟结果、实验数据、RANS 计算结果和 URANS 计算结果,对比表明相比 RANS 结果和 URANS 结果,LES 方法明显提升了预测精度,与实验结果吻合最好。通过 LES 模拟,Gao 等[86]深入研究了腔内的大尺度流动结构以及 Taylor－Couette 不稳定性。Pogorelov 等[90]同样对涡轮盘腔开展了 LES 研究,与 Gao 等所采用的扇区模型不同的是,Pogorelov 等采用了 360°全环模型,如图 1－29 所示。Pogorelov 等的研究同样捕捉到了大尺度流动结构。他们认为这些大尺度流动结构存在两种模态,第一种模态是由于主流和盘腔流之间的剪切作用所导致的,第二种模态是由第一种模态和导叶尾迹耦合作用所导致的。O'Mahoney 等[87, 91]采用 LES 研究了扇区大小对模拟结果的影响,在他们的研究中采用了 13.3°~40°不同大小的扇区模型,而不同大小模型给出了相似的 LES 模拟结果,但是更小角度的扇区模型是否会对结果产生影响还不得而知。

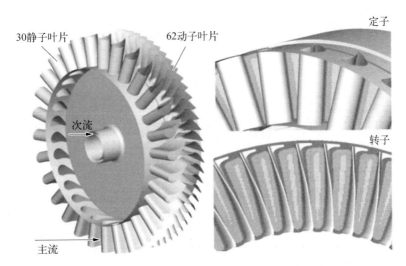

30静子叶片　　62动子叶片

定子

转子

次流

主流

图 1-29　Pogorelov 等所采用的全环计算模型

大涡模拟方法虽然能够提供更为精细的流场预测结果,但是其计算成本较高,因此许多研究者开展了混合模拟技术(hybrid RANS/LES)在涡轮盘腔中的应用研究。Almendral 等[92]采用了 URANS 和 LES 的混合模拟方法研究了涡轮盘腔中的燃气入侵过程,在他们的研究中,主流通道采用了 URANS 模拟,而涡轮盘腔采用了 LES 模拟。与 URANS 相比,混合模拟方法预测了更高程度的燃气入侵,并且与实验数据吻合更好。Palermo 等[93]采用壁面模型大涡模拟(wall-modeled large-eddy simulation, WMLES)方法对涡轮盘腔流动进行了研究,并指出 WMLES 能够获得较为精确的预测值,与实验结果吻合良好,相比传统 LES,极大地节省了计算资源。然而由于涡轮盘腔的结构复杂,同时旋转雷诺数较高,开展直接数值模拟(direct numerical simulation, DNS)研究难度极大,因此还未在公开文献中看到 DNS 方法的使用。

可见,在封严气流、外部入侵气流的耦合作用下,涡轮盘腔内部的流动特性十分复杂,且旋转雷诺数较高。从目前的研究看来,大多数的研究依然是采用 RANS、URANS 方法开展,如表 1-2 所示。随着计算能力的发展,目前在公开文献中也看到了基于 LES、WMLES 等方法的研究。这些高精度、非定常数值模拟研究指出:流场中的流动不稳定性以及非定常脉动等现象对燃气入侵、盘腔流动特性具有重要的影响。但是由于涡轮盘腔本身具有外部入侵、叠加封严气流等多种因素的耦合特性,开展深入的流动机理讨论十分困难。

表1-2　涡轮盘腔代表性数值模拟研究工作

作　者	年　份	数值模拟方法	主要研究目的
Jakoby 等[66]	2004	URANS	低频压力脉动
Cao 等[65]	2004	URANS	低频压力脉动
Boudet 等[85]	2006	URANS	低频压力脉动
Rabs 等[82]	2009	URANS	流动不稳定性
Chilla 等[83]	2013	URANS	流动不稳定性
Savov 等[69]	2017	URANS	流动不稳定性
O'Mahoney 等[87]	2011	WMLES	流动不稳定性
O'Mahoney 等[91]	2012	WMLES	低频压力脉动
Pogorelov 等[90]	2019	LES	低频压力脉动
Gao 等[88]	2020	WMLES	惯性波动

1.5　本书结构

　　涡轮盘缘处的盘腔流动相比较简单流动要复杂得多。结合作者在涡轮盘缘处封严流动与换热的相关成果,后面章节将在分析盘腔流动基础上对燃气入侵的流动诱发机理、燃气入侵盘腔的影响、抑制燃气入侵的策略等方面做详细的介绍。本书在第2章详细介绍旋转圆盘以及简单盘腔流动,在此基础上介绍旋转流动的工程数值计算方法,并对计算方法准确性做了验证;第3章介绍简单盘腔内部流动的涡系结构形成机理,并对不稳定性的诱因进行分析与解释;第4章针对横盘流动环境下,介绍 Kelvin - Helmholtz(K - H)涡产生的原因以及 K - H 涡对燃气入侵的作用;第5章介绍带涡轮叶片的复杂外部流动对盘腔流动特性以及对燃气入侵特性的影响;第6章对比三种不同封严结构对应的盘腔内部流动以及燃气入侵特性的区别;第7章介绍三种抑制燃气入侵的结构,分别讨论各个结构对燃气入侵抑制的机理。

参考文献

[1]　International Energy Agency. World energy outlook 2023[EB/OL]. https://www. iea. org/reports/world-energy-outlook-2023[2024 - 02 - 01].

[2]　International Energy Agency. Renewable energy market update outlook for 2023 and 2024[EB/OL]. https://www. iea. org/reports/renewable-energy-market-update-june-2023[2024 - 02 -

01〕.

〔3〕　中国电力企业联合会. 中国电力统计年鉴. 2022〔M〕. 北京：中国统计出版社, 2022.

〔4〕　国家统计局. 中华人民共和国 2023 年国民经济和社会发展统计公报〔EB/OL〕. https://www. stats. gov. cn/sj/zxfb/202402/t20240228_1947915. html〔2024 - 02 - 01〕.

〔5〕　World Bank. Air transport, passengers carried in the year 2017〔EB/OL〕. http://data. worldbank. org/indicator/is. air. psgr〔2018 - 01 - 01〕.

〔6〕　Cames M, Graichen J, Siemons A, et al. Emission reduction targets for international aviation and shipping〔J〕. Study for the ENVI Committee, 2015, 53(9): 1689 - 1699.

〔7〕　Kyprianidis K G. Future aero engine designs: An evolving vision〔EB/OL〕. https://publications. lib. chalmers. se/records/fulltext/local_140736. pdf〔2012 - 01 - 01〕.

〔8〕　MTU. GP7000 high-pressure turbine blades and vanes〔EB/OL〕. http://www. mtu. de/fileadmin/EN/7 News Media/1 Press/3 Press kits/Paris Air Show 2015/Fotos/GP7000 high pressure turbine blades and vanes. jpg〔2016 - 01 - 01〕.

〔9〕　Batchelor G K. Note on a class of solutions of the navier-stokes equations representing steady rotationnally-symmetric flow〔J〕. Quarterly Journal of Mechanics and Applied Mathematics, 1951, 14(1): 29 - 41.

〔10〕　Stewartson K. On the flow between two rotating coaxial disks〔J〕. Mathematical Proceedings of the Cambridge Philosophical Society, 1953, 49(2): 333 - 341.

〔11〕　Daily J W, Nece R E. Chamber dimension effects on induced flow and frictional resistance of enclosed rotating disks〔J〕. Journal of Basic Engineering, 1960, 82(1): 217 - 228.

〔12〕　Boutarfa R, Harmand S. Local convective heat exchanges and flow structure in a rotor-stator system〔J〕. International Journal of Thermal Sciences, 2003, 42(12): 1129 - 1143.

〔13〕　Pellé J, Harmand S. Heat transfer study in a rotor-stator system air-gap with an axial inflow〔J〕. Applied Thermal Engineering, 2009, 29(8 - 9): 1532 - 1543.

〔14〕　Pellé J, Harmand S. Heat transfer measurements in an opened rotor-stator system air-gap〔J〕. Experimental Thermal and Fluid Science, 2007, 31(3): 165 - 180.

〔15〕　Du Q, Xie Y G, Wang Z C, et al. An entropy viscosity method for large eddy simulation of turbulent thermal flow in a rotor-stator cavity〔J〕. Physics of Fluids, 2023, 35(3): 035126.

〔16〕　Tuliszka-Sznitko E, Majchrowski W, Kiełczewski K. Investigation of transitional and turbulent heat and momentum transport in a rotating cavity〔J〕. International Journal of Heat and Fluid Flow, 2012, 35: 52 - 60.

〔17〕　Bailey N Y, Owen J M, Mear I F, et al. Prediction of flows in enclosed rotor-stator cavities〔J〕. Physics of Fluids, 2022, 34(10): 105115.

〔18〕　Scobie J A, Sangan C M, Michael Owen J, et al. Review of ingress in gas turbines〔J〕. Journal of Engineering for Gas Turbines and Power, 2016, 138(12): 120801.

〔19〕　Cao N, Luo X, Wu Z Y, et al. Effect of rotor-mounted protrusion on sealing performance and flow structure in rotor-stator cavity〔J〕. Chinese Journal of Aeronautics, 2018, 31(11): 2057 - 2072.

〔20〕　Du Q, Wang R N, Xie L, et al. A novel design of rim sealing flow for improving sealing effectiveness〔J〕. Journal of Engineering for Gas Turbines and Power, 2023, 145(7): 071003.

[21]   Bayley F J, Owen J M. The fluid dynamics of a shrouded disk system with a radial outflow of coolant[J]. Journal of Engineering for Gas Turbines and Power, 1970, 92(3): 335 - 341.

[22]   Chew J W. A theoretical study of ingress for shrouded rotating disc systems with radial outflow [J]. Journal of Turbomachinery, 1991, 113(1): 91 - 97.

[23]   Chew J W, Dadkhah S, Turner A. Rim sealing of rotor-stator wheelspaces in the absence of external flow[J]. Journal of Turbomachinery, 1992, 114(2): 433 - 438.

[24]   Kobayashi N, Matsumato M, Shizuya M. An experimental investigation of a gas turbine disk cooling system[J]. Journal of Engineering for Gas Turbines and Power, 1984, 106(1): 136 - 141.

[25]   Phadke U P, Owen J M. Aerodynamic aspects of the sealing of gas-turbine rotor-stator systems: Part 1: The behavior of simple shrouded rotating-disk systems in a quiescent environment[J]. International Journal of Heat and Fluid Flow, 1988, 9(2): 98 - 105.

[26]   Phadke U P, Owen J M. Aerodynamic aspects of the sealing of gas-turbine rotor-stator systems: Part 2: The performance of simple seals in a quasi-axisymmetric external flow[J]. International Journal of Heat and Fluid Flow, 1988, 9(2): 106 - 112.

[27]   Phadke U P, Owen J M. Aerodynamic aspects of the sealing of gas-turbine rotor-stator systems: Part 3: The effect of nonaxisymmetric external flow on seal performance [J]. International Journal of Heat and Fluid Flow, 1988, 9(2): 113 - 117.

[28]   Dadkhah S, Turner A B, Chew J W. Performance of radial clearance rim seals in upstream and downstream rotor-stator wheelspaces[J]. Journal of Turbomachinery, 1992, 114(2): 439 - 445.

[29]   Hamabe K, Ishida K. Rim seal experiments and analysis of a rotor-stator system with nonaxisymmetric main flow[C]. Cologne: Turbo Expo: Power for Land, Sea, and Air, 1992.

[30]   Borutzky W, Barnard B, Thoma J. An orifice flow model for laminar and turbulent conditions [J]. Simulation Modelling Practice and Theory, 2002, 10(3): 141 - 152.

[31]   Scanlon T, Wilkes J, Bohn D, et al. A simple method for estimating ingestion of annulus gas into a turbine rotor stator cavity in the presence of external pressure variations[C]. Vienna: Turbo Expo: Power for Land, Sea, 2004.

[32]   Owen J M. Prediction of ingestion through turbine rim seals—Part II: Externally induced and combined ingress[J]. Journal of Turbomachinery, 2011, 133(3): 031006.

[33]   Liu D D, Tao Z, Luo X, et al. Development of a new factor for hot gas ingestion through rim seal[J]. Journal of Engineering for Gas Turbines and Power, 2015, 138(7): 072501.

[34]   Jia X Y, He L D, Zhang H. Effect of turbine rotor disc vibration on hot gas ingestion and rotor-stator cavity flow[J]. Aerospace Science and Technology, 2020, 98: 105719.

[35]   Dawson M G, Otter J J, Atkins N R. The effect of circumferential lengthscale on hot gas ingestion[C]. Rotterdam: ASME Turbo Expo 2022: Turbomachinery Technical Conference and Exposition, 2022.

[36]   Wisler D. Loss reduction in axial-flow compressors through low-speed model testing [J]. Journal of Engineering for Gas Turbines and Power, 1985, 107(2): 354 - 363.

[37]   Daniels W, Johnson B, Graber D, et al. Rim seal experiments and analysis for turbine applications[J]. Journal of Turbomachinery, 1992, 114(2): 426 - 432.

[38] Balasubramanian J, Junnarkar N, Zhou D, et al. Experiments on aft-disk cavity ingestion in a model 1.5-stage axial-flow turbine[C]. Vancouver: Turbo Expo: Power for Land, Sea, and Air, 2011.

[39] Bohn D, Rudzinski B, Sürken N, et al. Influence of rim seal geometry on hot gas ingestion into the upstream cavity of an axial turbine stage[C]. Indianapolis: Turbo Expo: Power for Land, Sea, and Air, 1999.

[40] Coren D D, Atkins N R, Turner J R, et al. An advanced multi-configuration stator well cooling test facility[J]. Journal of Turbomachinery, 2013, 135(1): 011003.

[41] Eastwood D, Coren D, Long C, et al. Experimental investigation of turbine stator well rim seal, re-ingestion and interstage seal flows using gas concentration techniques and displacement measurements[J]. Journal of Engineering for Gas Turbines and Power, 2012, 134(8): 082501.

[42] Valencia A G, Dixon J A, Da Soghe R, et al. An investigation into numerical analysis alternatives for predicting re-ingestion in turbine disc rim cavities[C]. Copenhagen: Turbo Expo: Power for Land, Sea, and Air, 2012.

[43] Palafox P, Ding Z, Bailey J, et al. A new 1.5-stage turbine wheelspace hot gas ingestion rig (HGIR): Part I—Experimental test vehicle, measurement capability and baseline results[C]. San Antonio: Turbo Expo: Power for Land, Sea, and Air, 2013.

[44] Barringer M, Coward A, Clark K, et al. The design of a steady aero thermal research turbine (START) for studying secondary flow leakages and airfoil heat transfer[C]. Düsseldorf: ASME Turbo Expo 2014: Turbine Technical Conference and Exposition, 2014.

[45] Green B R, Mathison R M, Dunn M G. Time-averaged and time-accurate aerodynamic effects of rotor purge flow for a modern, one and one-half stage high-pressure turbine: Part II—Analytical flow field analysis[J]. Journal of Turbomachinery, 2014, 136(1): 011009.

[46] Sangan C M, Pountney O J, Zhou K, et al. Experimental measurements of ingestion through turbine rim seals—Part I: Externally induced ingress[J]. Journal of Turbomachinery, 2013, 135(2): 021012.

[47] Sangan C M, Pountney O J, Zhou K, et al. Experimental measurements of ingestion through turbine rim seals—Part II: Rotationally induced ingress[J]. Journal of Turbomachinery, 2013, 135(2): 021013.

[48] Sangan C M, Pountney O J, Scobie J A, et al. Experimental measurements of ingestion through turbine rim seals—Part III: Single and double seals[J]. Journal of Turbomachinery, 2013, 135(5): 051011.

[49] Choi S M, Choi S, Cho H H. Effect of various coolant mass flow rates on sealing effectiveness of turbine blade rim seal at first stage gas turbine experimental facility[J]. Energies, 2020, 13(16): 4105.

[50] Choi S, Bang M, Choi S M, et al. Unsteady hot gas ingestion through the double rim-seals of an axial gas turbine[J]. International Journal of Mechanical Sciences, 2021, 207: 106664.

[51] Wu Z Y, Luo X, Cao N, et al. Effect of protrusion amount on gas ingestion of radial rim seal [J]. Chinese Journal of Aeronautics, 2020, 33(3): 893 − 901.

[52] Patinios M, Scobie J A, Sangan C M, et al. Measurements and modeling of ingress in a new

1. 5-stage turbine research facility [J]. Journal of Engineering for Gas Turbines and Power, 2016, 139(1): 012603.

[53] Cho G, Sangan C M, Owen J M, et al. Effect of ingress on turbine discs [J]. Journal of Engineering for Gas Turbines and Power, 2016, 138(4): 042502.

[54] Graber D J, Daniels W A, Johnson B V. Disk pumping test [EB/OL]. https://api. semanticscholar. org/CorpusID: 107780794 [2022 - 01 - 01].

[55] Gentilhomme O, Hills N J, Turner A B, et al. Measurement and analysis of ingestion through a turbine rim seal [J]. Journal of Turbomachinery, 2003, 125(3): 505 - 512.

[56] Zhou K, Wood S N, Owen J M. Statistical and theoretical models of ingestion through turbine rim seals [J]. Journal of Turbomachinery, 2012, 135(2): 021014.

[57] 周昆原. 燃气轮机中的高温燃气入侵机理研究 [D]. 北京: 北京航空航天大学, 2011.

[58] Green T, Turner A. Ingestion into the upstream wheelspace of an axial turbine stage [J]. Journal of Turbomachinery, 1994, 116(2): 327 - 332.

[59] Bohn D, Rudzinski B, Sürken N, et al. Experimental and numerical investigation of the influence of rotor blades on hot gas ingestion into the upstream cavity of an axial turbine stage [C]. Munich: ASME Turbo Expo 2000: Power for Land, Sea, and Air, 2000.

[60] Roy R P, Xu G, Feng J, et al. Pressure field and main-stream gas ingestion in a rotor-stator disk cavity [C]. New Orleans: ASME Turbo Expo 2001: Power for Land, Sea, and Air, 2001.

[61] Roy R P, Feng J, Narzary D, et al. Experiment on gas ingestion through axial-flow turbine rim seals [J]. Journal of Engineering for Gas Turbines and Power, 2005, 127(3): 573 - 582.

[62] Roy R P, Zhou D W, Ganesan S, et al. The flow field and main gas ingestion in a rotor-stator cavity [C]. Montreal: ASME Turbo Expo 2007: Power for Land, Sea, and Air, 2007.

[63] Bohn D E, Decker A, Ohlendorf N, et al. Influence of an axial and radial rim seal geometry on hot gas ingestion into the upstream cavity of a 1. 5-stage turbine [C]. Barcelona: ASME Turbo Expo 2006: Power for Land, Sea, and Air, 2006.

[64] Wang C Z, Johnson B V, Cloud D F, et al. Rim seal ingestion characteristics for axial gap rim seals in a closely-spaced turbine stage from a numerical simulation [C]. Barcelona: ASME Turbo Expo 2006: Power for Land, Sea, and Air, 2006.

[65] Cao C, Chew J W, Millington P R, et al. Interaction of rim seal and annulus flows in an axial flow turbine [J]. Journal of Engineering for Gas Turbines and Power, 2004, 126(4): 786 - 793.

[66] Jakoby R, Zierer T, Lindblad K, et al. Numerical simulation of the unsteady flow field in an axial gas turbine rim seal configuration [C]. Vienna: ASME Turbo Expo: Power for Land, Sea, and Air, 2004.

[67] Schädler R, Kalfas A I, Abhari R S, et al. Modulation and radial migration of turbine hub cavity modes by the rim seal purge flow [J]. Journal of Turbomachinery, 2017, 139(1): 011011.

[68] Roy R, Feng J, Narzary D, et al. Experiment on gas ingestion through axial-flow turbine rim seals [J]. Journal of Engineering for Gas Turbines and Power, 2005, 127(3): 573 - 582.

[69] Savov S S, Atkins N R, Uchida S. A comparison of single and double lip rim seal geometries [J]. Journal of Engineering for Gas Turbines and Power, 2017, 139(11): 112601.

[70] Town J, Averbach M, Camci C. Experimental and numerical investigation of unsteady structures within the rim seal cavity in the presence of purge mass flow[C]. Seoul: ASME Turbo Expo: Power for Land, Sea, and Air, 2016.

[71] Beard P F, Gao F, Chana K S, et al. Unsteady flow phenomena in turbine rim seals[J]. Journal of Engineering for Gas Turbines and Power, 2017, 139(3): 032501.

[72] Bohn D E, Decker A, Ma H, et al. Influence of sealing air mass flow on the velocity distribution in and inside the rim seal of the upstream cavity of a 1. 5-stage turbine[C]. Atlanta: ASME Turbo Expo: Power for Land, Sea, and Air, 2003.

[73] Zhou D, Roy R, Wang C-Z, et al. Main gas ingestion in a turbine stage for three rim cavity configurations[J]. Journal of Turbomachinery, 2011, 133(3): 031023.

[74] Chew J W, Green T, Turner A B. Rim sealing of rotor-stator wheelspaces in the presence of external flow[C]. The Hague: ASME 1994 International Gas Turbine and Aeroengine Congress and Exposition, 1994.

[75] Green T, Turner A B. Ingestion Into the upstream wheelspace of an axial turbine stage[J]. Journal of Turbomachinery, 1994, 116(2): 327 − 332.

[76] Hills N J, Green T, Turner A B, et al. Aerodynamics of turbine rim-seal ingestion[C]. Orlando: ASME 1997 International Gas Turbine and Aeroengine Congress and Exhibition, 1997.

[77] Hills N J, Chew J W, Turner A B. Computational and mathematical modeling of turbine rim seal ingestion[J]. Journal of Turbomachinery, 2002, 124(2): 306 − 315.

[78] Ko S H, Rhode D L. Thermal details in a rotor-stator cavity at engine conditions with a mainstream[J]. Journal of Turbomachinery, 1992, 114(2): 446 − 453.

[79] de Cosmo G, Scobie J, Lock G, et al. Fluid-dynamics of turbine rim seal structures: A physical interpretation using URANS[J]. Journal of Engineering for Gas Turbines and Power: Transactions of the ASME, 2023, 145(3): 031009.

[80] Savov S S, Atkins N R. A rim seal ingress model based on turbulent transport[C]. Charlotte: ASME Turbo Expo: Power for Land, Sea, and Air, 2017.

[81] Chew J W, Gao F, Palermo D M. Flow mechanisms in axial turbine rim sealing[J]. Proceedings of the Institution of Mechanical Engineers, Part C: Journal of Mechanical Engineering Science, 2019, 233(23 − 24): 7637 − 7657.

[82] Rabs M, Benra F K, Dohmen H J, et al. Investigation of flow instabilities near the rim cavity of a 1. 5 stage gas turbine[C]. Orlando: ASME Turbo Expo: Power for Land, Sea, and Air, 2009.

[83] Chilla M, Hodson H, Newman D. Unsteady interaction between annulus and turbine rim seal flows[J]. Journal of Turbomachinery, 2013, 135(5): 051024.

[84] Horwood J T, Hualca F P, Scobie J A, et al. Experimental and computational investigation of flow instabilities in turbine rim seals[J]. Journal of Engineering for Gas Turbines and Power, 2019, 141(1): 011028.

[85] Boudet J R M, Hills N J, Chew J W. Numerical simulation of the flow interaction between turbine main annulus and disc cavities[C]. Barcelona: ASME Turbo Expo: Power for Land, Sea, and Air, 2006.

[86] Gao F, Chew J W, Beard P F, et al. Large-eddy simulation of unsteady turbine rim sealing flows[J]. International Journal of Heat and Fluid Flow, 2018, 70: 160 – 170.

[87] O'Mahoney T, Hills N J, Chew J W, et al. Large-Eddy simulation of rim seal ingestion[J]. Proceedings of the Institution of Mechanical Engineers, Part C: Journal of Mechanical Engineering Science, 2011, 225(12): 2881 – 2891.

[88] Gao F, Chew J W, Marxen O. Inertial waves in turbine rim seal flows[J]. Physical Review Fluids, 2020, 5(2): 024802.

[89] Bru R A, Beard P F, Chew J W. Measurement of inertial and acoustic waves in a turbine chute rim seal cavity[J]. Journal of Engineering for Gas Turbines and Power, 2023, 145(6): 061021.

[90] Pogorelov A, Meinke M, Schröder W. Large-Eddy simulation of the unsteady full 3D rim seal flow in a one-stage axial-flow turbine[J]. Flow, Turbulence and Combustion, 2019, 102(1): 189 – 220.

[91] O'Mahoney T, Hills N J, Chew J W. Sensitivity of LES results from turbine rim seals to changes in grid resolution and sector size[J]. Progress in Aerospace Sciences, 2012, 52: 48 – 55.

[92] Almendral-Fernandez G, Amirante D, Hills N J. Use of a zonal hybrid URANS-LES methodology for prediction of rim seal ingestion into a low pressure turbine cavity[C]. Cincinnati: 2018 Joint Propulsion Conference, 2018.

[93] Palermo D M, Gao F, Amirante D, et al. Wall-Modeled large eddy simulations of axial turbine rim sealing[J]. Journal of Engineering for Gas Turbines and Power, 2021, 143(6): 061025.

第2章
旋转盘腔流动特征与数值计算方法

2.1 引　　论

　　流体力学研究中,旋转盘腔流动作为一种复杂且充满挑战的流动现象,一直以来备受学者们的关注。本章将深入探讨旋转盘腔流动的多样形式及其基本特征,随后重点关注旋转盘腔领域内的研究成果,包括理论分析、稳定性研究以及数值模拟方向的前沿进展,从而为读者提供一个全面了解这一领域的视角。

　　本章首先介绍常见的旋转流动及其基本特征。旋转流动在自然界和工程实践中均广泛存在,例如飓风、涡轮机、行星大气环流等。旋转流动的生成和演化对于流体输运和混合具有显著影响。本书将探讨不同情境下旋转流动的基本特征,为后续研究提供基础。

　　本章随后聚焦旋转盘腔领域内的研究成果,包括理论分析、稳定性研究以及数值模拟方向的进展。在理论分析方面,将探讨不同理论模型的推导及其对于旋转盘腔流动的解释和预测。稳定性研究方面,将介绍涡旋形成和演化的稳定性条件以及不同参数对于流动稳定性的影响。数值模拟方向的进展则涵盖了常见的定常、非定常数值模拟技术,以及这些方法在揭示旋转盘腔流动行为方面的主要结论。

　　最后,在本章中对适用于旋转盘腔流动的数值模拟方法进行了详细探讨,特别关注了雷诺平均纳维-斯托克斯(RANS)模型、分离涡模拟(detached eddy simulation, DES)模型以及壁面模型大涡模拟(WMLES)这三种不同的数值模拟方法在旋转盘腔领域的适用性。

2.2　常见的旋转流动

　　旋转流动是一种复杂的流体运动现象,这种流动在自然界和工程应用中广泛存在。在小尺度上,旋转流动可以在涡旋、涡流和涡旋结构中观察到。这些旋转结构通常由流体的动量和角动量分布所驱动,形成了流体内部的环流和旋转模式。在这些尺度上,旋转流动可能影响到颗粒运动、混合过程以及小尺度湍流的形成。而在大尺度上,旋转流动在大气和海洋中表现出宏伟的形式。气旋和飓风是天气系统中的旋转流动例子,它们被地球自转和温度差异引起的气体运动所驱动。海洋中的洋流和涡旋则影响着全球的热量分布和气候模式。工程应用中,旋转流动在涡轮机、泵、风力发电机等设备中具有关键作用。通过利用旋转流动的原理,人们能够将流体的动能转化为机械能或电能。同时,在化工、生物医学、食品加工等领域,旋转流动也被广泛用于混合、分离和传热等过程中。

可以看出,旋转流动在多个领域如气象学、航空航天、能源产生、流体力学研究以及工程应用中具有重要影响。此外,旋转流动的研究涵盖了多个层次的问题,从理论建模到实验观察,从微观分子尺度到大尺度行星乃至星系运动。因此,旋转流动是一个极具挑战性和多样性的领域,深入理解旋转流动对于推动科学和技术的发展都具有重要意义。下面对工程中常见的几种旋转流动进行介绍。

2.2.1　海洋及大气环流

旋转流动的一个主要的研究领域是地球流体力学,其中包括海洋以及大气流体力学。对于地球流体力学而言,首先需要考虑的是运动的尺度效应,地球的运动通常具有相当大的尺度,其水平尺度通常为数百千米到数千千米,一些运动尺度甚至可以达到地球半径的大小。此外,地球的自转以及自身性质对海洋、大气的运动也具有较大的影响,必须考虑地球自转引起的科氏力以及地球表面不同地区的温度差异所导致的密度梯度。在这些因素相互作用下,形成了复杂的大气和海洋运动模式。

在大气层,赤道地区受到较高温度的影响,空气变得相对较轻,向上升的气流形成热带低压带。而极地地区由于温度较低,空气变得较为密集,形成极地高压带。由于科氏力的作用,从赤道到极地的空气运动会产生东向的风,即西风带,如图2-1所示。

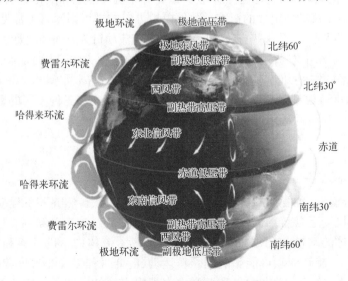

图2-1　地球主要风带分布示意图

　　类似地,在海洋中,温暖的表层水体由于密度较低会向赤道方向流动,而较冷的深层水体则会从极地地区流向赤道,形成热带和极地海洋环流。科氏力同样在海洋中产生了由赤道向极地偏转的运动,称为地转流。

　　这种旋转流动的复杂性导致了气候和海洋环境的多样性。例如,厄尔尼诺现象就是由于热带太平洋上的海洋环流发生变化,影响全球气候模式。另外,地球旋转还导致了气象现象如飓风和台风的生成。

2.2.2　动力旋转机械

　　动力旋转机械中的旋转流动是指由机械设备内部的旋转部件(如叶片、轮盘等)所引起的流体运动现象。典型的动力旋转机械实例包括航空发动机(图2-2)、离心泵叶轮流道(图2-3)以及风力发电机(图2-4)等,这些机械设备都涉及对旋转流动原理的理解和控制。下面以航空发动机为例,介绍动力机械内的旋转流动现象。

图 2-2　典型航空发动机结构示意图　　　　　图 2-3　离心泵叶轮流道

图 2-4　风力发电机

航空发动机主体是由压气机、燃烧室和涡轮三大关键组件构成的。在气流进入发动机进气道后，它会通过布置交错的压气机导叶叶栅和动叶叶栅来进行逐级压缩。随后，这些压缩气体会进入发动机的燃烧室，在燃烧过程中焓值急剧增加。最终，这些高温高压气体会通过涡轮系统膨胀并传递功率。值得注意的是，发动机的压气机、涡轮导叶以及动叶都具备一定的曲率，因此气流在经过这些部件时会带有一定的旋转角度，从而具备旋转流动的特征。

除了主流系统以外，航空发动机中还存在内部空气系统流路。空气系统一般从压气机冷端适当位置引气，通过发动机主流道内侧或外侧各种元件达到热端涡轮部件，完成冷却、封严、防冰等各项功能，并从不同位置汇入发动机主流。

由于发动机的旋转特性，空气系统流路中存在许多由转动件及其相邻部件所构成的腔体，如压气机盘腔、涡轮盘腔以及轴承腔等。这些腔体内的气流同样呈现明显的旋转流动特性，发动机空气系统腔体结构特点见1.4节。

2.2.3 动压式分离器

除了动力旋转机械以外，旋转流动在化学工业中也有广泛的应用，较为经典的应用场景是旋风分离器。

旋风分离器是一种常用于气体/固体分离的设备，其基本原理是利用旋转气流在离心力的作用下将气体中的固体颗粒分离出来。旋风分离器通常由一个圆筒形的外壳和一个位于中心的空心圆锥形构件组成。气体/固体混合物通过旋风分离器的进料口进入，然后在外壳内部形成旋转气流，如图2-5所示。

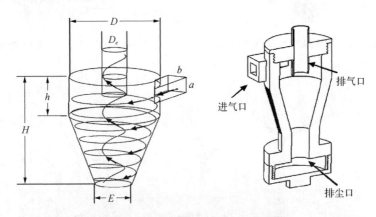

图2-5 旋风分离器工作原理示意图

$D.$ 分离腔直径；$D_e.$ 排气口直径；$H.$ 分离腔高度；$h.$ 分离腔圆柱段高度；$a.$ 进气口高度；$b.$ 进气口宽度；$E.$ 排尘口直径

在气流旋转的过程中，由于离心力的作用，固体颗粒会被甩到外壳的内壁上，然后沿着内壁向下滑落，最终收集在分离器的底部，形成所谓的"底灰"。而较轻的气体则在旋风的中心部分继续上升,并最终通过分离器的顶部排出。

旋风分离器在设计和操作时需要平衡不同参数之间的关系,以实现最佳的分离效果。过高的气流速度可能会导致颗粒被带走而无法充分分离,而过低的气流速度可能会减弱离心力影响,同样影响分离效果。因此,深入理解旋转流动特性对旋风分离器的设计和优化至关重要。

2.3 旋转流动的基本特征

旋转效应对流动具有明显的影响,与常见的平行流动存在一定的区别,因此需要对旋转流动的基本特征进行介绍。由于本书的讨论对象是转-静系旋转盘腔,采用柱坐标系描述更符合流场特点。柱坐标系与直角坐标系之间的转换可以通过拉梅系数实现。此外,由于流动具有明显的旋转现象,通常采用旋转坐标系进行描述。静止坐标系和旋转坐标系之间的转换则会导致附加的惯性力项。下面分别对这两种坐标系变换以及坐标变换后的基本控制方程进行介绍。

2.3.1 旋转坐标系中的惯性力项

假设某系统以均匀角速度 Ω 旋转,由于旋转系统的牵连运动,该系统内的流体会产生一个均匀的涡量场,大小为 2Ω,将其称为行星涡量场。此外,由于流体与旋转系统存在相对运动,因此还存在一个由于相对运动而导致的涡量场。两个涡量场共同叠加形成整体涡量场。

静止坐标系中的速度、加速度(用下标 I 表示)与旋转坐标系中的速度、加速度(用下标 R 表示)存在一定的转换关系,如式(2-1)和式(2-2)所示。式(2-2)左边为惯性参考系内的绝对加速度,而右边第一项为相对加速度,第二项为科里奥利加速度,第三项为向心加速度,第四项为转动加速度。对于匀速旋转系统(Ω 为常数),转动加速度项为 0。

$$u_I = u_R + (\Omega \times r) \tag{2-1}$$

$$a_I = \left(\frac{du}{dt}\right)_I = \left(\frac{du_R}{dt}\right)_R + 2\Omega \times u_R + \Omega \times (\Omega \times r) + \frac{d\Omega}{dt} \times r \tag{2-2}$$

因此,可以看出在匀速旋转流体中存在额外的两项受力:

(1) $f_c = -2\Omega \times u_R$,它表示单位质量流体微团上所受到的科里奥利力;

(2) $f_e = -\Omega \times (\Omega \times r) = \Omega^2 r_1$,此处 r_1 为旋转轴到流体微团的垂直距离,f_e 表示作用于单位流体微团的离心力。离心力是由于流线弯曲或者系统旋转而导致的一种惯性力。

2.3.2　柱坐标系与直角坐标系之间的转换关系

对于旋转流动,采用圆柱坐标系描述流动控制方程会比笛卡儿正交坐标系更为简便,圆柱坐标系与直角坐标系之间的转换关系如图 2-6 所示,直角坐标系和柱坐标系的坐标转换关系如式(2-3)所示。此外,柱坐标系下各项偏导数与直角坐标系之间可以通过拉梅系数进行转换,转换关系如式(2-4)~式(2-7)所示,其中 e_r、e_θ、e_x 为柱坐标单位向量,a 为任意矢量,f 为任意标量,r、θ、x 为柱坐标分量。

$$\begin{bmatrix} x \\ \theta \\ r \end{bmatrix} = \begin{bmatrix} 1 & 0 & 0 \\ 0 & \sin\theta & \cos\theta \\ 0 & \cos\theta & \sin\theta \end{bmatrix} \begin{bmatrix} x \\ y \\ z \end{bmatrix} \qquad (2-3)$$

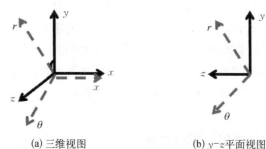

(a) 三维视图　　　　　　　　(b) y-z 平面视图

图 2-6　柱坐标系与直角坐标系转换关系

$$\nabla f = \frac{\partial f}{\partial r} e_r + \frac{1}{r} \frac{\partial f}{\partial \theta} e_\theta + \frac{\partial f}{\partial x} e_x \qquad (2-4)$$

$$\nabla \cdot a = \frac{1}{r} \frac{\partial(r a_r)}{\partial r} + \frac{1}{r} \frac{\partial(a_\theta)}{\partial \theta} + \frac{\partial(a_x)}{\partial x} \qquad (2-5)$$

$$\nabla \times a = \frac{1}{r}\left(\frac{\partial a_x}{\partial \theta} - \frac{\partial a_\theta}{\partial x} \right) e_r + \left(\frac{\partial a_r}{\partial x} - \frac{\partial a_x}{\partial r} \right) e_\theta + \left(\frac{1}{r} \frac{\partial(r a_\theta)}{\partial r} - \frac{1}{r} \frac{\partial(a_r)}{\partial \theta} \right) e_x \qquad (2-6)$$

$$\nabla^2 f = \left(\frac{\partial^2 f}{\partial r^2} + \frac{1}{r} \frac{\partial f}{\partial r} + \frac{1}{r^2} \frac{\partial^2 f}{\partial \theta^2} + \frac{\partial^2 f}{\partial x^2} \right) \qquad (2-7)$$

2.3.3　旋转流动的基本控制方程

流体的连续性方程表明了流体的质量守恒,如式(2-8)所示,其中 ρ 为密度,t 为时间,u_R 为旋转坐标系内的相对速度。在 1.2.1 节中已经指出,旋转系统中存在的离心力和科里奥利两个惯性力的作用,因此旋转坐标系内不可压缩流动的 N-S 方程可以写为式(2-9)的形式,其中 f_c 为科里奥利力,f_e 为离心力,f 为体积力,ν 为运动黏度。ρ、L、Ω、U 进行无量纲化,无量纲化后的 N-S 方程如式

(2-10)所示,其中 Ω 为转速,L 为特征长度,U 为特征速度,e_x 为轴向单位向量,p 为压力。式(2-8)和式(2-10)构成了旋转坐标系内流体的基本控制方程。本节所考虑的流动均为等温流动,因此未列出能量方程。

$$\frac{\partial \rho}{\partial t} + \nabla \cdot (\rho u_R) = 0 \tag{2-8}$$

$$\frac{du_R}{dt} = f_c + f_e + f - \frac{1}{\rho}\nabla p + \nu \nabla^2 u_R \tag{2-9}$$

$$\frac{\partial u_R^*}{\partial t^*} + \frac{U}{\Omega L}(u_R^* \cdot \nabla)u_R^* + 2e_x \times u_R^* = -\nabla p^* + \frac{\nu}{\Omega L^2}\nabla^2 u_R^* \tag{2-10}$$

使用柱坐标和直角坐标之间的转换关系可以将上述控制方程写成柱坐标内的分量形式,如式(2-11)~式(2-14)所示,其中 r、θ、x 为柱坐标分量,u_r、u_θ、u_x 为柱坐标速度分量,ρ 为密度,t 为时间,μ 为黏度,f_r、f_θ、f_x 为体积力分量。

$$\frac{\partial}{r\partial r}(ru_r) + \frac{\partial u_\theta}{r\partial \theta} + \frac{\partial u_x}{\partial x} = 0 \tag{2-11}$$

$$\rho\left(\frac{\partial u_r}{\partial t} + u_r\frac{\partial u_r}{\partial r} + \frac{u_\theta}{r}\frac{\partial u_r}{\partial \theta} + u_x\frac{\partial u_r}{\partial z} - \frac{u_\theta^2}{r}\right)$$
$$= -\frac{\partial p}{\partial r} + \mu\left(\frac{\partial^2 u_r}{\partial r^2} + \frac{1}{r}\frac{\partial u_r}{\partial r} - \frac{u_r}{r^2} + \frac{1}{r^2}\frac{\partial^2 u_r}{\partial \theta^2} + \frac{\partial^2 u_r}{\partial x^2} - \frac{2}{r^2}\frac{\partial u_\theta}{\partial \theta}\right) + f_r \tag{2-12}$$

$$\rho\left(\frac{\partial u_\theta}{\partial t} + u_r\frac{\partial u_\theta}{\partial r} + \frac{u_r u_\theta}{r} + \frac{u_\theta}{r}\frac{\partial u_\theta}{\partial \theta} + u_x\frac{\partial u_\theta}{\partial x}\right)$$
$$= -\frac{1}{r}\frac{\partial p}{\partial \theta} + \mu\left(\frac{\partial^2 u_\theta}{\partial r^2} + \frac{1}{r}\frac{\partial u_\theta}{\partial r} - \frac{u_\theta}{r^2} + \frac{1}{r^2}\frac{\partial^2 u_\theta}{\partial \theta^2} + \frac{\partial^2 u_\theta}{\partial x^2} + \frac{2}{r^2}\frac{\partial u_\theta}{\partial \theta}\right) + f_\theta$$
$$\tag{2-13}$$

$$\rho\left(\frac{\partial u_x}{\partial t} + u_r\frac{\partial u_x}{\partial r} + \frac{u_\Phi}{r}\frac{\partial u_x}{\partial \theta} + u_x\frac{\partial u_x}{\partial x}\right)$$
$$= -\frac{\partial p}{\partial x} + \mu\left(\frac{\partial^2 u_x}{\partial r^2} + \frac{1}{r}\frac{\partial u_x}{\partial r} + \frac{1}{r^2}\frac{\partial^2 u_x}{\partial \theta^2} + \frac{\partial^2 u_x}{\partial x^2}\right) + f_x \tag{2-14}$$

2.4　旋转圆盘及简单盘腔的流动特性

本节介绍旋转圆盘及简单盘腔的流动特性研究进展,这是复杂涡轮盘腔流动特性的研究基础。旋转圆盘即位于自由流体中的一个转动盘,其流动特性是研究

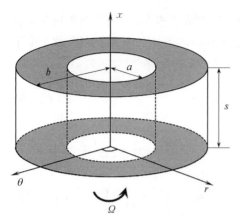

图2-7 典型封闭式转-静系盘腔结构示意图

各类盘腔流动特性的基础。旋转圆盘的结构较为简单,因此对于其几何结构不做介绍。图2-7展示了一个典型的封闭式转-静系盘腔的结构图。以封闭式转-静系盘腔为例,介绍旋转盘腔流动中几个重要无量纲参数的定义方法。

旋转盘腔的几何结构由内环罩半径 a、外环罩半径 b 以及转-静盘间距 s 所决定,盘腔的无量纲间距 $G = \dfrac{s}{b}$ 被称为间隙比。转盘的转速用 Ω 表示,使用转盘转速可以定义旋转盘腔中另一个重要的无量

纲数,即旋转雷诺数 $Re_\varphi = \dfrac{\Omega b^2}{\nu}$,其中 ν 是运动黏度。G 和 Re_φ 这两个无量纲数在盘腔基本流动特性上起决定性作用。此外,在流动特性分析中,通常使用转盘转速 Ωr 对各流速分量进行无量纲化,其中无量纲周向速度 $\dfrac{u_\theta}{\Omega}r$ 在旋转系统流动分析中具有重要意义,在旋转盘腔内通常被称为旋转比,用符号 β 表示。

转-静系盘腔具有多种几何构型,并且可以通过不同的标准进行分类。根据转、静盘之间的距离,可以分为大间隙比盘腔和小间隙比盘腔,如图2-8(a)、(b)所示。根据是否与外界有质量交换,可以分为开式旋转盘腔和闭式旋转盘腔,如图

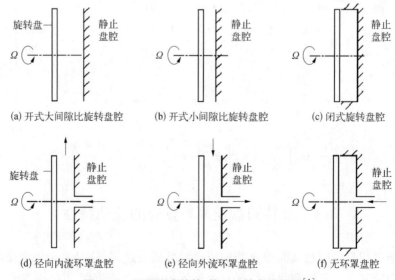

(a) 开式大间隙比旋转腔   (b) 开式小间隙比旋转盘腔   (c) 闭式旋转盘腔

(d) 径向内流环罩盘腔   (e) 径向外流环罩盘腔   (f) 无环罩盘腔

图2-8 不同形式的转-静系旋转盘腔构型[1]

2-8(b)、(c)所示。根据与外界发生流动的方向,可以分为径向内流盘腔和径向外流盘腔,如图 2-8(d)、(e)所示。根据有无外围环罩,可以分为环罩盘腔和无环罩盘腔,如图 2-8(e)、(f)所示。不同几何构型的盘腔流动特性存在明显的区别,因此针对不同构型的转-静系盘腔均有大量的研究。

由于旋转系统中惯性力的作用,引入两个表征流体微团受力状态的无量纲数,即表征旋转系统内黏性力和科里奥利力的相对大小的 Ekman 数 $Ek = \dfrac{\nu}{\Omega b^2}$, 以及表征旋转系统内相对运动的惯性力和旋转系统旋转惯性力之比的 Rossby 数 $Ro = \dfrac{U}{\Omega b}$。Ro 和 Ek 这两个无量纲参数对于旋转系统受力分析与机理解释具有重要作用。此外,引入 Ro 和 Ek 后,旋转流动控制方程式(2-10)可以写成式(2-15)的形式。

$$\frac{\partial u_R^*}{\partial t^*} + Ro(u_R^* \cdot \nabla)u_R^* + 2e_x \times u_R^* = -\nabla p^* + Ek\nabla^2 u_R^* \qquad (2-15)$$

2.4.1　旋转圆盘和简单盘腔的基本流动

最早关于旋转系统流动特性的研究始于海洋学和气象学,早在 1902 年,Nansen[2]指出漂浮在海面的浮冰的偏转方向不完全符合当地风向,而是与风向呈 20°~40° 的角度,Nansen 认为这是地球的旋转效应导致的。随后,Ekman[3]对这一现象展开了跟随性研究,并于 1905 年提出了压力梯度、科里奥利力和黏性力共同作用下旋转系统边界层的解析解。根据这一解析解可以绘制出边界层内的流速分布,如图 2-9 所示。在边界层外缘,流体速度与风速相同,而随着深度增大,边界

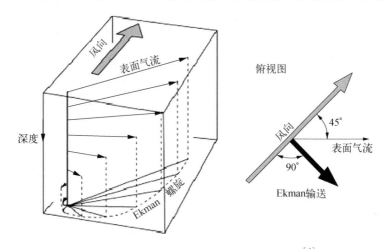

图 2-9　Ekman 边界层内的螺旋形流速分布[4]

层内合速度的大小呈指数型增大,角度线性增大,整体呈现螺线型的增长模式,这一螺线型增长模式被称为"Ekman spiral"。

与 Ekman 不同,von Kármán[5] 研究了静止流体中旋转圆盘的边界层流动。根据 von Kármán 的假设条件,流动具有自相似性,因此可以采用边界层方程的相似解法给出 N-S 方程的精确解,这也是极少数能给出的 N-S 方程精确解之一。随后 Cochran[6] 使用匹配渐进展开法求解了 von Kármán 所化简的方程,获得了更为精确的解析解。von Kármán 边界层流速分布特性如图 2-10(a) 所示。在转盘边界层内,由于旋转圆盘的携带作用,科里奥利力不足以平衡边界层内高速流体的离心力,因此转盘边界层内流体微团会产生径向向外迁移。在边界层径向向外迁移运动的影响下,外部静止流体诱导产生轴向流动以维持边界层内流体的质量守恒。这一现象被称为旋转盘的"泵效应"。

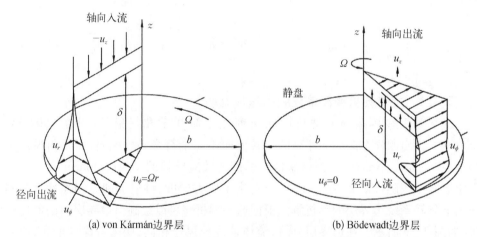

图 2-10　von Kármán 边界层、Bödewadt 边界层整体流速分布特性[7]

u_z. 轴向速度;u_r. 径向速度;u_ϕ. 周向速度;Ω. 旋转角速度;r. 半径;δ. 边界层厚度;z. 轴向方向;b. 径向方向

随后 Bödewadt[8] 同样采用匹配渐进展开法获得了旋转流体中静止圆盘的边界层流速分布特性,如图 2-10(b) 所示。在 Bödewadt 边界层中,由于静止圆盘的阻滞作用,边界层内低速流体的离心力不足以平衡科里奥利力,因此会产生径向向内迁移运动。此外由于径向向内迁移导致边界层内流体质量增多,为维持质量守恒,边界层内流体会沿轴向向外部迁移。

由图 2-9 和图 2-10(a)、(b) 可以看出,Ekman 边界层、von Kármán 边界层和 Bödewadt 边界层具有一定的相似性。Batchelor[9] 是最早对这一类相似的流动开展研究的学者。在他的研究中证明了这一类流动的特征主要是由外部流体转速 Ω_f 与转盘转速 Ω_d 之比所决定的。这一类边界层流动被统称为 BEK 边界层,并且具有统一的控制方程。BEK 方程组可以进行数值求解,并且给出不同流体、转盘转速边界条件下的层流解。有关 BEK 边界层统一控制方程组的推导可以参考 Rogers 等[10] 的研究。更多关于 BEK 边界层流动特性、流动稳定性的研究可以参考 Tatro 等[11]、Faller[12]、Lingwood[13, 14]、Davies 等[15] 的研究,由于本书的研究对象为旋转盘腔,对于单个盘的流动特性不做过多展开。

　　BEK 边界层流动特性的研究为旋转盘腔流动提供了研究基础,对于如图 2 - 7 所示的标准旋转盘腔而言,根据转-静间隙比 G 和旋转雷诺数 Re_φ 不同,腔内存在不同的流态。Batchelor[9] 认为,根据不同的边界条件,转、静盘壁面会分别形成 BEK 边界层,而边界层以外的自由流则整体以某一个低于转盘转速的恒定转速转动,也被称为“旋转核心”。这种流态的流速分布特性如图 1 - 8 所示,被称为 Batchelor 流型。

　　Batchelor 流型的流速分布特性可以从理论上被证明。当流场中的旋转效应显著时,Rossby 数和 Ekman 数均为小值。当 $Ek \ll 1$ 和 $Ro \ll 1$ 时,盘腔内部的黏性力和相对运动的惯性力都能忽略,整个盘腔内部都由旋转效应所主导。因此旋转流体的控制方程式(2 - 15)可以简化为式(2 - 16)的形式。该式说明转速 U 沿转轴 x 保持不变,从理论上证明了旋转系统内流动的二维特性,这便是著名的 Taylor - Proudman 定理。需要说明的是,式(2 - 16)所表示的 T - P 定理是一个数学上退化的方程,不能单独存在作为整个旋转流场的解,只存在于符合相应限制条件($Ek \ll 1$ 和 $Ro \ll 1$)区域的局部解,即旋转盘腔内的旋转核心区域。

$$2\Omega \frac{\partial U}{\partial x} = 0 \qquad\qquad (2 - 16)$$

　　当盘腔的转-静间隙较小时,Ek 不再保持小量,整个盘腔的黏性效应均不可忽略,T - P 定理不再成立。因此 Stewartson[16] 提出了另一种盘腔流型,如图 1 - 8 所示,被称为 Stewartson 流型。Stewartson 流型的特点是在盘腔全场的黏性作用下,转-静盘边界层发生了融合,形成了贯穿整个盘腔的边界层流动,而不存在旋转核心结构。

　　综上所述,根据间隙比 G 和旋转雷诺数 Re_φ 不同,腔内流动也呈现不同的形态。Daily 等[17] 针对封闭的转-静系盘腔开展了大量的实验研究,实验的旋转雷诺数范围为 $10^3 \sim 10^7$,盘腔间隙比的范围为 0.012 7 ~ 0.217,获得了如图 1 - 9 所示的盘腔流态分区图。当盘腔的间隙比较小时,流动表现为 Stewartson 流型。并根据旋转雷诺数的大小分为层流 Stewartson 流型(如图 1 - 9 中①区所示)和湍流 Stewartson 流型(如图 1 - 9 中③区所示)。相应的,当盘腔的间隙比较大时,腔内流动均属于 Batchelor 流型,并且根据旋转雷诺数的大小分为层流 Batchelor 流型和湍流 Batchelor 流型,分别如图 1 - 9 中②区和④区所示。

　　早期对于旋转圆盘、简单盘腔流动特性的研究主要从工程实际应用出发,探究壁面摩擦力、转矩系数、边界层厚度以及旋转比等工程应用上较为重要的参数变化规律,总结不同参数之间的拟合关系式。这些拟合关系式对于旋转圆盘、盘腔流动特性以及空气系统流体网络低维度模型构建具有重要的指导意义。下面首先介绍旋转圆盘流动有关的研究,随后介绍不同形式的旋转盘腔相关研究。

2.4.2 旋转圆盘流动参数拟合关系式

根据旋转圆盘流动的解析解,von Kármán 推导了层流条件下的边界层厚度 δ、边界层流量 m_0、转矩系数 C_m 的理论表达式,如式(2-17)~式(2-19)所示。其中 K_{bl} 为常数,随着工况不同数值也发生改变。在中低雷诺数工况下,式(2-19)所预测的转矩系数与 Theodorsen 等[18]的实验数据吻合较好,如图 2-11 所示。此外,通常采用无量纲流量 C_w 来表示边界层流量,C_w 的定义如式(2-20)所示。Schlichting 等[19]指出,旋转圆盘边界层泵效应的效率大约为 29%。

$$\delta = K_{bl}\sqrt{\frac{\nu}{\Omega}} \qquad (2-17)$$

$$m_0 = -2\pi\rho\int_0^r ru_x\mathrm{d}r = 2.779\rho b^2\sqrt{\Omega\nu} \qquad (2-18)$$

$$C_m = \frac{M}{\frac{1}{2}\rho\Omega^2 b^5} = 1.935Re_\varphi^{-0.5} \qquad (2-19)$$

$$C_w = \frac{m}{\mu b} \qquad (2-20)$$

由图 2-11 可以看出,当雷诺数超过 10^5 量级时,von Kármán 层流拟合关系式所预测的转矩明显低于实验所测得的数据,因此 von Kármán[5]对旋转圆盘的湍流边界层展开了研究。与层流旋转圆盘所采用的直接求解简化边界层微分方程方法不同,对于湍流边界层他采用了边界层积分方程的方法。根据边界层积分方程,他获得了边界层厚度的关系式,如式(2-21)所示。通过对比式(2-21)和式(2-17)可以发现,层流边界层厚度与半径 r 无关,而湍流边界层厚度与 r 存在一定的影响关系,说明在层流边界层内主要由黏性扩散主导,而湍流边界层内黏性效应有所减弱。随后,根据平板边界层 1/7 幂律流速分布假设,获得了湍流边界层内的转矩系数和边界层流量的表达式,如式(2-22)和式(2-23)所示。Schlichting 也给出了旋转圆盘湍流边界层转矩系数的隐式表达式,如式(2-24)所示。

$$\delta = 0.526r^{\frac{3}{5}}\left(\frac{\nu}{\Omega}\right)^{\frac{1}{5}} \qquad (2-21)$$

$$C_m = 0.07288Re_\varphi^{-0.2} \qquad (2-22)$$

$$C_w = 0.219Re_\varphi^{0.8} \qquad (2-23)$$

$$\frac{1}{\sqrt{C_m}} = \frac{1}{\kappa\sqrt{8}}\ln(Re_\varphi\sqrt{C_m}) + 0.03 \qquad (2-24)$$

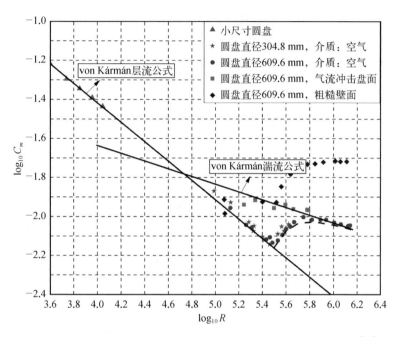

图 2 - 11　Theodorsen 等实验数据与 von Kármán 拟合关系式对比[18]

2.4.3　简单盘腔流动参数拟合关系式

除了上述对于旋转圆盘的研究以外,由于旋转盘腔在工程中更为常见,因此更多的研究集中于对旋转盘腔流动参数拟合关系式的研究,下面对闭式和开式两种典型旋转盘腔相关研究进行总结。

2.4.3.1　闭式旋转盘腔

闭式旋转盘腔是旋转盘腔各种结构形式中最为简单的一种。最早对封闭式旋转盘腔展开研究的是 Schultz - Grunow[20],他提出对于小间隙比、低旋转雷诺数工况,旋转盘腔的转矩系数可以用式(2-25)表示。这一关系式与实验吻合良好。

$$C_m = \frac{\pi}{GRe_\varphi} \qquad (2-25)$$

根据湍流旋转圆盘边界层厚度关系式(2-21),Schultz-Grunow 提出:对于旋转盘腔的边界层厚度也可以采用类似的拟合关系,只是需要采用不同的比例系数 γ_R,如式(2-26)所示。许多学者对于这一比例系数展开了研究,并且提出了一些适用的关联式,具体的表达形式可以参考 Zilling[21]、Möhring[22] 的研究。

$$\delta_R = \gamma_R r^{\frac{3}{5}} \left(\frac{\nu}{\Omega} \right)^{\frac{1}{5}} \tag{2-26}$$

Soo[23] 采用理论分析的方法研究了层流封闭转-静系盘腔内部的转矩表达式,其基本形式与式(2-19)类似,此外 Soo 通过采用 Blasius 边界层流速假设,还给出了湍流流态下的转矩表达式,如式(2-27)所示。

$$C_m = 0.030\,8 G^{-0.25} Re_\varphi^{-0.25} \tag{2-27}$$

此外,根据图 2-10,Daily 和 Nece 也给出了不同流态条件下的封闭式旋转盘腔转矩表达式,具体的表达式形式可以参考 Childs[7] 的研究。

除了转矩系数、边界层厚度以外,工程实际应用中另一个备受关注的流动参数是盘腔内旋转核心的旋转比。基于 Schultz-Grunow、Batchelor、Stewartson 等的研究成果,Broecker[24] 指出,闭式旋转盘腔和开式旋转盘腔内部旋转核心的旋转比具有很大的不同。针对闭式旋转盘腔内部的旋转比分布特性,许多学者开展了研究,并取得了大量的研究成果。

一些学者认为,闭式盘腔内旋转核心的旋转比是一个定值,旋转核心以刚体的形式做旋转运动。Schultz-Grunow 通过理论分析,对旋转核心的旋转比进行了预测,计算所得到的盘腔旋转核心的旋转比应为 0.512,但是实验所测得的旋转比为 0.357。Schultz-Grunow 认为这一偏离是由于盘腔外围环罩剪切力所导致的。Lance 等[25] 采用无穷大平板假设,针对闭式旋转盘腔模型求解了 von Kármán 边界层方程,提出旋转核心的旋转比大约为 3/10 转盘转速。Cooper 等[26] 采用打靶法数值求解了闭式旋转盘腔内的径向和周向动量方程,并提出对于小间隙比的闭式旋转盘腔,层流流态下转核心旋转比为 0.313 5,而湍流流态下旋转比为 0.5。Szeri 等[27] 采用激光多普勒测速仪(laser Doppler anemometry,LDA)实验的方法测量了闭式旋转盘腔中水的旋转比,并提出盘腔中部(0.3 < r/b < 0.5)旋转核心内的旋转比为 0.313,而在盘腔端区由于外围环罩的转矩携带作用,旋转比有所上升。

此外,还有一些学者提出盘腔内的旋转比并不是一个固定值,而是随着径向位置的变化发生改变。Pearson[28] 和 Dijkstra 等[29] 指出,由于闭式旋转盘腔并不严格满足无限大平板假设,因此在盘腔外围环罩的携带作用下,旋转核心旋转比沿径向是变化的。尽管如此,许多研究采用统一的旋转比假设依然获得了令人满意的结果。

2.4.3.2　开式旋转盘腔

闭式旋转盘腔在某种意义上依然是一种简化的模型流动,工程上更为常见的是与外界具有质量交换的开式旋转盘腔。开式旋转盘腔一般叠加有额外的径向流动,分为径向外流和径向内流两种。在本节中主要介绍叠加径向外流对盘腔流动特性的影响,有关径向内流对盘腔流动特性影响的研究可以参考 Altmann[30]、Poncet 等[31, 32]、Debuchy 等[33]的研究。

Daily 等[17]指出,由于径向流动的影响,盘腔边界层的厚度可能发生变化。在边界层厚度变化的影响下,Kurokawa 等[34]认为,盘腔叠加径向向外流动更容易使转、静盘独立边界层融合,即由 Batchelor 流型流速分布转化为 Stewartson 流型流速分布。Daily 通过实验,测试了带有径向外流的盘腔流速分布,并且获得了转盘边界层厚度的拟合关系式,如式(2-28)所示,其中 B 和 m 为经验拟合常数。Kurokawa 在他的研究中给出了 B 和 m 的取值,分别为 0.526 和 2。

$$\delta_R = B + \frac{r}{Re_\varphi^{0.2}}(1-\beta)^m \tag{2-28}$$

对于开式旋转盘腔内部的旋转比分布特性,Owen[35]通过求解叠加径向外流的层流 Batchelor 流型边界层方程,发展了一种可以计算旋转盘腔内旋转比的拟合关系式,如式(2-29)所示,其中 Q 为叠加的径向通流流量。当 $Q=0$ 时,通过式(2-29)所计算的旋转比为 0.382,与 Daily 等[17]的实验数据吻合良好。对于湍流流态,Owen 同样采用了求解边界层积分方程的方法,获得了如式(2-30)所示的旋转比隐式表达式。

$$\beta = 0.25\left[-1 + \sqrt{5 - 4\frac{Q}{\pi\Omega b^3}\frac{\sqrt{Re_\varphi}}{r^2}}\right]^2 \tag{2-29}$$

$$(1-\beta)^{\frac{8}{5}}(1-0.51\beta) - 0.638\beta^{\frac{4}{5}} = 0.25\left[-1 + 4\frac{Q}{\pi\Omega b^3}\frac{\sqrt{Re_\varphi}}{r^2}\right]^2 \tag{2-30}$$

Owen 提出的经验关联式虽然具有一定的应用价值,但是由式(2-29)和式(2-30)可以看出,这两个经验关联式并没有考虑旋转比沿径向的变化。根据 Szeri 等[27]的研究,即使是闭式旋转盘腔,其内部旋转比沿径向依然具有一定的变化规律。Daily 等[36]根据实验数据,构建了可以预测旋转比径向分布的一维经验关联式,如式(2-31)所示。对于径向通流无预旋工况,$\beta_0 = 0.5$。

$$\beta = \frac{\beta_0}{12.74\frac{Q}{\pi\Omega b^3}Re_\varphi^{0.2}\left(\frac{b}{r}\right)^{\frac{13}{5}} + 1} \tag{2-31}$$

Poncet 等[37]使用理论分析的方法,得出腔内旋转比 β 与流量系数 C_{qr} 之间存在一定的关系,C_{qr} 由式(2-32)所定义。对于 Batchelor 流型,腔内旋转比的拟合关系式如式(2-33)所示,而对于 Stewartson 流型,腔内旋转比的拟合公式如式

(2-34)所示。式(2-33)和式(2-34)同时适用于径向向内和径向向外流动,对于径向向外流动,Q 取负值。

$$C_{qr} = Q\,\frac{\dfrac{\Omega r^{2.2}}{\nu}}{2\pi r^3 \Omega} \qquad (2-32)$$

$$\beta = 2(-5.9C_{qr} + 0.63)^{\frac{7}{5}} - 1 \qquad (2-33)$$

$$\beta = 0.032 + 0.32e^{-\frac{C_{qr}}{0.028}} \qquad (2-34)$$

Mear-Stone[38]采用联立转、静盘边界层的积分控制方程的方法,对封闭式转-静系盘腔和带径向通流的转-静系盘腔内部流动参数进行了低维度建模求解。在 Mear-Stone 的模型中引入了 α_0、γ_0、α_s 和 γ_s 四个未知参数,其控制方程如式(2-35)所示。经过一系列的迭代计算,可以获得旋转比 β 沿径向的分布特性。

$$\frac{49\pi}{60}r^{\frac{13}{5}}\left[\alpha_0\gamma_0(1-\beta)^{\frac{8}{5}} - \alpha_s\gamma_s\beta^{\frac{4}{5}}\right] = 0 \qquad (2-35)$$

2.5　旋转圆盘及简单盘腔流动稳定性研究进展

针对旋转圆盘以及简单盘腔这类简单的流动,由于其基本流速分布明确,针对一些特定工况还存在解析解,因此旋转圆盘及简单盘腔流动是流动稳定性研究大量采用的流动模型之一。通过对流动稳定性的分析,能够实现对流动机理更深层次的理解。

对于旋转流动的稳定性问题,目前主要的研究方法有理论线性稳定性分析(linear stability analysis, LSA)、实验以及数值模拟三种。由于大多数研究集中于流动不稳定性所导致的转捩过程,因此大多数数值模拟工作是基于直接数值模拟(DNS)和大涡模拟(LES)等高精度数值模拟方法开展的。主要有关旋转圆盘和旋转盘腔流动稳定性的研究如表2-1和表2-2所示。

表2-1　旋转圆盘流动不稳定性研究总结

作　者	年　份	研究方法
Spalart[39]	1989	理论、DNS
Faller[12]	1991	理论
Lingwood[14]	1997	理论

续　表

作　者	年　份	研究方法
Jasmine 等[40]	2005	理论
Poncet[41]	2014	实验、DNS
Hussain 等[42]	2011	理论
Appelquist 等[43, 44]	2015/2018	谱方法数值模拟

表 2-2　旋转盘腔流动不稳定性研究总结

作　者	年　份	研究方法
Serre 等[45-47]	2001/2002/2004	DNS、理论
Schouveiler 等[48]	2001	实验
Tuliszka-Sznitko 等[49]	2007	DNS/LES/理论
Imayama 等[50]	2014	实验
Yim 等[51]	2018	DNS/理论

Launder 等[52]对旋转系统(包括旋转圆盘及旋转盘腔)内部的流动不稳定性以及转捩过程进行了详细的综述。本节首先介绍经典的流动稳定性理论,随后介绍旋转圆盘以及简单盘腔流动稳定性的相关研究。由于本书仅涉及对流动机理的讨论,并不展开对转捩过程的具体研究,因此对该部分研究内容仅进行粗略的介绍,更为细致的研究总结可以参考 Launder 等[52]的综述文章。

2.5.1　经典流动稳定性理论

流动不稳定性是指流体流动在某些条件下出现的幅值逐渐增大的扰动,最终导致流动从层流向湍流的转变。流动不稳定性问题在流体力学中一直是一个重要的研究课题,它揭示了湍流无规则脉动的来源,对于流动机理分析具有至关重要的作用。对于流动不稳定性的研究始于 19 世纪 80 年代,当时 Reynolds 观察了圆管流动的实验现象,发现在一定条件下,流动会从层流向湍流转变。随后,学者们对流动稳定性理论进行了研究。随着数值计算和实验技术的发展,人们已经认识到流动失稳现象是层流流场向湍流转捩的根本原因。在特定条件下,层流流场中的小幅度扰动会随着时间和空间的增长而增强,当扰动幅值达到一定程度时,就会导致层流流动向湍流转捩。

流动稳定性的早期研究被称为"无黏稳定性理论"。在这一研究阶段,许多学者如 Helmholtz[53]、Thomson[54]、Rayleigh[55] 做了大量的理论工作。无黏稳定性理论认为,速度分布剖面存在拐点是流动不稳定的必要条件。然而无黏不稳定性理论无法解释诸如槽道流、管流等流动的稳定性问题,随后人们开展了黏性流动的不稳定性的研究。20 世纪初,Orr[56] 和 Sommerfeld 分别提出了不可压缩平行流动的黏性稳定性方程,即著名的 Orr‐Sommerfeld 方程(O‐S 方程)。随后许多学者研究了 O‐S 方程的性质及解法,Tollmien[57] 和 Schichting 求解了 O‐S 方程,并给出了方程的中性曲线,证实了在不可压缩流动中黏性的稳定/失稳双重作用,因此后来黏性流动线性稳定性分析中对应的扰动波被称为 T‐S 波。

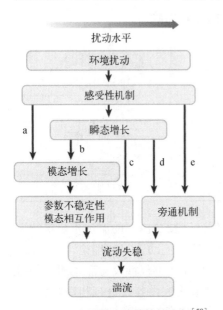

图 2‐12　边界层流动的转捩途径[58]

a. 自然转捩;b. 瞬态模态增长阶段;c. 直接二次失稳转捩;d. 旁路转捩;e. 分离流转捩

实际边界层的转捩问题十分复杂,与环境因素密切相关,不同的背景湍流度、雷诺数、壁面曲率、粗糙度等条件均会导致完全不同的转捩现象。图 2‐12 展示了 Fedorov[58] 总结的边界层转捩的各种途径。整体而言,边界层转捩主要分为三个阶段:感受性阶段、扰动演化阶段和"breakdown"阶段。其中感受性阶段主要关注的是自由流中的扰动如何进入边界层,如何激发边界层内扰动的问题;扰动演化阶段主要关注的是边界层内的扰动是如何发展、增长或衰减的,在这一阶段需要用到稳定性理论进行分析;"breakdown"阶段是指突变过程中流场变化极为剧烈会产生丰富的小尺度结构。在稳定性理论的基础上发展了许多转捩预测方法,如转捩模式方法、e‐N 方法等。

根据不同边界层流动的特点,对稳定性问题的研究一般可以分为四类[59]:流向不稳定性、横流不稳定性、离心不稳定性和附着线不稳定性。其中每种不稳定性均存在一些典型的模型流动,如流向不稳定性一般选用平板边界层,横流不稳定性常选用旋转圆盘边界层等。

对于典型的不可压缩二维平板边界层,当来流湍流度小于 1%时,二维边界层流动失稳产生二维的 T‐S 波,其幅值呈指数形式增长,当 T‐S 波的幅值增长到一定程度时,二维 T‐S 波在流场非线性作用下产生三维波,进而导致湍斑、湍流的产生。这种由 T‐S 波主导的转捩过程被称为自然转捩过程。当来流湍流度大于 1%时,边界层中会产生低频的流向速度扰动,导致流场中出现高速、低速条带结构。当边界层由条带结构主导转捩过程时,自然转捩过程被逾越,因此被称为 bypass 转捩。

2.5.2　旋转圆盘的流动稳定性

在工程实际流动中，许多流动都属于三维边界层流动。与典型二维边界层不同，三维边界层的横流速度在壁面为零，在边界层的外缘也为零，因此其横流速度剖面必然存在拐点。根据无黏不稳定性理论，具有拐点的速度剖面很容易失稳，因此相比传统的二维边界层，三维边界层的扰动增长率明显增加。由于旋转圆盘边界层是典型的自发形成的三维边界层，因此旋转圆盘流动是研究三维边界层流动稳定性的经典流动模型之一。

Lingwood[14]采用平行流动假设，推导了适用于旋转流动的线化扰动量控制方程组，如式(2-36)~式(2-37)所示。与普通流动相比，旋转流动扰动量控制方程中增加了扰动速度导致的科里奥利项 $\Omega \times u'$。将式(2-36)中的扰动量 u'、p' 写成正则模的形式，可以表示为式(2-38)的形式。其中 α 和 β 分别代表径向方向和周向方向的扰动波数，ω 是扰动的频率。一般来说，由于流动是沿周向对称的，因此 β 一般为整数。而 α 和 ω 一般为复数，当 α 取实数时可以开展时间模分析，当 ω 取实数时可开展空间模分析。

将式(2-38)代入扰动量控制方程式(2-36)~式(2-37)，扰动量控制方程可转化为方程组式(2-39)~式(2-42)的形式，其中 $\gamma^2 = \alpha^2 + \beta^2$。从扰动量控制方程可以看出，旋转流动不稳定性与黏性、科里奥利力、速度分布形式以及雷诺数均有关。当忽略科里奥利力和速度分布形式项时，方程组则退化为经典 O-S 方程。当扰动增大到一定程度时，扰动量的非线性输运效应显著，$(u' \cdot \nabla)u'$ 项不再是二阶无穷小量。此时线性稳定性理论将不再适用，需考虑非线性扰动效应以及二次失稳效应。

$$\frac{\partial u'}{\partial t} + (u \cdot \nabla)u' + (u' \cdot \nabla)u + 2\Omega \times u' = -\nabla p' + \nabla^2 u' \qquad (2-36)$$

$$\nabla u' = 0 \qquad (2-37)$$

$$[u', v', w', p']^{\mathrm{T}} = [\hat{u}(z), \hat{0}(z), \hat{w}(z), \hat{p}(z)]^{\mathrm{T}} \mathrm{e}^{\mathrm{i}(\alpha x + \beta y - \omega t)} \qquad (2-38)$$

$$\mathrm{i}\hat{u}(-\omega + \alpha u + \beta v) + \frac{\mathrm{d}u}{\mathrm{d}z}\hat{\omega} - \frac{2\hat{v}}{Re} = -\mathrm{i}\alpha\hat{p} - \frac{\left(\gamma^2\hat{u} - \dfrac{\mathrm{d}^2\hat{u}}{\mathrm{d}z^2}\right)}{Re} \qquad (2-39)$$

$$\mathrm{i}\hat{u}(-\omega + \alpha u + \beta v) + \frac{\mathrm{d}v}{\mathrm{d}z}\hat{\omega} - \frac{2\hat{u}}{Re} = -\mathrm{i}\beta\hat{p} - \frac{\left(\gamma^2\hat{v} - \dfrac{\mathrm{d}^2\hat{v}}{\mathrm{d}z^2}\right)}{Re} \qquad (2-40)$$

$$\mathrm{i}\hat{w}(-\omega + \alpha u + \beta v) + \frac{\mathrm{d}v}{\mathrm{d}z}\hat{w} + \frac{2\hat{u}}{Re} = -\frac{\mathrm{d}\hat{p}}{\mathrm{d}z} - \frac{\left(\gamma^2\hat{w} - \dfrac{\mathrm{d}^2\hat{w}}{\mathrm{d}z^2}\right)}{Re} \qquad (2-41)$$

$$i(\alpha\hat{u} + \beta\hat{v}) + \frac{d\hat{w}}{dz} = 0 \qquad (2-42)$$

根据旋转流动的线化扰动方程,Lingwood[14]指出三维边界层流动主要的不稳定性来源可以分为三类,第一类不稳定性(Type Ⅰ)是由于横流流速分布存在拐点而导致的无黏不稳定性。横流流动在流场中形成明显的剪切层,因此横流不稳定性与经典的 Kelvin-Helmholtz 剪切不稳定性的作用原理类似,均是由于速度剪切层所形成的不稳定面涡卷起一系列的涡结构,两者之间只存在一个速度参考系的转换。图 2-13 展示了横流剪切层面涡的形成与演化过程。第二类不稳定性(Type Ⅱ)是在不平衡的科里奥利力和压力梯度作用下所导致的一种黏性离心不稳定性。传统的离心不稳定性理论以 Rayleigh 判据为基准。Rayleigh 判据指出,当流场中存在 $d\Gamma^2/dr > 0$ 时,流动是稳定的;反之,只要在流场中某些区域存在 $d\Gamma^2/dr < 0$,流动是不稳定的。Saric[60]指出,当流动满足 Rayleigh 判据时,流场中的径向扰动在离心力的作用下会持续增长。在离心不稳定性的作用下,流场中会诱导形成一对对反向旋转的流向涡结构,这些流向涡结构被称为 Görtler 涡,如图 2-14 所示。

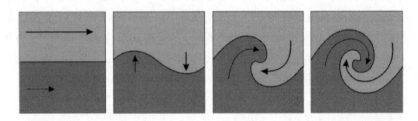

图 2-13　典型 Kelvin-Helmholtz 不稳定性诱导涡结构形成机理图

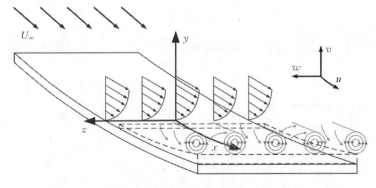

图 2-14　典型离心不稳定性 Görtler 涡结构形成机理图

上述两种不稳定性在流动性质上属于对流不稳定性。对流不稳定性的特点如图 2-15(a)所示,表现为扰动在时间/空间传播过程中的放大,而扰动源点不受影响。因此在时空演变上,对流不稳定性存在明显的层流到湍流的转捩过程。这两种不稳定性通常会与典型平行流动中的 T-S 不稳定性耦合作用,表现为对 T-S 不稳定性的促进或抑制作用。除以上两种不稳定性以外,Lingwood[14]指出旋转导致的三维边界层在垂直流动方向上(即径向方向)还存在一种绝对不稳定性(Type Ⅲ)。与上述两种对流不稳定性不同,绝对不稳定性表现为当雷诺数超过一定范围时,整个流场都将进入失稳状态,所有位置(包括扰动源点)的扰动都将被放大。绝对不稳定性的特性如图 2-15(b)所示。

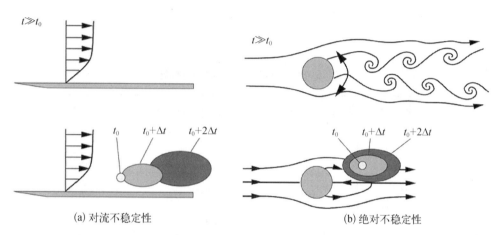

(a) 对流不稳定性　　　　　　　　　(b) 绝对不稳定性

图 2-15　典型对流不稳定性及绝对不稳定性示意图

对于旋转圆盘三维边界层流动稳定性,第一个主要关注点是边界层内的流动结构。边界层内的流动结构通常指的是一些由于流动不稳定性而导致的行波或者驻波,这些流场中的波动将会导致流线的弯曲。最早对旋转圆盘转捩过程进行研究的是 Smith[61],他通过热线风速仪实验数据发现旋转盘边界层内存在明显的正弦波扰动。通过对正弦信号的分析,他求得了边界层内扰动结构的转速,并判断这些扰动结构是螺旋形的,与径向方向的夹角为 76°。随后这些螺旋形流动结构也被 Kohama[62] 使用流场显示技术所证实,如图 2-16 所示。许多学者如

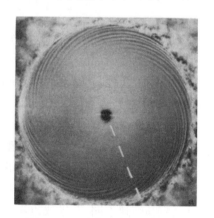

图 2-16　旋转圆盘边界层内的螺旋流动结构[62]

Chin 等[63]、Fedorov 等[64]、Kobayashi 等[65]在不同的工况条件下也开展了类似的研究,同样也观察到了转盘边界层内的螺旋流动结构,并给出了螺旋结构的角度和数量。

旋转圆盘边界层流动稳定性第二个主要关注点是边界层的临界雷诺数。旋转圆盘的雷诺数的定义如式(2-43)所示,其中 r 为当地半径,ν 为流体黏度,Ω 为圆盘的转动速度。针对旋转圆盘边界层的临界雷诺数,许多学者开展了大量理论、实验研究,并提出了不同的临界雷诺数数值,如表 2-3 所示。Wilkinson 等[66] 指出,这些临界雷诺数数值上的差异可能是由测试手段、加工精度、未考虑流线曲率等因素导致的。Saric 和 Reed 对旋转圆盘三维边界层内的流动不稳定性展开了详细的综述,更多有关研究请参考 Saric 等的综述文章[59,67]。

$$Re = \sqrt{\frac{r^2 \Omega}{\nu}} \tag{2-43}$$

表 2-3   旋转圆盘边界层的临界雷诺数

作　　者	年　份	临界雷诺数	研　究　方　法
Kobayashi 等[65]	1980	297	热线风速仪
Malik 等[68]	1981	294	热线风速仪
Wilkinson 等[66]	1983	280	热线风速仪
Brown[69]	1961	170	线性稳定性分析
Kobayashi 等[65]	1980	261	线性稳定性分析

2.5.3   简单盘腔的流动稳定性

由于盘腔内部流动主要由转、静盘边界层以及旋转核心组成,因此旋转盘腔内部的流动稳定性与旋转圆盘的流动稳定性存在一定的相似性。但同时 Lopez 等[70] 指出,由于盘腔存在内、外环罩,并不满足旋转圆盘流体稳定性分析中所采用的无限大圆盘假设,在环罩的影响下可能会额外引入大幅值扰动,造成盘腔内存在全局不稳定性。因此无限大旋转圆盘的研究结论并不能完全拓展到简单盘腔的研究中。与旋转圆盘相比,盘腔内部的转捩特性也更为复杂。

Schouveiler 等[48] 针对旋转盘腔的转捩过程做了大量实验,认为根据盘腔的转-静间隙和转速不同,会导致边界层内出现不同形式的流动结构,并且给出了旋转盘腔内部的不同流动结构之间的流态转捩图,如图 2-17 所示。Cros 等[71] 通过流场显示技术也验证了这些流动结构的存在,如图 2-18 所示。图中的 CR 代表圆波(circular rolls),SR I、SR II 和 SR III 分别代表不同的螺旋涡(spiral roll),SP 代表湍斑(spots)。这些流动结构均是由 1.4.2 节中所提到的 Type I 和 Type II 两种流动不稳定性所导致的。

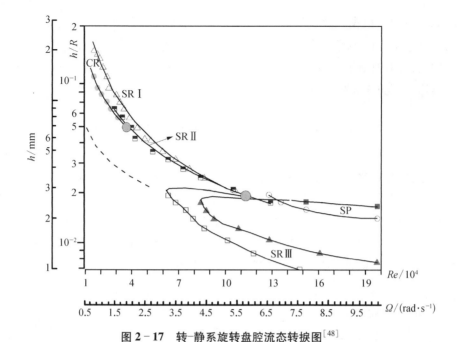

图 2-17　转-静系旋转盘腔流态转捩图[48]

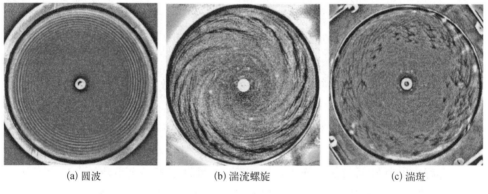

(a) 圆波 　　　　　(b) 湍流螺旋 　　　　　(c) 湍斑

图 2-18　不同工况下盘腔边界层内的不同流动结构[71]

Schouveiler 等[48]指出,在盘腔边界层转捩过程中,首先出现 SR Ⅲ 形式的流动结构,随着转速升高,边界层内部分区域达到湍流状态,出现湍斑(SP)。随着转速继续升高,湍流区域逐渐扩大,CR、SR Ⅰ、SR Ⅱ、SR Ⅲ 和 SP 等转捩流动结构间歇出现,直到整个盘面达到完全湍流状态。

由于转、静盘边界层内的流动参数不同,因此转、静边界层的临界雷诺数也不同。Serre 等[47]指出,在旋转盘腔流动中,相比转盘边界层,静盘边界层更容易发生转捩形成湍流。Itoh 等[72]通过实验观测,提出对于间隙比 $G = 12.5$ 的旋转盘腔,静盘边界层的转捩雷诺数 $Re_\varphi = 8 \times 10^3$,而转盘边界层的转捩雷诺数在 3.6 ×

$10^5 \sim 6.4 \times 10^5$。根据间隙比不同，许多学者分别提出了不同的转捩雷诺数数值，但是所有的结论均认为静盘边界层更易发生转捩。这是由于静盘边界层内的二次流动方向是径向向内的，因而更容易将外围环罩处的大尺度扰动传递到边界层内，导致静盘边界层更易发生转捩。

2.6　计算流体力学工程数值计算方法

随着计算机科学的飞速发展，计算流体力学（CFD）在涡轮轮缘封严研究中的重要性日益凸显。目前通用的数值模拟方法主要有雷诺平均纳维–斯托克斯（RANS）方法、直接数值模拟（DNS）方法、大涡模拟（LES）方法以及 RANS/LES 混合模拟方法。根据计算条件、研究模型的特点、研究目的不同，可以采用不同的数值模拟方法。下面分别对上述几种常见的数值模拟方法进行介绍。

2.6.1　RANS 方法

基于雷诺平均方程进行流场求解的方法被称为 RANS 方法。如前所述，雷诺应力项是雷诺平均方程的不封闭项，造成雷诺平均方程的求解十分困难。为使方程封闭，许多学者提出了一系列的湍流"模式理论"，对雷诺应力项进行建模求解。模式理论主要可以分为两类，第一类模式理论采用 Bousinesq 涡黏系数假设，即假设雷诺应力可以写成式（2–44）的形式，其中 μ_t 为涡黏系数，k 为湍动能，S_{ij} 是流体变形张量。根据计算 μ_t 所需要的微分方程数量又可分为零方程、一方程、二方程等模型。其中二方程模型通过增加湍动能控制方程（k 方程）和湍能耗散率控制方程（ε 方程）来使得方程封闭，目前在工程上已经实现广泛应用。

在 Bousinesq 假设条件下，RANS 方程与 N–S 方程具有相同的形式，只需要将 N–S 方程中的黏性系数 μ 替换为 $\mu + \mu_t$ 即可。尽管基于涡黏系数的湍流模型在工程上已经得到了广泛的应用，但是涡黏系数也存在明显的缺陷，在三维流动中雷诺应力张量呈现明显的各向异性，不再与平均应变张量呈简单的线性关系，因此标量的涡黏假设已经不再成立。

$$-\rho < u_i' u_j' >\geqslant 2\mu_t S_{ij} - \frac{2}{3}\rho k \delta_{ij} \tag{2-44}$$

第二类湍流模式理论直接建立关于雷诺应力的微分方程，因此可以更精确地模拟流场中的各向异性现象。但是雷诺应力模型增加了 6 个关于雷诺应力的微分方程，由于太过复杂在此不一一列出。雷诺应力模型与涡黏模型相比求解过程要繁杂得多，因此需要更多的计算资源。

2.6.2　LES 方法

目前在学术研究中,LES 方法逐渐取代了传统的 RANS 方法。湍流中含有不同尺度的脉动,通常来说大尺度脉动是各向异性的,与具体流动的初、边值条件密切相关,而小尺度脉动基本不受外界边界条件的直接影响,呈现局部各向同性的性质。LES 方法的核心思想是对大尺度脉动直接进行求解,而对小尺度脉动进行模化求解,如图 2-19 所示,因此 LES 的核心是对脉动进行滤波。湍流脉动的过滤通常有三种滤波器,分别是谱空间低通滤波器、物理空间的盒式滤波器以及高斯滤波器,具体关于湍流滤波过程可以参考张兆顺等[73]的著作。

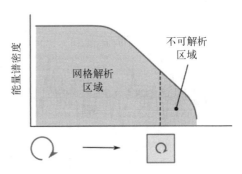

图 2-19　LES 求解中解析区域与模化区域

经过滤波后的 N-S 方程如式(2-45)所示,从形式上来看,滤波后的 N-S 方程与 RANS 时均方程一致,只是采用空间滤波平均代替了时间平均。其中 τ_{ij} 项反映了小尺度脉动对大尺度脉动的影响,被称为亚网格尺度应力张量,也被称为亚格子应力。亚格子应力项同样造成了方程的不封闭问题,在 LES 方法中需要被模型化,被称为亚格子应力模型。在前面已经提到,由于小尺度脉动具有局部各向同性的性质,因此相比雷诺应力模型,亚格子应力模型是普适的。

$$\frac{\partial(\rho u_i)}{\partial t} + \frac{\partial(\rho u_i u_j)}{\partial x_j} = -\frac{\partial p}{\partial x_j} + \frac{\partial}{\partial x_j}\left[\mu\left(\frac{\partial u_i}{\partial x_j} + \frac{\partial u_j}{\partial x_i}\right)\right] + \frac{\partial \tau_{ij}}{\partial x_j} \quad (2-45)$$

最早的亚格子应力模型是由 Smagorinsky[74]提出的,他类比 Prandtl 混合长理论和梯度扩散模型,取混合长为 $l_s = C_s\Delta$,其中 Δ 为滤波宽度。亚格子应力模型依然采用了涡黏模型假设,其涡黏系数 μ_t 和亚格子应力张量可以表示成式(2-46)、式(2-47)的形式。继 Smagorinsky 模型后,许多学者还提出了尺度相似模型、动力模型等亚格子模型,但是在目前应用层面使用最广泛的依然是 Smagorinsky 模型。

$$\mu_t = \rho(C_s\Delta)^2\sqrt{S_{ij}S_{ij}} \quad (2-46)$$

$$\tau_{ij} = 2\mu_t S_{ij} + \frac{1}{3}\tau_{kk}\delta_{ij} \quad (2-47)$$

图 2-20 展示了 RANS 时间平均和 LES 空间滤波之间的区别。其中图 2-20(a)展示了 RANS 时间平均后给出的流场信息 $\bar{u}$,u' 为流场信息波动值,而图 2-

20(b)展示了 LES 滤波后给出的流场信息 u_f。可以看出,相比 RANS 方法,LES 方法能够提供更多的流场细节。

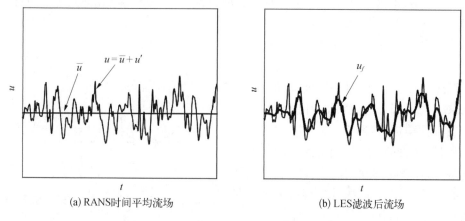

(a) RANS时间平均流场　　　　　　　　(b) LES滤波后流场

图 2 - 20　RANS 雷诺平均与 LES 空间滤波的对比

2.6.3　DNS 方法

DNS 方法直接从 N-S 方程出发,不使用任何模型和经验常数,对流场中所有尺度的湍流脉动进行数值模拟。由于湍流具有多尺度的特性,DNS 网格大小必须要达到 Kolmogorov 尺度 l_k(即耗散尺度)才能准确模拟湍流流场,而湍流耗散尺度 l_k 十分微小,其数量级大约为 $l_k \propto (v^3/\varepsilon)^{0.25}$,其中 ε 为湍流耗散率。因此,开展 DNS 需要异常庞大的网格。以特征长度为 L 的计算域为例,开展 DNS 所需的最小网格量为 $N = 64\dfrac{L^3}{l_k^3}$,换算为脉动速度雷诺数 $Re = \dfrac{u'l}{v}$ 可知三维 DNS 网格数 $N > Re_l^{9/4}$。这个数量异常庞大,尤其是对于雷诺数较高的工况,如 $Re_l = 10^4$ 时,所要求的网格量已经达到了 10^8。因此目前 DNS 计算还很难实现工程应用,仅见于学术研究中。但是 DNS 可以获取大量的湍流信息,这些信息为湍流的基础研究提供了宝贵的数据来源。

2.6.4　壁面湍流的近壁面处理方法

在湍流流动中,流场中的固体壁面会带来剪切效应,在近壁区域形成湍流边界层。一般来说,湍流边界层的结构可以分成三个区域,分别是黏性底层、过渡层和对数率层,典型的湍流边界层结构如图 2 - 21 所示。为定量描述湍流边界层中的流动,引入无量纲速度 u^+ 和无量纲距离 y^+,如式(2 - 48)和式(2 - 49)所示。其中 u_τ 为由壁面剪切应力定义的摩擦速度,如式(2 - 50)所示。湍流边界层中,黏性底层所占据的区域一般为 $y^+ < 50$,过渡层的范围一般为 $50 \leqslant y^+ \leqslant 0.2\delta^+$,而对数率区

范围一般是 $y^+ > 0.2\delta^+$,其中 δ^+ 为无量纲边界层厚度,定义方式与 y^+ 相同。黏性底层和过渡层被称为边界层内层,而对数率区被称为边界层外层。

$$u^+ = \frac{u}{u_\tau} \qquad (2-48)$$

$$y^+ = \frac{yu_\tau}{v} \qquad (2-49)$$

$$u_\tau = \sqrt{\frac{\tau_w}{\rho}} \qquad (2-50)$$

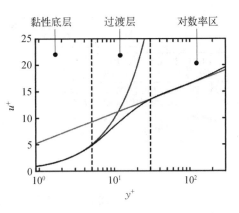

图 2‐21　湍流边界层的流动分区结构示意图

在壁面湍流的模拟中,湍流边界层由于存在较大的梯度,解析需要耗费大量的计算资源。Spalart[75]指出,在壁面全解析 LES(wall‐resolved LES)中,近壁区域仅占整个计算域空间的 10%,而其网格数量大约占总网格数的 70%。在实际工程和自然界中,大部分流动的雷诺数较高,如果要完全解析近壁面的湍流边界层,开展 LES 所需的网格分辨率几乎和 DNS 达到了同一数量级,这样 LES 就失去了其优越性。

近五十年来,许多学者提出了一些近壁面处理方法来优化 LES,以减少开展 LES 的计算量。这些近壁面处理方法主要可以分为两类:① RANS/LES 混合方法;② 壁面函数大涡模拟(wall modelled LES,WMLES)方法。对于 RANS/LES 混合方法,其近壁面区域采用 RANS 解析,而旺盛湍流区域则采用 LES 解析。在混合模拟方法中,RANS 和 LES 解析区域存在一个交界面 $y = y_{int}$,该交界面的具体位置可以人为显式地给定,也可以通过一定的判别准则隐式给定,由具体的流场解析结果和网格尺度自动实现激活。常见的混合模拟方法有 DES、SAS、PANS 和 VLES 等。

与混合模拟方法不同,第二类方法采用壁面切应力模型(wall stress model),目前文献中所谓的 WMLES 方法一般指该方法。WMLES 方法在全场均采用 LES 解析,只是在边界层内层($y^+ < 0.2\delta^+$)使用壁面函数进行模化。壁面函数具有多种不同的形式,目前使用较多的是基于壁面切应力的壁面函数模型。在 WMLES 模拟中,存在一个数据传递面 $y = y_{wm}$,LES 解析的流场信息通过 $y = y_{wm}$ 面将流场数据传递给壁面函数,随后根据壁面函数给出 $y = 0$ 处的壁面切应力值 τ_w。Larsson 等[76]总结了混合模拟方法和壁面函数模拟方法两种近壁面处理方法之间的区别,如图 2‐22 所示。下面具体介绍混合模拟方法中的 DES 模拟方法以及基于壁面切应力的 WMLES 方法。

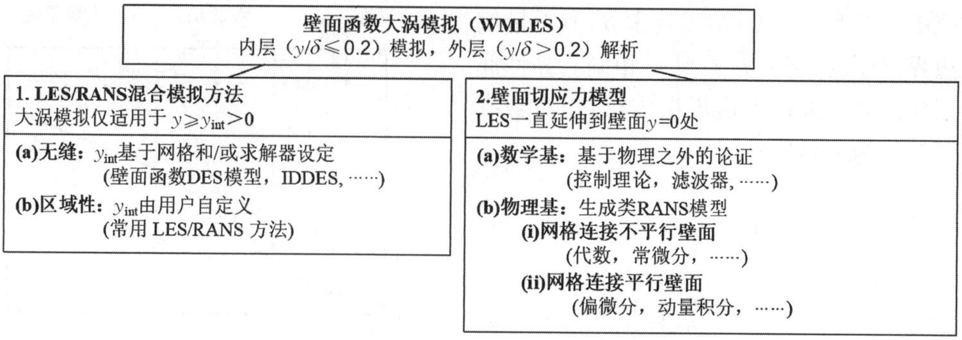

```
┌─────────────────────────────────────────────────────────────┐
│              壁面函数大涡模拟（WMLES）                         │
│   内层（y/δ≤0.2）模拟，外层（y/δ>0.2）解析                     │
└─────────────────────────────────────────────────────────────┘
┌──────────────────────────────┐  ┌──────────────────────────────┐
│ 1. LES/RANS混合模拟方法        │  │ 2.壁面切应力模型              │
│ 大涡模拟仅适用于 y≥y_int>0     │  │ LES一直延伸到壁面y=0处        │
│                               │  │                               │
│ (a)无缝：y_int基于网格和/或求  │  │ (a)数学基：基于物理之外的论证 │
│    解器设定                    │  │    （控制理论，滤波器，……）    │
│    (壁面函数DES模型，IDDES，   │  │ (b)物理基：生成类RANS模型     │
│     ……)                       │  │   (i)网格连接不平行壁面        │
│ (b)区域性：y_int由用户自定义   │  │      （代数，常微分，……）      │
│    (常用LES/RANS方法)          │  │   (ii)网格连接平行壁面         │
│                               │  │      （偏微分，动量积分，……）  │
└──────────────────────────────┘  └──────────────────────────────┘
```

图 2-22　两种近壁面模拟 LES 方法的对比[76]

2.6.4.1　DES 方法

DES 方法是一种常用的基于 RANS 和 LES 的混合模拟方法。在 DES 方法中，通常采用湍流模型长度来实现求解范围的分区。湍流模型长度的定义如式（2-51）所示。其中 l_{RANS} 为 RANS 方法计算求得的湍流尺度。l_{LES} 为 LES 模拟长度，其数值与当地网格尺度有关，定义如式（2-52）所示，其中，C_{DES} 一般取 0.61，Δ_{max} 为当地网格在三个方向中的最大尺度。当 $l_{DES} > l_{RANS}$ 时，计算域进行 RANS 求解，当 $l_{DES} < l_{RANS}$ 时，则进行 LES 求解。

$$l_{DES} = \min(l_{RANS}, l_{LES}) \tag{2-51}$$

$$l_{LES} = C_{DES}\Delta_{max} \tag{2-52}$$

DES 方法最初由 Spalart[75] 在 1997 年提出，该方程所采用的是一方程 SA 湍流模型，被称为 DES97 方法。然而 DES 方法中，RANS 和 LES 分界面的确定方法也为 DES 求解过程带来了一定的问题。当网格不断被加密，RANS 计算区域会不断减小，LES 计算区域有可能会侵入边界层内部，由于 LES 计算对网格的依赖性，RANS 计算区域的网格密度不足以支撑 LES 计算，容易造成边界层内的模化应力损耗（modeled stress depletion，MSD），并产生网格诱导分离（grid induced separation，GIS）现象。

为解决 MSD 和 GIS 问题，Spalart 等[77] 提出了 DDES 模型，DDES 方法的目的主要是保证边界层内均采用 RANS 模拟，防止 LES 模拟区域入侵边界层。DDES 方法主要通过引入过渡函数降低对网格密度的过分依赖。DDES 的模型长度定义方法如式（2-53）所示，其中 f_d 是延迟函数，如式（2-54）所示，式中 r_d 表示模型长度与壁面距离之比，在 SA 模型中 r_d 的表达式如式（2-55）所示，其中 ν_t 为涡黏系数，κ 为 von Kármán 常数。

$$l_{DDES} = l_{RANS} - f_d \max(0, l_{RANS} - l_{LES}) \tag{2-53}$$

$$f_d = 1 - \tanh\left[(8r_d)^3\right] \tag{2-54}$$

$$r_d = \frac{\nu_t + \nu}{\max\left(\sqrt{\dfrac{\partial u_i}{\partial x_j}\dfrac{\partial u_i}{\partial x_j}},\ 10^{-10}\right)\kappa^2 l_{\mathrm{RANS}}} \tag{2-55}$$

通过 r_d 和 f_d 的耦合作用,保证了在湍流边界层外 $f_d = 1$,湍流边界层内 $f_d = 0$,拓宽了 RANS 的作用区域,延迟了 LES 模拟的开启。因此 DDES 方法能够有效地避免产生 MSD 和 GIS 现象。

2.6.4.2　WMLES 方法

目前各种主流商业软件(如 CFX)、开源计算软件(如 OpenFOAM)均采用有限体积法。对于有限体积网格,流动参数储存在网格的中心点,这些流动参数之间的变化是分段线性的,如图 2-23(a)所示。因此,若要对壁面附近的流动参数进行准确捕捉,网格需要划分得十分稠密。为解决这个问题,可以在壁面处采用较大的网格,而网格中心到壁面处的变化采用非线性函数来进行模拟,这样的非线性函数被称为壁面函数,如图 2-23(b)所示。

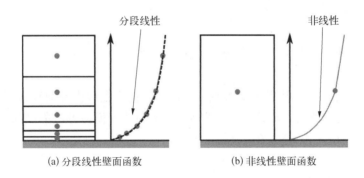

(a) 分段线性壁面函数　　　　(b) 非线性壁面函数

图 2-23　有限体积法中的分段线性梯度及壁面函数梯度

WMLES 算法的核心思想是对湍流边界层内层以外的区域采用 LES 进行解析求解,而对内层的湍流脉动使用壁面函数建模求解,这种近似处理极大地节约了计算资源。开展 WMLES 计算时,计算域的第一层网格的高度需要达到边界层外层,即 $y > 0.2\delta^+$。

经典的壁面函数可以由壁面处的动量方程推导直接得出,壁面处的动量方程如式(2-56)所示,其中 x 为流向,y 为壁面垂直方向,$\nu_{t,wm}$ 是基于一方程模型给出的涡黏系数,如式(2-57)所示。假设压力梯度项与扩散项平衡,则可以得到经典的壁面速度分布律,如式(2-58)所示。这一湍流边界层速度分布与实验、DNS 模拟结果吻合良好。当 $y^+ < y_{\lim}^+$ 时,流动位于层流底层,否则位于对数率层。这种直接给出速度分布形式的壁面函数模型被称为代数壁面函数模型。除了经典的代数

壁面函数以外,目前基于式(2 - 56),还发展了一系列的偏微分方程(partial differential equation, PDE)、常微分方程(ordinary differential equation, ODE)模型,相关介绍可以参考 Larsson 等[76] 的综述文章。

$$\frac{\partial u}{\partial t} + \frac{\partial u_i u_j}{\partial x_j} + \frac{1}{\rho} \frac{\partial p}{\partial x} = \frac{\partial}{\partial y} \Big[(\nu + \nu_{t,\,wm}) \frac{\partial u}{\partial y} \Big] \qquad (2 - 56)$$

$$\nu_{t,\,wm} = \kappa u_\tau y \Big[1 - \exp\Big(-\frac{y^+}{A^+} \Big) \Big]^2 \qquad (2 - 57)$$

$$U^+ = \begin{cases} y^+, & y^+ < y^+_{\lim} \\ \dfrac{1}{\kappa}\ln(y^+) + C_{\log}, & y^+ \geqslant y^+_{\lim} \end{cases} \qquad (2 - 58)$$

相比 DDES 方法,WMLES 方法中被壁面函数模化的区域仅为边界层内层,这意味着80%的湍流脉动均采用 LES 方法进行解析。因此相比 DDES 方法,WMLES 方法所获取的湍流信息更为丰富,更有助于深入分析流场流动机理。当然 WMLES 方法也存在一定的适用范围,对于非平衡、大分离流动等复杂流场,其预测可能会出现一定的偏差。

2.7 简单盘腔数值模拟方法研究

本节采用公开文献中的实验数据,对简单转-静系盘腔内部流动进行了数值模拟方法验证,主要对比了 RANS 以及 WMLES 两种数值模拟方法的结果,此外还与公开文献中的 LES 和 DNS 结果进行了对比。

2.7.1 模型描述

本节所采用的计算模型选自 Séverac 等[78] 的公开文献,如图 2 - 24 所示。具体尺寸如表 2 - 4 所示。通过 LDV 测量技术,Séverac 获得了腔内的平均流速分布特

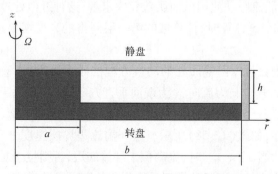

图 2 - 24 Séverac 等的封闭旋转盘腔模型[78]

性以及(r, z)平面的雷诺应力分布特性。Séverac 的实验是此类流动研究中的经典
实验,常被研究者选为数值验证的模型流动,具有较高的可信度。

表 2-4 封闭转-静系盘腔模型几何参数

符 号	数值/mm
a	40
b	140
h	20

盘腔内的流动主要由间隙比以及旋转雷诺数控制,盘腔的间隙比 $G = 5$,而盘
腔的旋转雷诺数为 $Re_\varphi = \Omega b^2/v = 10^6$。 根据这两个无量纲数可以给出旋转盘腔数
值模拟所需要的边界条件。

2.7.2 网格及边界条件设置

图 2-25 展示了 RANS 和 WMLES 两种数值模拟方法所采用的计算网格。
为节省计算资源,采用 10°扇区模型开展计算。具体的网格参数如表 2-5 所示。
在 RANS 网格中采用了边界层加密的网格划分方法,而在远离壁面区域采用了
较为稀疏的网格。WMLES 网格中,由于第一层网格需要达到对数率区,因此第
一层网格的厚度给到了 $y^+ = 50$ 左右。为了满足 LES 模拟对不同方向网格分辨
率的要求,三个方向的网格均以相同的增长率布置。具体的网格参数如表 2-5
所示。

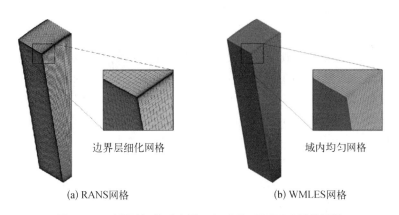

(a) RANS网格   (b) WMLES网格

图 2-25 封闭转-静系盘腔 RANS 和 WMLES 计算网格

表 2 - 5   RANS 和 WMLES 网格具体参数

数值模拟方法	第一层网格厚度	网 格 数
RANS	$y^+ = 0.2$	275 157
WMLES	$y^+ = 50$	520 344
	$r^+ = 100$	
	$(r\theta)^+ = 100$	

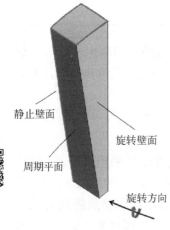

静止壁面

旋转壁面

周期平面

旋转方向

图 2 - 26   计算边界条件设置

图 2 - 26 展示了封闭盘腔模型的计算边界条件设置示意图。整个计算域设置为旋转域,各变量均在旋转坐标系下进行求解。根据旋转雷诺数 $Re_\varphi = 10^6$ 计算得到旋转速度为 766 rad/s。图中红色线条标出来的面为静止壁面,对静止壁面给定了与旋转域等大反向的旋转速度以保证静止壁面在旋转域内的相对静止。由于计算模型为封闭盘腔,计算中各壁面均设置为等温光滑壁面,壁面温度为 293 K,否则壁面温度将在风阻作用下不断升高,给出不符合真实情况的解。在 WMLES 中,采用 Smagorinsky 亚格子应力模型,RANS 中采用了 $k - \omega$SST(shear stress transfer,剪切应力传输)模型。此外,WMLES 还需要给出时间步长。在本模型计算中时间步长设置为 5.85×10^{-6} s,对应每一个时间步长跨越一个周向网格距离。

2.7.3   模拟结果对比

下面对 RANS 和 WMLES 两种数值模拟方法所计算的平均流场与 Séverac 的实验数据进行对比。首先对比了不同数值模拟方法给出的时均流速分布特性,如图 2 - 27 和图 2 - 28 所示。图中 $r^* = (r-a)/(b-a)$,$x^* = x/h$,其中 $x^* = 0$ 为转盘位置,$x^* = 1$ 为静盘位置。在图中还给出了公开文献中采用相同计算模型计算的 DNS 和 LES 结果,DNS 和 LES 的结果均来自 Gao 等[79]的研究。

从图中可以看出,对于封闭盘腔而言,不同数值模拟给出的平均流场预测参数均能与实验值达到较好吻合效果,尤其是对于周向速度而言,WMLES 给出的预测结果基本与实测值保持一致,达到了和 LES、DNS 相同的预测精度。但是需要指出的是,WMLES 给出的径向速度分布形式与实验值存在一定的偏离,主要体现在边界层厚度上。如图 2 - 27 所示,WMLES 给出的径向速度边界层厚度相比实验值而言要薄,这一偏离可能是壁面函数的使用导致的。但是整体而言,WMLES 的预测精度与实验值相比已经达到了较高的吻合程度。

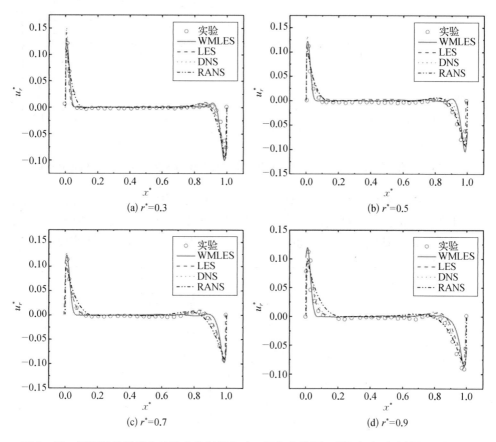

图 2-27　不同数值模拟方法给出的封闭盘腔不同径向位置无量纲径向速度轴向分布特性

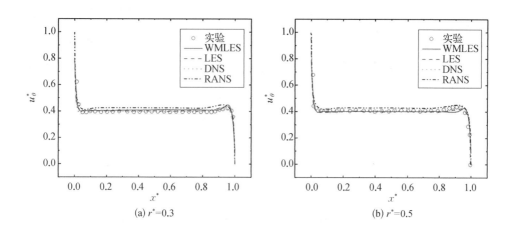

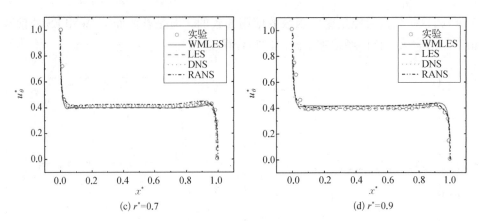

(c) r^*=0.7　　　　　　　　　　(d) r^*=0.9

图 2-28　不同数值模拟方法给出的封闭盘腔不同径向位置无量纲周向速度轴向分布特性

使用高精度数值模拟方法的意义在于它们能提供湍流流场的脉动信息,能够提供更为丰富的湍流数据以供分析。图 2-29 和图 2-30 展示了 WMLES 所预测的盘腔内部的湍动能分布,同时也与 Gao 等[79] 给出的 DNS、LES 结果进行了对比。

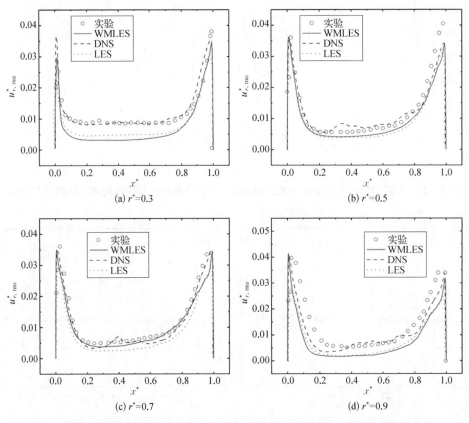

(a) r^*=0.3　　　　　　　　　　(b) r^*=0.5

(c) r^*=0.7　　　　　　　　　　(d) r^*=0.9

图 2-29　不同数值模拟方法给出的封闭盘腔不同径向位置无量纲径向湍动能轴向分布特性

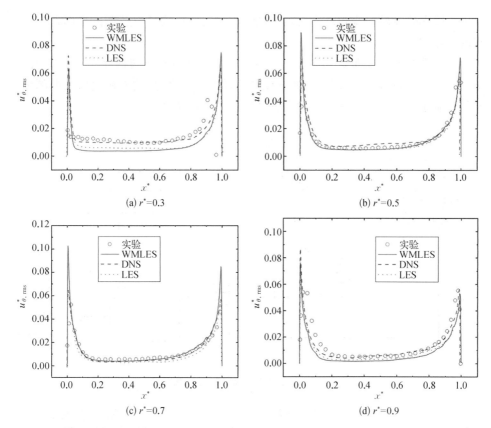

图 2-30　不同数值模拟方法给出的封闭盘腔不同径向位置无量纲周向湍动能轴向分布特性

由图可以看出,WMLES 给出的湍流脉动值与实验数据、DNS 和 LES 模拟数据均吻合良好。因此 WMLES 方法可以用于旋转盘腔的数值模拟中,在保证预测精度的同时,提供更为丰富的湍流数据,有助于更为深入的湍流流动机理的分析。

2.8　涡轮盘腔数值模拟方法研究

　　在简单盘腔数值模拟方法的讨论基础上,本节讨论涡轮盘腔模型不同数值模拟方法的对比。首先介绍自主搭建的一级涡轮盘腔实验台,随后基于实验台获取的实验数据,对不同的数值模拟方法结果进行讨论。本节主要对比了 RANS、WMLES 和 DES 三种不同数值模拟方法给出的流场预测结果。

2.8.1　涡轮盘腔实验台

　　相比简单盘腔模型,涡轮盘腔的流动特性较为复杂,涉及涡轮主流的高度非定常、非均匀流动以及腔内不同流体之间的掺混。为研究涡轮盘腔流动,作者自主搭建了一级涡轮盘腔轮缘封严实验台,该实验台的设计、安装以及调试是作者博士期间的工作内容之一。

　　实验系统的总体布置如图 2-31 所示,实验台的整体结构如图 2-32 所示。整个实验台可以分为供气系统、实验段和驱动系统三部分,此外还包括数据测量系统和控制系统。下面分别对实验台各系统进行详细描述。

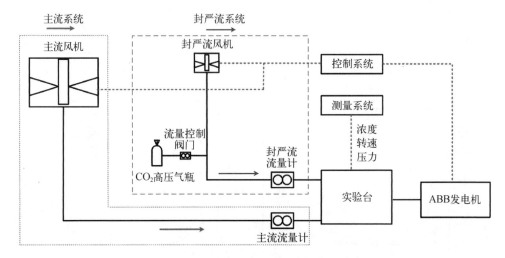

图 2-31　涡轮盘腔实验系统总体布置

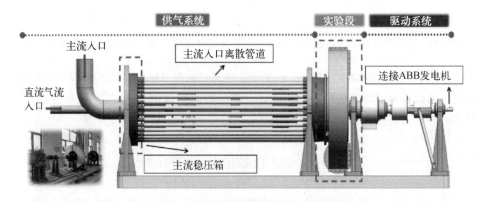

图 2-32　涡轮盘腔实验台结构示意图

2.8.1.1　供气系统

　　实验台的供气段分为两部分,即图 2-31 中所示的主流系统和封严流系统。这两股气流通过两台风机分别供气,并利用套管的方式向实验段引气。为保证来流均匀度,主流气流通过套管外环进入稳压腔,随后通过 33 根离散管道引向实验段。封严气流则通过套管内环,由盘腔低半径入口进入腔内,并沿径向向外流动实现封严。实验过程中,为监测盘腔内的封严效率,在封严气流中掺入一定比例的异性气体(在本

实验中选用 CO_2)。实验过程中通过实时监测盘腔测点异性气体浓度,达到计算涡轮盘腔内的封严效率的目的。因此,封严气气路还包括 CO_2 气源、稳压箱、分流阀和分流腔。

主流气流供气风机采用天津市罗茨鼓风机有限公司生产的 MJL300 型风机,最大流量 $97\ m^3/min$,封严流风机同样采用该公司生产的 MJA100 型风机,最大流量 $13\ m^3/min$。二氧化碳气源采用高压气瓶储存,并利用快插管接头与封严流管路相连。主流气体流量采用阿斯尔特测控技术(北京)有限公司 AST12(125 mm) 型热式气体质量流量计测量,量程为 $7\ 200\ kg/h$。封严流气体流量同样采用该公司生产的 AST12(40 mm) 型热式气体质量流量计测量,量程为 $430\ kg/h$。二氧化碳气体流量采用 Asert 公司生产的 AST10 型流量仪控制,控制范围 $\leqslant 0.1\ m^3/min$。

2.8.1.2　实验段及驱动系统

实验段及驱动系统是实验台的核心,图 2-33 展示了涡轮盘腔实验台实验段示意图。实验段包括完整的涡轮导叶和动叶,其中导叶全环共 33 个,叶型提取自作者所在团队自主设计的某型号发动机导向器叶根型面。动叶全环共 66 个,叶型选择 NACA 0018 无升力对称叶型。

导叶、动叶叶型参数及主流气动参数见表 2-6。由于本实验并不考虑主流叶栅的气动性能,因此导叶、动叶均采用直叶片,不考虑叶型的弯扭,且叶栅通道高度设计为 10 mm。

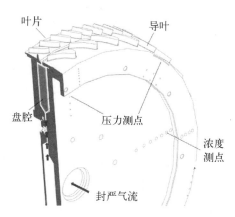

图 2-33　涡轮盘腔实验台实验段示意图

涡轮盘腔模型的几何结构与第 3 章中所讨论的简单盘腔模型一致,具体的几何参数可参照图 3-22 及表 3-5。在实验段左侧连接联轴器和驱动电机,电机选用 ABB 公司生产的 QABP160M2B 型电机,最高转速可达 $5\ 000\ r/min$,额定功率为 15 kW,恒定扭矩为 $47.8\ N \cdot m$。电机转速通过变频器控制,变频器的型号为安川 A1000。

表 2-6　涡轮盘腔实验台导叶、动叶叶型参数及主流气动参数

参　　数	具 体 数 值
全环导叶数/动叶数	33/66
导叶入口气流角	0°
导叶出口气流角	67.04°
动叶入口气流角	38.41°
动叶出口气流角	44.71°

续　表

参　　数	具体数值
导叶弦长/动叶弦长	46.50 mm/33.10 mm
导叶与动叶间距	15.00 mm
导叶间距弦长比/动叶间距弦长比	0.32/0.45

2.8.1.3　测试系统

实验过程中主要采集的数据有：主流流量 m_a，封严气流量 m_{seal}，转盘转速 Ω，主流、盘腔内压力 p 及封严效率 η。主流和封严气流的流量分别使用热式质量流量计测量。盘转速由红外光电传感器对检测窗口的实时监控获得，并通过智能转速表显示转速。压力测点和封严效率测点如图 2-33 所示，压力测量包括盘腔内沿径向的静压分布以及轮缘处沿周向的静压分布，封严效率 η 采用浓度效率的定义方法，计算方式如式(2-59)所示。

$$\eta = \frac{c_{seal} - c_a}{c_{\infty} - c_a} \tag{2-59}$$

实验段的多路稳态压力信号采集方式如图 2-34 所示，通过电磁阀(SMC VT307-5G1)控制箱连接所有的压力测点，在单次实验中实现对多路稳态压力信号进行同时采集。电磁阀控制箱后连接 TE Connectivity 公司生产的 Netscanner 9216 型压力扫描阀，将压力值转换为电压值，随后由 LabVIEW 采集程序记录在电脑上。此外，该实验台经过改造还可进行动态压力采集、动态五孔探针速度采集以及开展 PIV 实验，由于本书不涉及上述采集数据，因此不做赘述。

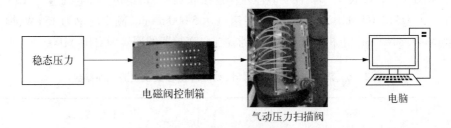

图 2-34　实验台压力采集系统

2.8.2　计算模型网格及边界条件设置

由于不同的数值模拟方法对网格的分辨率要求不同，图 2-35 展示了涡轮盘腔模型 URANS、WMLES 以及 DES 三种计算方法的网格。对于涡轮盘腔计算模型而言，由于其结构较为复杂，与第 1 章所讨论的封闭式盘腔相比，最大区别是引入了转-静干涉效应。为便于进行网格划分及计算设置,将整个计算域拆分成三部分,分别是导叶流道、转-静系涡轮盘腔、动叶流道,计算域间采用交界面的形式进行连接及数据传递。考虑到涡轮盘腔是周向对称的,因此为节省计算资源采用扇区模型,对应计算域内含有 2 个导叶通道和 4 个动叶通道。不同数值模拟方法采用的网格具体参数如表 2-7 所示。

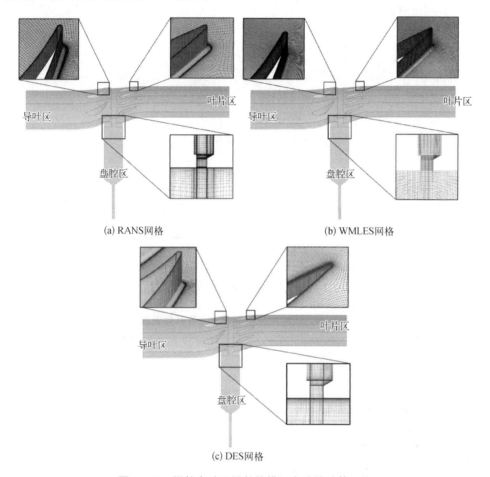

(a) RANS网格　　　　　　　　　(b) WMLES网格

(c) DES网格

图 2-35　涡轮盘腔不同数值模拟方法的计算网格

表 2-7　涡轮盘腔不同数值模拟方法网格具体参数

数值模拟方法	壁面平均 y^+	网 格 总 数
RANS	0.79	4 107 362
WMLES	54.9	26 035 759
DES	0.78	19 576 403

　　模型的计算边界条件设置如图 2-36 所示。具体的流动参数设置如表 2-8 所示。在计算中，导叶流道计算域设置在静止坐标系中求解，而转-静盘腔和动叶流道计算域被设置在旋转坐标系中求解。在主流、封严流入口给定来流的质量流量和流体静温，在主流出口给定流体的静压，同时对处于旋转域内的静止壁面给定等大反向旋转的壁面速度（counter rotating wall velocity）。所有的壁面均被设置为绝热、无滑移边界条件。

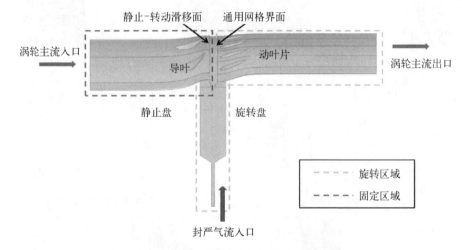

图 2-36　涡轮盘腔模型边界条件设置

表 2-8　涡轮盘腔模型计算边界条件设置

边　界　条　件	参　　数
转速/(r/min)	4 000
整环封严质量流量/(kg/s)	0.011 2/0.044 8
整环主流流量/(kg/s)	1.64
主流出口静压/Pa	101 325
封严流、主流静温/K	298.15

　　涡轮盘腔模型计算涉及多个计算域，需要进行不同域之间的数据交换和转-静计算域交界面处理。不同计算域之间的网格通常不是一一匹配的，在计算中，可以通过一对交界面上的插值方法进行数据交换。对于转-静交界面，不仅存在数据传递，还存在计算数据从静止域到旋转域的坐标系变换。在定常 RANS 计算中，转-静交界面的处理方法有冻结转子（frozen rotor）法和混合平面（mixing-plane）法两种。冻结转子法假设静止域和旋转域的相对位置是固定不变的，计算数据通过直

接插值在转-静交界面两侧进行传递。它的优点是能够最大限度地保留交界面上游流场信息,在上游流场存在不均匀分布时,分布形式可以保留传递到下游流场。但它的缺点也很明显,即不能考虑转-静干涉对流场的影响。混合平面法在交界面处将上游物理量沿周向平均之后再传递到下游,这种处理方法在时均流场上更接近真实情况。但考虑到导叶下游的压力周向不均匀以及盘腔内部流动对流场有重要影响,在定常计算中选择冻结转子法。

在非定常计算中可以选择瞬态转静子(transient rotor stator)法。这种方法可以考虑不同时间步下的转静子相对位置影响,计算结果更接近真实情况。但相比前两种定常简化算法,瞬态转静子法对计算资源消耗较大。在求解过程中插入了湍流输运方程,其中径向通流流量的浓度设置为 1,主流的浓度设置为 0,用以研究外部涡轮主流扰动下盘腔内部的掺混及输运过程。

在 URANS 计算中,时间步长设置为 1.136×10^{-5} s,折合为一个时间步转过 $0.25°$。在 WMLES 模拟中,由于主流质量流量较大,同时涡轮导向器叶片具有节流作用,因此主流流速较快,WMLES 的计算步长需相应减小,以满足计算 CFL(Courant - Friedrichs - Lewy)数要求。在 WMLES 模拟中,计算时间步长调整为 5.21×10^{-7} s,相当于一个时间步长内转过 $0.0125°$。WMLES 计算过程中,CFL 数的均方根值为 0.34,最大 CFL 数为 5.2,满足计算要求。DES 数值模拟中由于边界层采用 RANS 方法解析,因此与 WMLES 相比时间步长可以适当放宽,设置为 2.08×10^{-6} s,相当于一个时间步长内转过 $0.05°$。在求解过程中最大 CFL 数为 42,均方根 CFL 数为 3.26,满足 DES 计算要求。

2.8.3 模拟结果对比

下面对 URANS、WMLES、DES 三种数值模拟方法的结果与实验值进行对比。由于开展高精度数值模拟对计算资源耗费较高,因此本节只对 $C_w = 2\,500$ 和 $C_w = 10\,000$ 两个工况开展了对比研究。首先对比了涡轮主流导叶尾缘端区一个导叶栅距的压力分布,如图 2 - 37 所示。从图中可以看出,URANS、DES 和 WMLES 三种方法均能预测主流导叶尾迹的周向压力不均匀性,给出相似的压力波形。三种结果的压力波形峰值和谷值相位吻合较好,但是从压力的具体数值上来看,DES 模拟所给出的压力波形与实验值吻合更好,其次是 URANS

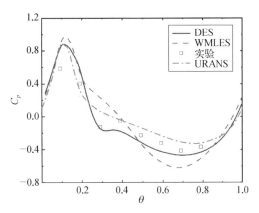

图 2 - 37 WMLES 和 DES 主流通道周向压力分布对比

模拟,最后是 WMLES 模拟。导致 WMLES 模拟出现较为明显偏离的可能原因是对于涡轮叶片这种强扰流、大分离流动,壁面函数方法已经不再适用。涡轮主流压力分布作为涡轮盘腔端区的边界条件,将会对腔内流动特性带来一定的影响。

不同数值模拟方法给出的腔内的径向压力及浓度分布特性与实验值对比如图 2-38 和图 2-39 所示。可以看出,在 $C_w = 2\,500$ 低封严流量工况下,WMLES 给出的压力和封严效率径向分布均与实验值呈现较大差距,而 DES 方法则给出了较好的预测。而在 $C_w = 10\,000$ 大封严流量工况下,WMLES 的预测精度显著提升,与实验吻合较好,DES 同样也给出了令人满意的预测结果。出现这一现象的原因是 WMLES 对主流压力场预测存在一定的偏差,造成盘腔的外部边界条件发生了变化,因此对于腔内流动参数的预测也出现了一定的偏差。当封严流量增大时,盘腔外部入侵减少,外部主流对腔内流动影响变小,因此 WMLES 预测的流场与实验测量值之间的偏差减小。

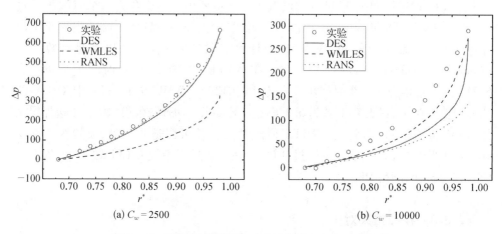

(a) $C_w = 2500$ (b) $C_w = 10000$

图 2-38 不同数值模拟方法预测的腔内径向压力分布

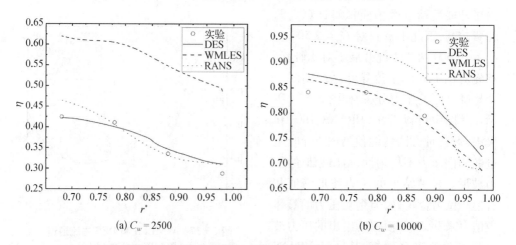

(a) $C_w = 2500$ (b) $C_w = 10000$

图 2-39 不同数值模拟方法预测的腔内径向封严效率分布

　　而对于 RANS 方法而言,在低封严流量工况下虽然 RANS 给出的封严效率预测值与实验值吻合较好,但是仔细观察其分布形式可以发现,RANS 给出的封严效率曲线与实验存在一定的偏差。这一分布形式上的偏差在 C_w = 10 000 工况下更为明显,因此 RANS 方法对于燃气入侵传质过程的预测存在明显的不足。

　　综合上述讨论,RANS 方法在传质过程的预测上存在明显的不足,而 WMLES 方法由于对外部主流预测不准,因此对于低封严流量工况下涡轮盘腔流动特性预测存在较大偏差,而在高封严流量工况下预测精度较高。DES 方法在不同的工况条件下均能给出较好的预测,因此在本书对于涡轮盘腔的研究中,均采用 DES 方法。

2.9　小　　结

　　综合来看,本章深入研究了旋转盘腔流动这一复杂且具有挑战性的流体现象。首先,介绍了旋转流动的多样形式及其基本特征,强调了其在自然界和工程实践中的重要性。旋转流动的生成和演化对于流体输运和混合过程产生重要影响,这为后续研究提供了关键背景知识。

　　随后关注了旋转盘腔领域内的研究成果,包括理论分析和稳定性研究方向的前沿进展。通过不同理论模型的推导,揭示了旋转盘腔流动的物理本质,并探索了其未来行为的可能性。稳定性研究方面,探讨了涡旋形成和演化的稳定性条件,深入挖掘了流动的复杂性。

　　最后在数值模拟方向,介绍了不同数值模拟方法的应用,包括 RANS、DES 和 WMLES,以及它们在揭示旋转盘腔流动行为方面的潜力和限制。这一讨论为未来在这一领域的研究提供了指导,帮助研究人员更好地理解旋转盘腔流动的特性和行为,并为工程应用提供了有力支持。

参考文献

[1]　Childs P. Flow in rotating components-discs, cylinders and cavities[J]. The Engineering Sciences Data Unit, 2007, 4(C): 1 - 119.

[2]　Nansen F. The oceanography of the North Polar Basin[J]. Nature, 1902, 67: 97 - 98.

[3]　Ekman V W. On the influence of the earth's rotation on ocean-currents[EB/OL]. https://api. semanticscholar. org/CorpusID: 132475460[2022 - 01 - 01].

[4]　Cushman-Roisin B, Beckers J-M. Chapter 8 — The Ekman layer[J]. International Geophysics, 2011, 101: 239 - 270.

[5]　von Kármán T. Über laminare und turbulente reibung[J]. Zeitschrift für Angewandte Mathematik und Mechanik, 1921, 1(4): 233 - 252.

[6]　Cochran W. The flow due to a rotating disc[J]. Mathematical Proceedings of the Cambridge

Philosophical Society, 1934, 30(3): 365 – 375.

[7]   Childs P R N. Rotating flow[M]. Oxford: Butterworth-Heinemann, 2011: 81 – 126.

[8]   Bödewadt V U. Die drehströmung über festem grunde [J]. Zeitschrift für Angewandte Mathematik und Mechanik, 1940, 20(5): 241 – 253.

[9]   Batchelor G K. Note on a class of solutions of the Navier-Stokes equations representing steady rotationally-symmetric flow[J]. The Quarterly Journal of Mechanics and Applied Mathematics, 1951, 4(1): 29 – 41.

[10]   Rogers M, Lance G. The rotationally symmetric flow of a viscous fluid in the presence of an infinite rotating disk[J]. Journal of Fluid Mechanics, 1960, 7(4): 617 – 631.

[11]   Tatro P R, Mollo-Christensen E. Experiments on Ekman layer instability[J]. Journal of Fluid Mechanics, 1967, 28(3): 531 – 543.

[12]   Faller A J. Instability and transition of disturbed flow over a rotating disk[J]. Journal of Fluid Mechanics, 1991, 230: 245 – 269.

[13]   Lingwood R J. Absolute instability of the boundary layer on a rotating disk [J]. Journal of Fluid Mechanics, 1995, 299: 17 – 33.

[14]   Lingwood R J. Absolute instability of the Ekman layer and related rotating flows[J]. Journal of Fluid Mechanics, 1997, 331: 405 – 428.

[15]   Davies C, Thomas C. Global stability behaviour for the BEK family of rotating boundary layers [J]. Theoretical and computational fluid dynamics, 2017, 31: 519 – 536.

[16]   Stewartson K. On the flow between two rotating coaxial disks[J]. Mathematical Proceedings of the Cambridge Philosophical Society, 1953, 49(2): 333 – 341.

[17]   Daily J W, Nece R E. Chamber dimension effects on induced flow and frictional resistance of enclosed rotating disks[J]. Journal of Basic Engineering, 1960, 82(1): 217 – 230.

[18]   Theodorsen T, Regier A. Experiments on drag of revolving disks, cylinders, and streamline rods at high speeds[R]. NACA-TR-793, 1944.

[19]   Schlichting H, Kestin J. Boundary layer theory[M]. Berlin: Springer, 1961.

[20]   Schultz-Grunow F. Der reibungswiderstand rotierender scheiben in gehäusen[J]. Zeitschrift für Angewandte Mathematik und Mechanik, 1935, 15(4): 191 – 204.

[21]   Zilling H. Untersuchung des axialschubs und der strömungsvorgänge in den radseitenräumen einer einstufigen radialen kreiselpumpe mit leitrad[D]. Hannover: University of Hannover, 1973.

[22]   Möhring U K. Untersuchung des radialen druckverlaufes und des übertragenen drehmomentes im radseitenraum von kreiselpumpen bei glatter, ebener radseitenwand und bei anwendung von rückenschaufeln[D]. Braunschweig: Technische Universität Braunschweig, 1976.

[23]   Soo S. Laminar flow over an enclosed rotating disk[J]. Transactions of the American Society of Mechanical Engineers, 1958, 80(2): 287 – 294.

[24]   Broecker E. Theorie und experiment zum reibungswiderstand der glatten rotierenden scheibe bei turbulenter strömung[J]. Zeitschrift für Angewandte Mathematik und Mechanik, 1959, 39 (1 – 2): 68 – 76.

[25]   Lance G, Rogers M H. The axially symmetric flow of a viscous fluid between two infinite rotating disks[J]. Proceedings of the Royal Society of London. Series A. Mathematical and

Physical Sciences, 1962, 266(1324): 109 – 121.

[26] Cooper P, Reshotko E. Turbulent flow between a rotating disk and a parallel wall[J]. AIAA Journal, 1975, 13(5): 573 – 578.

[27] Szeri A, Schneider S, Labbe F, et al. Flow between rotating disks. Part 1. Basic flow[J]. Journal of Fluid Mechanics, 1983, 134: 103 – 131.

[28] Pearson C E. Numerical solutions for the time-dependent viscous flow between two rotating coaxial disks[J]. Journal of Fluid Mechanics, 1965, 21(4): 623 – 633.

[29] Dijkstra D, van Heijst G. The flow between two finite rotating disks enclosed by a cylinder [J]. Journal of Fluid Mechanics, 1983, 128: 123 – 154.

[30] Altmann D. Beitrag zur berechnung der turbulenten strömung im axialspalt zwischen laufrad und gehäuse von radialpumpen[D]. Hannover: University of Hannover, 1972.

[31] Poncet S, Chauve M-P, Le Gal P. Turbulent rotating disk flow with inward throughflow[J]. Journal of Fluid Mechanics, 2005, 522: 253 – 262.

[32] Poncet S, Schiestel R, Chauve M-P. Turbulence modelling and measurements in a rotor-stator system with throughflow[J]. Engineering Turbulence Modelling and Experiments, 2005, 6: 761 – 770.

[33] Debuchy R, Abdel Nour F, Bois G. On the flow behavior in rotor-stator system with superposed flow[J]. International Journal of Rotating Machinery, 2008, 2008: 719510.

[34] Kurokawa J, Sakura M. Flow in a narrow gap along an enclosed rotating disk with through-flow [J]. JSME International Journal, 1988, 31(2): 243 – 251.

[35] Owen J. An approximate solution for the flow between a rotating and a stationary disk[J]. Journal of Turbomachinery, 1989, 111(3): 323 – 332.

[36] Daily J W, Ernst W D, Asbedian V V. Enclosed rotating disks with superposed throughflow: Mean steady and periodic unsteady characteristics of induced flow[EB/OL]. https://hdl. handle. net/1721. 1/142983[2022 – 01 – 01].

[37] Poncet S, Schiestel R, Chauve M-P. Centrifugal flow in a rotor-stator cavity[J]. Journal of Fluids Engineering, 2005, 127(4): 787 – 794.

[38] Mear-Stone L. Theoretical modelling of flow in rotor-stator systems[D]. Bath: University of Bath, 2015.

[39] Spalart P R. Theoretical and numerical study of a three-dimensional turbulent boundary layer [J]. Journal of Fluid Mechanics, 1989, 205: 319 – 340.

[40] Jasmine H A, Gajjar J S. Absolute instability of the von Kármán, Bödewadt and Ekman flows between a rotating disc and a stationary lid[J]. Philos Trans A Math Phys Eng Sci, 2005, 363 (1830): 1131 – 1144.

[41] Poncet S. The stability of a thin water layer over a rotating disk revisited[J]. The European Physical Journal Plus, 2014, 129(8): 167.

[42] Hussain Z, Garrett S, Stephen S. The instability of the boundary layer over a disk rotating in an enforced axial flow[J]. Physics of Fluids, 2011, 23(11): 114108.

[43] Appelquist E, Schlatter P, Alfredsson P H, et al. Investigation of the global instability of the rotating-disk boundary layer[J]. Procedia IUTAM, 2015, 14: 321 – 328.

[44] Appelquist E, Schlatter P, Alfredsson P H, et al. Transition to turbulence in the rotating-disk

boundary-layer flow with stationary vortices[J]. Journal of Fluid Mechanics, 2018, 836: 43 - 71.

[45] Serre E, Crespo Del Arco E, Bontoux P. Annular and spiral patterns in flows between rotating and stationary discs[J]. Journal of Fluid Mechanics, 2001, 434: 65 - 100.

[46] Serre E, Bontoux P, Launder B E. Direct numerical simulation of transitional turbulent flow in a closed rotor-stator cavity[J]. Flow, Turbulence and Combustion, 2002, 69(1): 35 - 50.

[47] Serre E, Tuliszka-Sznitko E, Bontoux P. Coupled numerical and theoretical study of the flow transition between a rotating and a stationary disk[J]. Physics of Fluids, 2004, 16(3): 688 - 706.

[48] Schouveiler L, Le Gal P, Chauve M-P. Instabilities of the flow between a rotating and a stationary disk[J]. Journal of Fluid Mechanics, 2001, 443: 329 - 350.

[49] Tuliszka-Sznitko E, Zieliński A. Instability of the flow in rotating cavity[J]. Journal of Theoretical and Applied Mechanics, 2007, 45(3): 685 - 704.

[50] Imayama S, Alfredsson P H, Lingwood R J. On the laminar-turbulent transition of the rotating-disk flow: The role of absolute instability[J]. Journal of Fluid Mechanics, 2014, 745: 132 - 163.

[51] Yim E, Chomaz J-M, Martinand D, et al. Transition to turbulence in the rotating disk boundary layer of a rotor-stator cavity[J]. Journal of Fluid Mechanics, 2018, 848: 631 - 647.

[52] Launder B, Poncet S, Serre E. Laminar, transitional, and turbulent flows in rotor-stator cavities[J]. Annual Review of Fluid Mechanics, 2010, 42: 229 - 248.

[53] Helmholtz P. XLIII. On discontinuous movements of fluids[J]. The London, Edinburgh, and Dublin Philosophical Magazine and Journal of Science, 1868, 36(244): 337 - 346.

[54] Thomson W. XLVI. Hydrokinetic solutions and observations[J]. The London, Edinburgh, and Dublin Philosophical Magazine and Journal of Science, 1871, 42(281): 362 - 377.

[55] Rayleigh L. On the instability of jets[J]. Proceedings of the London Mathematical Society, 1878, 1(1): 4 - 13.

[56] Orr W M F. The stability or instability of the steady motions of a perfect liquid and of a viscous liquid. Part II: A viscous liquid[J]. Proceedings of the Royal Irish Academy. Section A: Mathematical and Physical Sciences, 1907: 69 - 138.

[57] Tollmien W. Über die entstehung der turbulenz[J]. Vorträge aus dem Gebiete der Aerodynamik und verwandter Gebiete: Aachen, 1929, 1930: 18 - 21.

[58] Fedorov A. Transition and stability of high-speed boundary layers[J]. Annual Review of Fluid Mechanics, 2011, 43: 79 - 95.

[59] Reed H L, Saric W S. Stability of three-dimensional boundary layers[J]. Annual Review of Fluid Mechanics, 1989, 21(1): 235 - 284.

[60] Saric W S. Görtler vortices[J]. Annual Review of Fluid Mechanics, 1994, 26(1): 379 - 409.

[61] Smith N. Exploratory investigation of laminar-boundary-layer oscillations on a rotating disk [R]. National Advisory Committee for Aeronautics, 1947.

[62] Kohama Y P. Study on boundary layer transition of a rotating disk[J]. Acta Mechanica, 1984, 50: 193 - 199.

[63] Chin D T, Litt M. An electrochemical study of flow instability on a rotating disk[J]. Journal of Fluid Mechanics, 1972, 54: 613 - 625.

[64] Fedorov B I, Plavnik G Z, Prokhorov I V, et al. Transitional flow conditions on a rotating disk [J]. Journal of Engineering Physics, 1976, 31(6): 1448 - 1453.

[65] Kobayashi R, Kohama Y, Takamadate C. Spiral vortices in boundary layer transition regime on a rotating disk[J]. Acta Mechanica, 1980, 35(1): 71 - 82.

[66] Wilkinson S P, Malik M R. Stability experiments in rotating-disk flow[C]. Danvers: 16th Fluid and Plasmadynamics Conference, 1983.

[67] Saric W S, Reed H L, White E B. Stability and transition of three-dimensional boundary layers [J]. Annual Review of Fluid Mechanics, 2003, 35(1): 413 - 440.

[68] Malik M R, Wilkinson S P, Orszag S A. Instability and transition in rotating disk flow[J]. AIAA Journal, 1981, 19(9): 1131 - 1138.

[69] Brown W B. A stability criterion for three-dimensional laminar boundary layers[EB/OL]. https://api.semanticscholar.org/CorpusID: 115554169[2022 - 01 - 01].

[70] Lopez J M, Weidman P. Stability of stationary endwall boundary layers during spin-down[J]. Journal of Fluid Mechanics, 1996, 326: 373 - 398.

[71] Cros A, Le Gal P. Spatiotemporal intermittency in the torsional Couette flow between a rotating and a stationary disk[J]. Physics of Fluids, 2002, 14(11): 3755 - 3765.

[72] Itoh M, Yamada Y, Imao S, et al. Experiments on turbulent flow due to an enclosed rotating disk[J]. Experimental Thermal and Fluid Science, 1992, 5(3): 359 - 368.

[73] 张兆顺,崔桂香,许春晓. 湍流理论与模拟[M]. 北京:清华大学出版社,2005.

[74] Smagorinsky J. General circulation experiments with the primitive equations: I. The basic experiment[J]. Monthly Weather Review, 1963, 91(3): 99 - 164.

[75] Spalart P R. Comments on the feasibility of LES for wings and on the hybrid RANS/LES approach[J]. Proceedings of the First AFOSR International Conference on DNS/LES, 1997, 1997: 137 - 147.

[76] Larsson J, Kawai S, Bodart J, et al. Large eddy simulation with modeled wall-stress: Recent progress and future directions[J]. Mechanical Engineering Reviews, 2016, 3(1): 15 - 00418.

[77] Spalart P R, Deck S, Shur M L, et al. A new version of detached-eddy simulation, resistant to ambiguous grid densities[J]. Theoretical and Computational Fluid Dynamics, 2006, 20(3): 181 - 195.

[78] Séverac É, Poncet S, Serre É, et al. Large eddy simulation and measurements of turbulent enclosed rotor-stator flows[J]. Physics of Fluids, 2007, 19(8): 085113.

[79] Gao F, Chew J W. Evaluation and application of advanced CFD models for rotating disc flows [J]. Proceedings of the Institution of Mechanical Engineers, Part C: Journal of Mechanical Engineering Science, 2021, 235(23): 6847 - 6864.

第3章
经典模型旋转盘腔模型流动机理研究

3.1 引　　论

如前文所述,航空发动机中存在典型的转-转系盘腔和转-静系盘腔两种结构形式,其中涡轮盘腔多属于典型的转-静系盘腔。两种盘腔流动规律以及换热特性一直都是空气系统研究的核心问题。本章首先针对两种盘腔的经典模型的流动机理分别进行讨论,然后从存在封严气流的简单涡轮盘腔入手,考虑叠加径向通流条件下腔内的流动特征,为研究真实涡轮盘腔流动提供基础。

典型的转-转系盘腔内环罩和外环罩之间存在温差,又由于其高速旋转,所以诱导出的离心浮升力会使腔内出现气旋和反气旋涡对。涡对的产生、发展、运动主导了转-转系盘腔的换热。当盘腔中存在轴向通流时,涡运动状态更复杂。本章第一部分将详细介绍转-转系盘腔内流动与换热机理。

盘腔的流动和换热主要由边界层控制,最典型的闭式转-静系盘腔存在两个复杂的边界层。发动机工况范围涉及边界层层流-转捩-湍流的整个过程,但是这三个过程又对应不同的换热特征,所以明确转-静系盘腔上两个边界层各自的过渡过程才能更加有效地对盘腔换热及燃气入侵造成的危害进行讨论。本章第二部分内容对现有的国内外文献进行综述,分别讨论了转盘侧和静盘侧边界层的层流-转捩-湍流的过渡过程。

涡轮盘腔为了防止燃气入侵,需要引入封严气流以保护盘腔。实际发动机中涡轮盘腔的出口边界条件十分复杂,作为涡轮盘腔的简化模型流动,简单转-静系盘腔忽略了涡轮盘腔的复杂出口边界条件,是进一步研究真实涡轮盘腔流动的基础。本章最后一部分内容从基础的简单转-静系盘腔模型出发,基于 WMLES 数值模拟方法,总结了简单盘腔时均、瞬时流动参数分布的规律,探究了盘腔内部的复杂流动机理,归纳了径向通流对盘腔流动特性的影响。

本章内容安排如下: 3.2 节介绍了典型的转-转系盘腔流动及换热机理; 3.3 节从层流到转捩和转捩到湍流两部分出发,讨论了目前国内外对于盘腔边界层转捩过程的研究; 3.4 节讨论了盘腔内部的湍动能分布特性,分析了腔内湍动能各向异性、空间非均匀性的形成机制;从非对称涡量分布、流动不稳定性和"上抛""下扫"过程的耦合作用以及旋转对切应力的抑制效应三个角度,从流动机理上对转、静盘壁面摩阻的非对称做功效应进行了解释;3.5 节为小结。本章研究的成果对于进一步理解真实涡轮盘腔流动具有重要意义。

3.2　转-转系盘腔内流动及换热机理

3.2.1　盘腔模型与无量纲参数

1. 经典共转盘腔模型

共转(转-转)系盘腔是一种常见于航空发动机及燃气轮机压气机和涡轮部件的典型元件。区别于转-静系盘腔,组成共转系盘腔的两个转盘均是旋转的。本节针对典型的共转系盘腔结构,对已发表的结果进行综述,并讨论未来的潜在研究方向。请注意,本节仅考虑两个转盘等速旋转的情况。在叶轮机械运行过程中,两个转盘非等速旋转或反转的情况也有发生。

简化的共转系盘腔结构模型如图 3-1 所示。这里展示的是无通流(封闭)和带有轴向通流的共转系盘腔,常见于航空发动机及燃气轮机的压气机中,但在涡轮中也有存在。请注意,除上述两种情形外,带有径向通流的共转系盘腔也有存在,但不及相应的转-静系盘腔常见。因此,本章不讨论带有径向通流的共转系盘腔。感兴趣的读者可以参考相关文献:带有径向外流的共转系盘腔[1-3]和带有径向内流的共转系盘腔[4-6]。

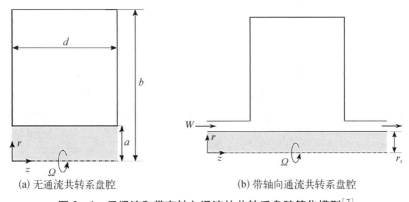

(a) 无通流共转系盘腔　　　　　　　(b) 带轴向通流共转系盘腔

图 3-1　无通流和带有轴向通流的共转系盘腔简化模型[7]

Ω. 旋转角速度;a. 转盘内环半径;b. 外环罩半径;d. 相邻转盘轴向间距;W. 轴向通流;r_s. 中心轴半径

无通流(封闭)的共转系盘腔由两个相邻的转盘(disc)、一个外环罩(shroud)和一个中心轴(shaft)组成。带有轴向通流的共转系盘腔还包含转盘和中心轴形成的间隙,这里通常通有由压气机端抽取的冷气。某一带有轴向通流的共转系盘腔

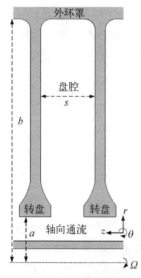

图 3-2　带有轴向通流的
共转系盘腔实验台结构[8]

实验台结构如图 3-2 所示。这一结构与真实叶轮机械中的结构较为接近,即在转盘和外环罩之间有倒圆连接,在转盘的内环有凸起(cob),转盘内环和中心轴之间存在轴向通流。

2. 无量纲流动参数

采用图 3-2 的几何尺寸标识,介绍常用的无量纲几何参数和流动控制参数。假设除中心轴外的各部件均以恒定的角速度 Ω 旋转。中心轴独立于其他部件,可能静止,或相对于转盘以任意角速度共转或反转。相邻转盘的轴向间距为 s,中心轴的半径为 r_s,外环罩的半径为 b,转盘内环的半径为 a。

首先给出三个无量纲几何参数,方便对不同几何尺寸的盘腔结构进行比较。

无量纲半径 x 定义为

$$x = \frac{r}{b} \tag{3-1}$$

无量纲间距 G 定义为

$$G = \frac{s}{b} \tag{3-2}$$

无量纲通流半径 x_s 定义为

$$x_s = \frac{d_h}{b} = \frac{2(a - r_s)}{b} \tag{3-3}$$

式中,d_h 又称轴向通流区域的水力直径。

下面给出 5 个无量纲流动控制参数,方便对不同工况(边界条件)进行比较。

旋转雷诺数(Re_φ)可表征由旋转贡献的惯性力与流体黏性力的相对大小,其定义为

$$Re_\varphi = \frac{\rho \Omega b^2}{\mu} \tag{3-4}$$

式中,ρ 为密度,μ 为动力黏度。

通流雷诺数(Re_z)可表征由通流贡献的惯性力与流体黏性力的相对大小,其定义为

$$Re_z = \frac{\rho W d_h}{\mu} \tag{3-5}$$

式中，W 为平均通流速度，d_h 为通流区域的水力直径。

结合以上旋转雷诺数和通流雷诺数，可定义罗斯比数(Ro)，表征通流贡献的惯性力和旋转贡献的科里奥利力的相对大小，其定义为

$$Ro = \frac{W}{\Omega a} = \frac{b^2}{d_h a} \frac{Re_z}{Re_\varphi} \tag{3-6}$$

当 Ro 较小时，流动由旋转主导；当 Ro 较大时，流动由通流主导。当没有通流时，流动完全由旋转控制，$Ro = 0$；对于静止的盘腔，流动完全由通流控制，$Ro = \infty$。

3. 无量纲换热参数

在真实的航空发动机及燃气轮机中，共转系盘腔各个部件的温度通常是不同的。例如，对于一个典型的带有轴向通流的共转系盘腔来说，外环罩通常与主流通道的高温燃气直接接触，其温度较高；中心轴通常与冷气接触，其温度较低。这形成了一个径向向内的温度梯度。在高转速条件下，径向向外的离心力对流动有重要影响。这一离心力与温度梯度的方向相反，使流动向不稳定的方向发展。为描述这一自然对流换热现象，可定义旋转格拉晓夫数(Gr)，表征离心浮升力与黏性力的相对大小，其定义为

$$Gr = \frac{\rho^2 \Omega^2 b \beta \Delta T L^3}{\mu^2} = \left(\frac{L}{b}\right)^3 Re_\varphi^2 \beta \Delta T \tag{3-7}$$

其中，特征长度 L 通常取转盘的径向高度($b-a$)。请注意，这里 Gr 的定义可类比重力场下的自然对流换热，其中离心加速度($\Omega^2 b$)用以替代重力加速度(g)。浮力数($\beta \Delta T$)表征温度梯度的相对大小，其中 β 为体膨胀系数。对于理想气体，通常取为一参考温度的倒数。对于封闭腔，这一参考温度通常取为系统的平均温度；对于带有轴向通流的盘腔，这一参考温度通常取为入口温度。ΔT 通常取为系统的最大温差，对于带有轴向通流的盘腔，这一温差通常为外环罩温度与入口温度之差。

另一与 Gr 作用类似的无量纲参数是瑞利数(Ra)，其定义为

$$Ra = Gr \times Pr \tag{3-8}$$

其中普朗特数(Pr)表征动量传输与热量传输的相对大小，其定义为

$$Pr = \frac{\mu c_p}{\lambda} \tag{3-9}$$

式中，c_p 为比定压热容，λ 为热导率。

无量纲温度(Θ)，表征温度的相对大小，其定义为

$$\Theta = \frac{T - T_{min}}{T_{max} - T_{min}} \tag{3-10}$$

式中,T 为当地流体或边界的温度,由系统内的最大温差无量纲化。

当地努塞特数(Nu),表征当地对流换热强度,其定义为

$$Nu = \frac{qL}{\lambda(T - T_{ref})} \qquad (3-11)$$

式中,q 为当地边界的对流换热热流量,T 为当地边界的温度,λ 为当地流体的热导率,L 为参考长度,通常取当地半径 r,T_{ref} 为参考温度,通常取系统最低温度。

平均努塞特数(Nu_{av}),表征某一边界或系统的平均对流换热强度,可通过对 Nu 积分得到,也可定义为

$$Nu_{av} = \frac{q_{av}b}{\lambda \Delta T_{av}} \qquad (3-12)$$

式中,由当地半径 r 到外环罩半径 b 的平均热流量(q_{av})和平均温差(ΔT_{av})分别定义为

$$q_{av} = \frac{2}{b^2 - a^2} \int_r^b qr\mathrm{d}r \qquad (3-13)$$

$$\Delta T_{av} = \frac{2}{b^2 - a^2} \int_r^b \Delta Tr\mathrm{d}r \qquad (3-14)$$

在不考虑边界温度分布的情况下,封闭的共转系盘腔,其流动和换热情况可由 Re_φ 和 $\beta\Delta T$(或 Gr,或 Ra)决定。对于带有通流的共转系盘腔,除上述两个无量纲参数外,Ro 也起到决定作用。

3.2.2 盘腔内的流动结构

本节综述带有轴向通流的共转系盘腔内的流动情况,其中包括等温盘腔和非等温盘腔两种情形。

3.2.2.1 等温盘腔流动

对于封闭的共转系盘腔,在等温条件下,腔内的流体均以与转盘相同的角速度旋转,腔内无其他流动现象。因此,本节只关注带有轴向通流的等温共转系盘腔。

图 3-3 展示了带有轴向通流的等温共转系盘腔内的流动结构示意图。轴向通流诱导出了腔内一对反向旋转的涡结构。这一反旋涡对所占区域会随转速增加而减小,其径向范围会随通流流量的增加而增大。Owen 等[9]在一个简化的等温共转系盘腔实验台上,使用激光多普勒测速仪(LDA)和流动可视化方法,对腔内流场进行了测量。该实验台的几何特征为 $G = 0.53$,$a/b = 0.1$,且不包含中心轴。实验的 Ro 范围为 $0.8 \sim \infty$。实验表明,这一反旋涡对的径向范围随 Ro 的增大而减小。这说明与轴向通流相比,旋转对这一涡对的径向发展起到主导作用。在这一涡对的外

侧,气体的旋转比($V\theta/\Omega r$)接近1。而在这一涡对内部,旋转比则超过1。

Farthing 等[11]也使用 LDA 和流动可视化技术,对 4 个不同结构的共转系盘腔内流场进行了测量。这 4 种结构具有相同的盘径比($a/b=0.1$)和不同的盘间距比($0.133 < G < 0.533$),且该结构同样不包含中心轴。在实验中,通流雷诺数保持不变($Re_z=5\,000$),通过改变转速,使得 Ro 在 1 到 ∞ 之间变化。实验观察到了涡结构的破碎现象。在通流进入盘腔的过程中,大涡破碎为周向或对称或不对称的小涡。这一现象在 Owen 和 Pincombe[9]于 1979 年的研

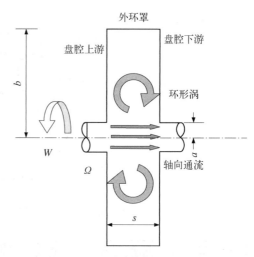

图 3 - 3　带有轴向通流的等温共转系盘腔内流动结构示意图[10]

究中也有提及。与上述研究的结论相似,作者发现,腔内涡对的径向范围与 Ro 负相关。作者进一步提出,这一径向范围还与盘间距比 G 负相关。

3.2.2.2　非等温盘腔流动

在非等温情况下,离心浮升力会诱导盘腔内出现自然对流现象。Farthing 等[11]研究表明,在非等温条件下,不论两相邻转盘的热边界条件是否一致,腔内的流动结构都是非对称的,由一对或多对涡结构组成,且这一涡结构相对于转盘或正向或反向旋转。轴向通流通过"径向臂"结构进入盘腔内,其结构类似升腾的烟雾,而后分离成一对反向旋转的涡对。在这一对涡之间,存在一个"死区",这里径向速度接近零,即没有流体流入或流出盘腔。在两个转盘侧的 Ekman 边界层内,径向向内和向外的流动都存在。实验研究了三个盘间距比($0.12 < G < 0.27$),使用烟雾作为示踪粒子,观测腔内流场。作者发现,在所有三种盘间距比下,流动均具有高度的非定常和三维特性。LDA 测量表明,腔内旋转核心的旋转比略低于 1。尽管盘间距比(G)、温差($\beta\Delta T$)和罗斯比数(Ro)均对这一旋转比有影响,但旋转比仍集中分布在 0.9~1。

Bohn 等[12]使用氯化铵烟雾作为示踪粒子,研究了腔内两转盘中间轴向位置的瞬时流场,如图 3-4 所示。盘腔的几何尺寸为 $a/b=0.3$、$s/b=0.2$、$d_h/b=0.09$,且两相邻转盘的热边界条件相同。实验工况范围较大,覆盖了旋转雷诺数 $2\times10^5 < Re_\varphi < 8\times10^5$ 和通流雷诺数 $2\times10^4 < Re_z < 7\times10^4$。研究表明,腔内流动结构与 Farthing 等[11]的研究类似,即包含反旋涡对、径向臂、死区等。实验得到腔内的旋转核心的旋转比在 0.88~0.9。图 3-5 显示了通过流动可视化方法观测到的腔内径向内流区域(如箭头所示)。

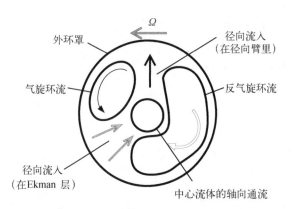

图 3-4　带有轴向通流的非等温共转系盘腔内流动结构示意图[11]

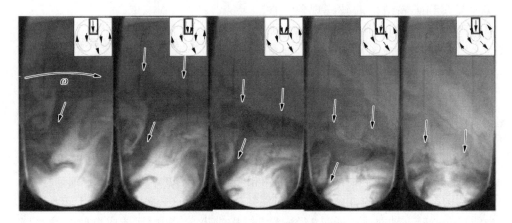

图 3-5　高速相机拍摄的腔内瞬时流场[12]

Owen 等[13]使用 LDA 方法,针对工况范围 $4 \times 10^5 < Re_\varphi < 3.2 \times 10^6$ 和 $0.05 < Ro <$ 14 进行了研究。盘腔的几何尺寸为 $a/b = 0.4$、$G = 0.2$,包含中心轴,热边界条件为下游盘加热、上游盘绝热。对测量得到的瞬时速度进行频谱分析,得到了包含一对、两对或三对反旋涡对的流动结构。稳态时均 LDA 结果表明,在腔内径向 $0.67 < r/b < 0.97$ 范围内,旋转比在 0.96~0.99。

Long 等[14]介绍了萨塞克斯大学的多盘腔实验台(multiple cavity rig, MCR)。该实验台由真实航空发动机高压压气机缩放 70% 得到,其几何参数为 $a/b = 0.318$、$G = 0.195$。外环罩由外部供给的高压热空气加热,冷气通过另一压缩机供给,由转盘和中心轴之间的间隙流入盘腔。中心轴可与转盘同向、反向旋转或静止。图 3-6 展示了多盘腔实验台的各部件结构和测量单元,其中 LDA 测量在盘腔 2 和盘腔 3 中完成。

图 3-7 展示了上述多盘腔实验台得到的腔内旋转比沿径向的分布,其中包含了通流间隙比 (d_h/b) 和 Ro 的影响,其中大通流间隙比为 0.164 和小通流间隙比为 0.092。结果显示,盘腔低半径处的旋转比受 Ro 的影响(正相关),但通流间隙比对其

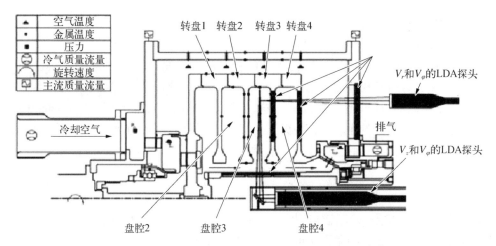

图 3 - 6　英国萨塞克斯大学多盘腔实验台(MCR)[14]

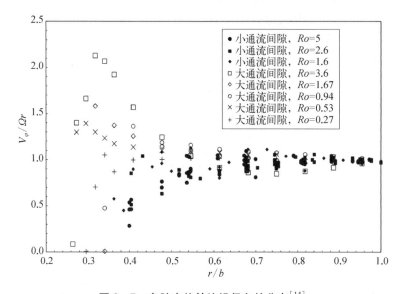

图 3 - 7　盘腔内旋转比沿径向的分布[14]

影响更明显。在盘腔高半径处,旋转比为 1。在低半径处,所有小通流间隙比结构的旋转比均小于 1,表明此处的反旋涡对可能受到了抑制。盘腔内的轴向速度接近 0,这与 Taylor - Proudman 理论的预测一致。盘腔内径向速度与相对周向速度的量值接近。

3.2.3　盘腔内的换热

本节介绍共转系盘腔的换热研究。首先针对无通流(封闭)的共转系盘腔,关注外环罩的换热。而后,针对带有轴向通流的共转系盘腔,关注外环罩和转盘上的换热。请注意,这里强调外环罩的换热,是因为该处的换热量在实验中能够测得,且在工程中更受关注。

3.2.3.1　无通流(封闭)的盘腔换热

在封闭的共转系盘腔中,有温差的条件下,流动是完全由浮力诱导的。在旋转盘腔中,离心力通常比重力大得多。因此,这一驱动力通常为离心浮升力。当外环罩的温度比内环罩(或中心轴)高时,这一系统可类比经典的 Rayleigh - Benard 对流问题,即两个平行的平板(下平板温度高,上平板温度低)在重力场下的自然对流问题。为描述这一问题,可定义瑞利数(Ra)为

$$Ra = Pr \frac{\rho^2 \beta \Delta T g d^3}{\mu^2} = Pr \cdot Gr \qquad (3-15)$$

式中,Pr 是普朗特数,ρ 是流体密度,β 是热膨胀系数,g 是重力加速度,d 是两平板之间的垂直距离,ΔT 是两平板间的温差($T_H - T_C$),μ 是动力黏度,Gr 是格拉晓夫数。已有研究表明,当 $Ra > 1\,708$ 时,浮升力的影响开始超过黏性力的影响,流动失稳,Rayleigh - Benard 对流现象开始发生。Rayleigh - Benard 对流由一组反向旋转的涡结构表示,如图 3 - 8 所示。

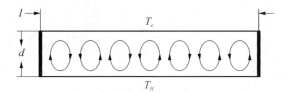

图 3 - 8　两平行平板间的 Rayleigh - Benard 对流

T_c. 上平板温度;T_H. 下平板温度;l. 平板长度;d. 平板间距离

Grossmann 等[15]通过实验,提出了用于预测这一平板换热 Nu 的半经验关联式。对于 $Pr = 1$ 的流体,这一关联式可写为

$$Nu' = 0.27 Ra^{1/4} + 0.038 Ra^{1/3} \qquad (3-16)$$

根据 Nu' 的定义,其还可以表示在相同的热边界条件下,对流换热与单纯导热之间换热量的相对大小。$Nu' = 1$ 时,换热量也等于上平板加热,下平板冷却是单纯导热的换热量。在上述 Nu' 关联式中,两个不同系数的 Ra 部分用于表示对流换热的不同区域。这一分区取决于由边界层或通流主导全局的动量或热量耗散,也取决于热边界层和速度边界层的相对厚度。在旋转盘腔中,科里奥利力通常会抑制速度的波动,使流动趋于稳定。因此,使流动失稳的临界 Ra(Ra_c)可能比静止状态下的值($Ra_c = 1\,708$)更大。

Bohn 等[16]针对三种封闭共转系盘腔结构进行了实验研究。这里 Ra' 定义为

$$Ra' = Pr\beta\Delta T \frac{\Omega^2 r_m (b-a)^3}{v^2} \qquad (3-17)$$

式中，r_m 是平均半径，即 $(a+b)/2$。这里，离心加速度 $\Omega^2 r_m$ 代替了平板 Rayleigh – Benard 对流中的重力加速度 g。作者通过实验结果，针对三种不同的盘腔几何参数，分别总结了计算外环罩 Nu 的经验关联式：

$$Nu = 0.246 Ra'^{0.228}，a/b = 0.35，G = 0.34 \qquad (3-18)$$

$$Nu = 0.317 Ra'^{0.211}，a/b = 0.52，G = 0.34 \qquad (3-19)$$

$$Nu = 0.365 Ra'^{0.213}，a/b = 0.52，G = 0.50 \qquad (3-20)$$

对三种盘腔结构，实验工况均达到了 Ra' 最大为 10^{12}，$\beta\Delta T$ 最大为 0.3。由于科里奥利力会抑制并延缓盘腔内层流到湍流的转捩，因此，无法将上述经验关联式分为层流或湍流两部分。但考虑到 Ra' 的范围（$\leqslant 10^{12}$），作者认为这一关联式很可能只适用于层流状态。

Tang 等[17]对封闭共转系盘腔中离心浮升力诱导的流动问题进行了理论建模。假设盘腔内的流动均为层流，他们提出了计算外环罩 Nu 的半经验关联式：

$$Nu = c \cdot a \cdot Ra'^{1/4} (1 - \chi Re_\theta^2)^{5/4} \qquad (3-21)$$

式中，c 是经验常数，a 是几何参数，χ 是与流体可压缩性有关的参数。考虑盘腔旋转核心的可压缩性，对某一恒定的系统温差（ΔT）来说，存在一个临界 Re，使得外环罩 Nu 达到最大值。这一临界 $Re(Re_{cr})$ 可由下式计算：

$$Re_{cr} = \left(\frac{9}{4}\chi\right)^{-1/2} \qquad (3-22)$$

使用上述半经验关联式，得到的外环罩 Nu 与 Bohn 等[16]的实验结果吻合良好。因此，作者认为，在 $Ra' \leqslant 10^{12}$ 时，腔内的流动仍为层流。作者指出，Bohn 等[16]通过实验得到的关联式中，Ra' 的指数略小于 1/4 的原因是实验中包含了流体的可压缩效应。在理论建模中，这一效应通过可压缩系数 χ 体现。

3.2.3.2　带有轴向通流的盘腔外环罩换热

Long 等[18]针对带有轴向通流的共转系盘腔进行了实验研究，其实验台结构示意如图 3-9 所示。盘腔的几何参数为：$a/b = 0.1$、$G = 0.1$、无中心轴。工况范围为：$\beta\Delta T \leqslant 0.3$、$2 \times 10^3 \leqslant Re_z \leqslant 1.6 \times 10^5$ 和 $2 \times 10^5 \leqslant Re_\varphi \leqslant 2 \times 10^6$。外环罩的热流量通过两个管式热流计测量。盘腔中心处的温度由热电偶测得，且这一温度被用于计算 Gr 和 Nu 的参考温度。作者研究发现，外环罩的 Nu 可较好地通过平板间层流 Rayleigh – Benard 对流的 Nu 预测，且 Nu 与转盘上的温度分布无关。而对于腔内的无量纲温度分布，它受转盘温度分布的影响较大，但受通流雷诺数（Re_z）和旋转雷诺数（Re_φ）的影响较小。

Long 等[19]在多盘腔实验台（图 3-6）上测量了盘腔 2 和盘腔 3 的外环罩 Nu。

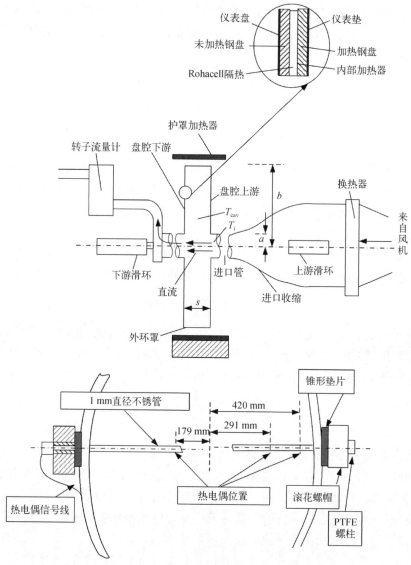

图 3 - 9   Long 等使用的旋转盘腔实验台结构示意图[18]

T_{cav}. 盘腔中心平均温度；T_i. 盘腔入口处温度；s. 相邻转盘轴向间距；a. 内环半径；b. 外环罩半径

在实验中,作者使用布置在同一轴向位置但不同周向位置的两个热电偶,测得外环罩的温度,再由一维导热方程计算总热流量,而后修正由辐射导致的热流量,得到外环罩对流换热 Nu_{sh} 和 Gr_{sh},分别由下式计算:

$$Nu_{sh} = \frac{q_{sh}\left(\dfrac{s}{2}\right)}{\lambda_{air}(T_{sh} - T_{ref})} \qquad (3-23)$$

$$Gr_{sh} = \frac{\rho^2 \Omega^2 b}{\mu^2} \beta \Delta T \left(\frac{s}{2}\right)^3 \qquad (3-24)$$

式中,特征长度($s/2$)取为外环罩面积与周长的比值。参考温度(T_{ref})由入口温度计算,即

$$T_{ref} = T_{in} + \frac{\Omega^2(b^2 - a^2)}{2c_p} \qquad (3-25)$$

式中,分数部分表示由风阻效应导致的绝热盘上的温升。

图 3-10 展示了外环罩 $Nu(Nu_{sh})$ 随外环罩 $Gr(Gr_{sh})$ 的变化。实验中保持通流间隙比为 $d_h/b = 0.164$,测量了两个盘腔(盘腔 2 和盘腔 3)的外环罩 Nu。结果表明,Nu_{sh} 和 Gr_{sh} 存在明显的正相关,且数据分布较为集中(误差棒显示实验的误差大约为±5%)。描述两个平行平板间 Rayleigh-Benard 对流的 Nu 经验关联式(分别对应层流和湍流)[20]也包含在图 3-10 中,即

层流:

$$Nu_{sh} = 0.54(Gr_{sh}Pr)^{1/4} \qquad (3-26)$$

湍流:

$$Nu_{sh} = 0.15(Gr_{sh}Pr)^{1/3} \qquad (3-27)$$

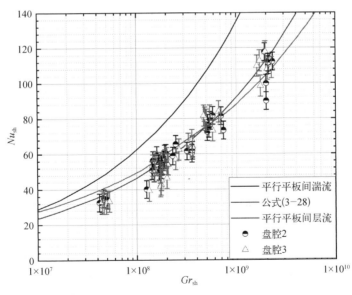

图 3-10　外环罩 Nu_{sh} 与 Gr_{sh} 的变化[19]

结果表明,带有轴向通流的共转系盘腔的外环罩 Nu_{sh} 处于层流和湍流区域之间。基于上述发现,作者针对 Grossmann 等[15]提出的经验关联式进行了修正,基于

实验中两种通流间隙比(d_h/b),分别给出如下关联式:

$$Nu_{sh} = 0.25(Gr_{sh}Pr)^{\frac{1}{4}} + 0.057(Gr_{sh}Pr)^{\frac{1}{3}}, \quad d_h/b = 0.164 \qquad (3-28)$$

$$Nu_{sh} = 0.216(Gr_{sh}Pr)^{\frac{1}{4}} + 0.0494(Gr_{sh}Pr)^{\frac{1}{3}}, \quad d_h/b = 0.092 \qquad (3-29)$$

由上式可知,尽管盘腔的尺寸相同,但由于通流间隙大小的不同,仍导致外环罩 Nu_{sh} 存在较大差异。对于较大的通流间隙,外环罩的 Nu_{sh} 明显高一些。作者认为,通流间隙的大小不同,导致了腔内的流动结构不同,从而改变了外环罩的换热大小。通流雷诺数对外环罩 Nu_{sh} 几乎没有影响,这与前述流动研究一致,即轴向通流只对盘腔低半径处的流动有影响,几乎不会影响到高半径处的流动。

3.2.3.3　带有轴向通流的盘腔转盘换热

除外环罩外,转盘的换热是工程上关注的另一个重要问题。Farthing 等[21]在几何参数 $a/b = 0.1$、$G = 0.138$ 的盘腔实验台上,分别研究了带有中心轴($d_h/b = 0.067$)和无中心轴两种情形。实验在两个转盘上分别布置 8 个热流计,径向由低到高测量当地 Nu。实验的工况范围是 $2 \times 10^4 \le Re_z \le 1.6 \times 10^5$、$2 \times 10^5 \le Re_\varphi \le 5 \times 10^6$ 和 $0.25 \le \beta\Delta T \le 0.3$。结果表明,盘间距比 G 和有无中心轴对转盘 Nu 的影响很小,但转盘上的径向温度分布对转盘 Nu 有直接影响。对于两相邻转盘对称加热的情形,当转盘上的温度沿径向升高时(这与发动机稳定运行工况下,转盘上的热边界条件类似),作者使用多元回归分析提出了预测转盘上当地 Nu 的经验关联式:

$$Nu_y = 0.0054 Re_z^{0.30} Gr_y^{0.25} \qquad (3-30)$$

其中,Nu_y 和 Gr_y 分别由下式计算:

$$Nu_y = \frac{qy}{\lambda(T - T_{in})} \qquad (3-31)$$

$$Gr_y = \frac{\rho^2 \Omega^2 r \beta \Delta T y^3}{\mu^2} \qquad (3-32)$$

式中,$y = b-r$ 表示当地半径距外环罩的距离,q 和 T 分别是当地热流量和当地温度,T_{in} 是通过盘腔上游的热电偶测量的入口温度。请注意,这里之所以取特征长度为 y 而不是常用的 r,是因为这里假设边界层内存在从外环罩径向向内的流动,因此选取当地半径到外环罩的径向距离。这里 Gr_y 的指数(0.25)在一定程度上说明了转盘换热由旋转诱导的层流自然对流决定。图 3-11 展示了两转盘对称加热时,Nu_y 和 Gr_y 的对应关系。层流和湍流的自然对流关系式也包含在图 3-11 中。实验得到的转盘 Nu_y 与层流关联式更加吻合,且在 Gr_y 增大的过程中,并未发现层流到湍流的转捩现象。

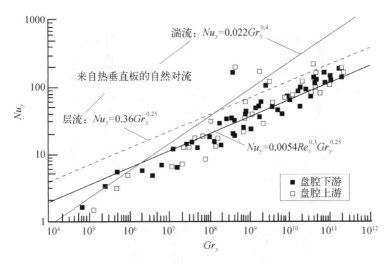

图 3 - 11　带有轴向通流的对称加热共转系盘腔的转盘 Nu_y 与 Gr_y 的关系

　　Gao 等[22]针对带有轴向通流的共转系盘腔做了较系统的研究,其研究基于英国巴斯大学搭建的多级盘腔实验台,如图 3 - 12 所示。该实验台由 4 个转盘组成 3 个腔,但只对中间腔进行研究。外环罩和转盘以同一角速度旋转且加热,中心轴保持静止且绝热。实验台运行的最大工况为 $N = 8\ 000\ \mathrm{r/min}\ (Re_\varphi = 3 \times 10^6)$。关于实验台更加详细的介绍,感兴趣的读者可参考文献[23]。

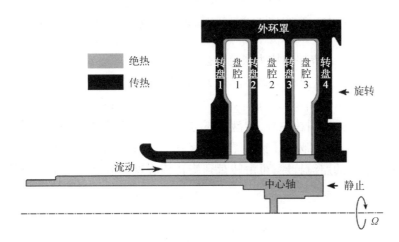

图 3 - 12　英国巴斯大学多级盘腔实验台

　　本书总结了带有轴向通流的共转系盘腔内的流动和换热机理,如图 3 - 13 所示。对于非定常流场,与前述研究一致,在腔内存在大尺度的反向旋转流动结构,分别对应腔内的低压区和高压区。靠近转盘的 Ekman 边界层内,流体在不同时刻存在径向流入或流出,虽呈现典型的非定常流动状态,但在所研究的工况范围内

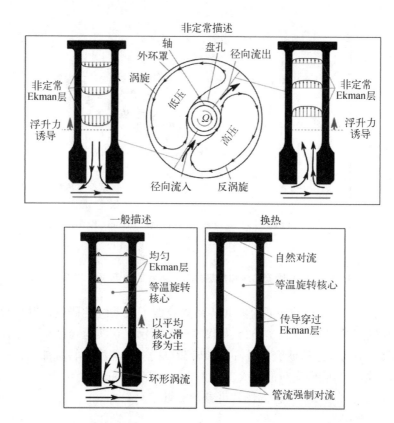

图 3‑13　带有轴向通流的共转系盘腔内流动和换热机理示意图

($Gr \leqslant 1.2 \times 10^{10}$),边界层内均为层流状态。

在盘腔高半径处,流动由离心浮升力诱导的自然对流换热主导,外环罩的 Nu 可由重力场下的 Rayleigh‑Benard 对流经验关联式预测;在盘腔低半径处,流动由冲击效应导致的强制对流主导,转盘内环的 Nu 可由管流强制对流换热经验关联式预测。在盘腔内部大部分径向位置处,存在一个等温的旋转核心。结合转盘 Ekman 边界层内的层流特性,可由转盘到旋转核心这一温度梯度下的热传导关系式预测转盘当地 Nu。

3.3　转‑静系盘腔流动

由于对旋转流动特性进行基础研究及优化复杂的技术或工程系统存在需求,研究人员对旋转流动研究投入了大量的精力。在工程应用中,流体通常在旋转圆盘腔中流动,旋转圆盘腔或多或少真实地模拟更复杂设备的部件[24, 25]。一个典型的几何特征是相距 h 的两个圆盘之间形成的空腔,可以采用各种流体、各种形状、性质、转速和相关边界条件的圆盘进行广泛的设置。从几何角度来看,这些装置包括圆柱形(在外半径 R_{out} 处带有护罩)或环形(在内半径 R_{in} 处添加轴)空腔。最典型的形状是封闭的转-静系盘腔,这类问题也被证明是研究具有壁约束和旋转的湍流特性的有效方法之一,其中旋转会对湍流场产生重大影响[26, 27]。在本部分内容中,将对航空发动机中典型的具有 Batchelor 流型的转-静系盘腔内边界层的层流-转捩-湍流过程进行介绍。

3.3.1　旋转系统中的流动形态和控制参数

在对旋转系统的边界层流动进行介绍之前,需要了解其基本的流动形态以及常用的控制参数,本部分将对经典的存在自相似性解的旋转系统流动形态以及其控制参数进行介绍。

3.3.1.1　自相似性解下的流动形态

由于简化的旋转模型具有 N - S 方程相似性解,所以本小节对旋转系统中与转-静系盘腔相关的层流相似性解进行分析,同时介绍旋转系统内边界层的流动形态。这三个相似性解分别是单一无限大半径的转盘 von Kármán 边界层、单一无限大半径的静盘 Bödewadt 边界层和无限大半径的转盘及静盘相距 h 放置情况下的 Batchelor 流型。

首先需要对 N - S 方程进行适当的简化,这样才能得到相似性解。由于旋转系统周向一般是均匀的,所以方程进行了周向的轴对称假设,即所有变量对 θ 的偏导数 $\left(\dfrac{\partial}{\partial \theta}\right)$ 为 0。在圆柱坐标系 (r, θ, z) 中,z 为旋转轴的方向,速度的径向、周向和轴向分量可以写为

$$u = \Omega r F\left(\frac{z}{\delta}\right) \tag{3-33}$$

$$u = \Omega r G\left(\frac{z}{\delta}\right) \tag{3-34}$$

$$u = \Omega \delta H\left(\frac{z}{\delta}\right) \tag{3-35}$$

式中,Ω 是特征的旋转速度,δ 是表征黏性尺度的边界层特征厚度。

将速度分量代入不可压的 N - S 方程和连续性方程,可将其转化为速度剖面的轴向形状函数所满足的非线性常微分方程组:

$$H' + 2F = 0 \tag{3-36}$$

$$F''' - \frac{\delta^2 \Omega}{\nu}\left[2F'F + F'H' + HF'' + 2GG'\right] = 0 \tag{3-37}$$

$$G'' - \frac{\delta^2 \Omega}{\nu}\left[2FG + G'H\right] = 0 \qquad (3-38)$$

这个方程组通常可以用数值方法求解,对于关心的 von Kármán 边界层流动,可以根据下面这组边界条件进行求解[28]:

$$F(0) = 0, \; G(0) = 1, \; H(0) = 0 \qquad (3-39)$$

$$\lim_{\infty} F = 0, \; \lim_{\infty} G = 0, \; \lim_{\infty} G' = 0 \qquad (3-40)$$

如图 3-14(a)所示,流体沿着圆盘离心,同时径向泵出的流体由轴向方向流入的流体补充,尽管 F、G、H 具有相同的数量级,但是由于 F、G 前面的因子为 r,H 的前置因子为 δ,所以与径向速度和周向速度相比,其轴向流动速度非常小,也就是轴向流量很小。

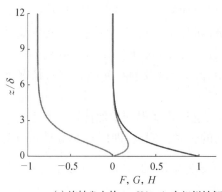
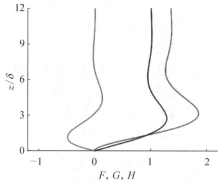

(a) 旋转盘上的 von Kármán 自相似性解　　(b) 静止盘上的 Bödewadt 自相似性解

图 3-14　BKE 边界层方程解析解分布形式

Bödewadt 边界层流动[29]与 von Kármán 流动方向相反,流体现在被喷射到圆盘上方,在圆盘附近引起径向流入,如图 3-14(b)中的轴向形状函数所示,其边界条件可以写为

$$F(0) = 0, \; G(0) = 0, \; H(0) = 0 \qquad (3-41)$$

$$\lim_{\infty} F = 0, \; \lim_{\infty} G = 1, \; \lim_{\infty} G' = 0 \qquad (3-42)$$

通过对边界条件的修正,很容易得到两个同轴的无限大半径的转-静系盘腔的自相似性解[30]:

$$F(0) = 0, \; G(0) = 0, \; H(0) = 0 \qquad (3-43)$$

$$F\left(\frac{h}{\delta}\right) = 0, \; G\left(\frac{h}{\delta}\right) = 1, \; H\left(\frac{h}{\delta}\right) = 0 \qquad (3-44)$$

其中,h 是两盘的间距,如图 3-15 所示,在转子-定子空腔中的流动形成了两个边界层,可以看作转子附近的 von Kármán 流动与定子附近的 Bödewadt 流动相匹配。这种匹配是通过将 von Kármán 和 Bödewadt 流动中远离圆盘的规定转速设置为特定值 $\Omega_f = 0.313\Omega_d$ 来实现的,对应各自的轴向流动:从静盘流出的流体补充从转盘泵流出的流体。需要注意的是,在有限半径转-静系盘腔特别是半径处存在护罩的情况,Batchelor 流型会在护罩处失效。

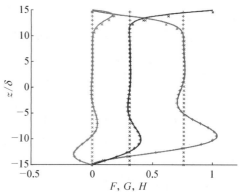

图 3-15 同轴的无限大半径的转-静系盘腔自相似性解

3.3.1.2 旋转系统中的无量纲参数

对相似性解、实验和直接数值模拟的结果进行综合分析之前,还需要了解几个局部和全局的无量纲参数。

在单圆盘配置中,为了涵盖固定流体中的旋转圆盘、旋转流体中的固定圆盘以及两者之间的所有情况,Faller[31] 将通用参考转速定义为

$$\Omega = \frac{1}{4}(\Omega_f + \Omega_d) + \sqrt{\left(\frac{1}{4}\Omega_f + \Omega_d\right)^2 + \left(\frac{\sqrt{2}}{2}\Omega_f - \Omega_d\right)^2} \qquad (3-45)$$

而无限大圆盘上的流动完全取决于无量纲的自相似变量 r 和边界层的黏性尺度 δ。

$$Re_r = \frac{r}{\delta} = r\sqrt{\frac{\Omega}{\nu}} \qquad (3-46)$$

无量纲参数 Ro 表示远离圆盘的流体的转速与系统的转速之间的比率:

$$Ro = \frac{\Omega_f - \Omega_d}{\Omega} \qquad (3-47)$$

无限圆盘在静止流体中旋转的情况下,$Ro = -1$,在与圆盘一起旋转的框架中,它将(非线性)惯性效应与(线性)科里奥利力进行比较。在旋转流体中静止的无限圆盘的情况下,$Ro = +1$,虽然很难与罗斯比数的物理意义联系起来,但还是习惯上称 Ro 为罗斯比数,并且这个数对于无限大的单圆盘上的流动是不变的。

对于有限边界 R_{out} 的旋转系统,全局雷诺数 $Re = \Omega^2 R_{out}/\nu$ 可以用于不同系统的比较,也可以作为当地雷诺数的最大值,它控制旋转圆盘上出现不稳定性的可

能性。

对于存在有限边界 R_{out} 以及内轴 R_{in} 的闭式旋转盘腔,几何结构完全由曲率参数 $R_m \left(R_m = \dfrac{R_{\text{out}} + R_{\text{in}}}{R_{\text{out}} - R_{\text{in}}} \right)$ 和纵横比 $L \left(L = \dfrac{R_{\text{out}} - R_{\text{in}}}{h} \right)$ 控制。

对于这类有限半径的盘腔[32, 33],流动往往会偏离自相似性解,而且其核心区的旋转比 Ω_f 会沿着径向发生变化。总之在无限大半径的系统中,流动的稳定性由全局罗斯比数 Ro 和局部雷诺数 Re_δ 或 Re_r 决定。在有限半径的系统中,由于流动的径向不均匀性,稳定性特性由局部罗斯比数和雷诺数决定,这两个数都随半径变化,需要进行全局稳定性分析。

3.3.2　转-静系盘腔中边界层的流动不稳定性

Daily 等[34]通过详细的实验和理论研究将盘腔内流动分为 4 种流态。其中流态 Ⅰ 和 Ⅱ 为层流边界层,Ⅲ 和 Ⅳ 为湍流边界层,流态 Ⅰ 和 Ⅲ 的边界层相互融合,流态 Ⅱ 和 Ⅳ 具有分离的边界层。具体来讲,流态 Ⅰ 和 Ⅲ 的边界层相互作用出现类似 Couette 流的特点,流态 Ⅱ 和 Ⅳ 的边界层被一个类似刚体的旋转核心分隔开,在湍流情况下,核心的旋转速度 Ω_c 接近转盘的旋转速度的 40%。一些作者使用局部雷诺数 $\dfrac{\Omega r^2}{\nu} = 1.5 \times 10^5$ 来估计边界层产生湍流的情况,其中 r 是径向位置。但实验表明,静盘上的 Bödewadt 边界层在转盘侧边界层仍然是层流的情况下可以早过渡到湍流。

边界层的流动不稳定性通常指层流向转捩的过程,由于盘上和远离盘的地方径向速度均为 0,所以整体流动的速度分布在径向速度上存在拐点,这容易触发无黏的横流不稳定性,文献中也多次报告这类表现形式为螺旋臂的不稳定模式,并称其为 Ⅰ 型不稳定性。由于科里奥利力、黏性力和流向曲率的相互作用,还会产生表现形式为轴对称圆波的不稳定性,被定义为 Ⅱ 型不稳定性。进一步的研究则发现在 Ⅰ 型不稳定性的上游分支中存在 Ⅲ 型不稳定性,Ⅰ 型不稳定性和 Ⅲ 型不稳定性合并导致了 Ⅰ 型绝对不稳定性,这被认为是触发湍流的必要条件。

这三类不稳定性根据发现的时间顺序命名,为便于实验测量和理论分析,研究人员大多采取单一的旋转盘用来研究这三类不稳定性。但对于闭式的转-静系盘腔,由于内轴和护罩以及非平行效应的出现,可能会涉及其他的不稳定性机制。

Gregory 等[35]首次在文献中对旋转圆盘边界层中发展的不稳定性进行描述,他们观察到了 von Kármán 边界层中的 Ⅰ 型不稳定性。Faller[36]后来在 Ekman 型边界层中观察到了相同的 Ⅰ 型不稳定性。Ⅱ 型不稳定性的圆波形态更难以捉摸,在文献[37, 38]中首次报道。Lilly[39]在 Ekman 边界层中提出了第一个线性稳定性分析(LSA),包括黏性项和科里奥利项,证明了边界层流动中具有不同的临界雷诺数,并分别对应于 I 型和 II 型不稳定性。III 型不稳定性[40]仅通过稳定性分析预测,从未进行过实验报道。它们被发现向内传播,朝向盘中心,尽管受到强烈阻尼作用,但它们是获得绝对 I 型不稳定性的理论必要条件。

为了分析观察到的模式,这些不稳定性由三个模态参数表征和识别:方位波数 β、径向波长 λ_r 和时间频率 ω。这些不稳定性在当地雷诺数超过临界雷诺数 $Re_\delta^c = Re_r^c | Ro |$ 时开始发展。表 3-1～表 3-3 给出了单一旋转盘情况下各个不稳定性的研究情况。其中 LSA 表示线性稳定性分析,其基本流取自自相似性解;XP 表示实验结果。尽管有大量的文献已经对单一旋转盘涉及的三类稳定性进行研究,但是截至目前,需要进一步的研究来解释这些稳定性具体的特性。

表 3-1 单个圆盘边界层中对流 I 型不稳定性模态的特征参数

文献	方法	Ro	λ_r/δ	β	ω/Ω	ϵ^0	Re_r^c
[31, 39, 41, 42]	LSA	0	11.49～11.9	—	0～5.84	6.9～14.5	110～116
[41]	LSA	-0.5	13.5	38	0	14.1	160.9
[31, 41, 43]	LSA	-1	15.3～17	23～27	0～2.19	10.9～14.35	281～290.1
[36]	XP	0	9.6～12.7	—	—	10～16	124.5～125
[44]	XP	1	17.7	22～39	1.17	11～14	285～300

表 3-2 单个圆盘边界层中对流 II 型不稳定性模态的特征参数

文献	方法	Ro	λ_r/δ	β	ω/Ω	ϵ^0	Re_r^c
[42]	LSA	1	16.11	—	—	-27.38	18.9
[31, 39]	LSA	0	21～24	—	10.56	-23.3～-20	54.2～55
[31, 41]	LSA	-1	18～26.91	6～7	7.88～8.17	-24.7～-19	64.6～85.3
[36]	XP	0	9.6～12.7	—	—	-8～0	56.3

表 3-3 单个圆盘边界层中绝对 I 型不稳定性模态的特征参数

文献	方法	Ro	λ_r/δ	β	ω/Ω	ϵ^0	Re_r^c
[41, 43]	LSA	-1	28.95	68	11.7	31.4～31.9	507.3～507.4
[41]	LSA	-0.8	24.93	84	21.6	31.6	434.8

文献	方法	Ro	λ_r/δ	β	ω/Ω	ϵ^0	Re_r^c
[41]	LSA	−0.6	21.37	100	24	29.9	345.4
[41]	LSA	0	16.57	92	20.13	—	198
[41, 42]	LSA	1	23	−59~−56	107~110.6	—	21.6~21.7

与单圆盘上的流动不同,旋转盘腔在中等径向位置出现流体转速的变化,需考虑径向变化的罗斯比数。在封闭的转子-定子空腔的边界层边缘附近、护罩和轴附近的流动区域(如果存在)尤其如此。表 3-4 给出了旋转圆盘腔内边界层中 Ⅰ 型、Ⅱ 型和绝对 Ⅰ 型模态的特征参数。DNS 表示使用直接数值模拟,与单一旋转圆盘不同的是,当前的 LSA 基本流一部分取自直接数值模拟在某一径向位置处的速度。相对于单一转盘,旋转盘腔由于更加复杂,所以其结论的统一性更差,需要更进一步地研究分析。

表 3-4　旋转圆盘腔内边界层中 Ⅰ 型、Ⅱ 型和绝对 Ⅰ 型模态的特征参数

文献	Type	方法	Ro	λ_r/δ	β	ω/Ω	ϵ^0	Re_r^c
[42]	Ⅰ	LSA	0	11.5	—	5.84	7.2	112.8
[42]	Ⅰ	LSA	−0.75	15.06	—	2.19	10.9	278.6
[33]	Ⅰ	DNS	—	11~15	—	1.9	7	—
[42]	Ⅱ	LSA	0	21.66	—	10.56	−23.4	54.18
[42]	Ⅱ	LSA	−0.75	28.56	—	8.73	−26.3	90.23
[33]	Ⅱ	DNS	—	17~32	—	9	−20	—
[42]	绝对 Ⅰ	LSA	0.687	33	16	14	—	48.5
[33]	绝对 Ⅰ	DNS	−0.83	29~31	68	17.23	30	442

实验和线性稳定性分析之间很快就出现了关于螺旋臂数量的差异,即方位角波数 β、稳态模式的主导地位,以及尽管具有最低的临界雷诺数,但很少观察到 Ⅱ 型不稳定性的事实。人们普遍认为由于脉冲或入射流的扰动,相对于旋转圆盘($\omega=0$)的静止模式(实际上是由表面粗糙度强迫的)比行进模式($\omega\neq0$)更容易和一致地观察到[45]。尽管临界雷诺数较低,但 Ⅱ 型不稳定模式的增长率较低,这一事实经常被用来解释为什么它们在实验中占主导地位。Siddiqui 等[46]使用 LSA 再

次提出了另一种解释,观测到的方位角波数实际上对应于静止模式中最不稳定的模式,这些模式是由表面粗糙度激发的对流模式。

关于这些边界层稳定性的最新理论方法为湍流的过渡过程提供了新的线索,这将会在下一节中进一步讨论。这些方法考虑了对边界层中短暂的径向局部扰动的脉冲响应。这相当于 Huerre 等[47]在流体力学中引入的对流/绝对稳定性分析。该分析将这些对流的行为分为无条件稳定、对流不稳定和绝对不稳定。无条件稳定流的特征是对任何扰动的衰减。在对流不稳定流中,局部扰动将在空间和时间上增长,但也会向下游扩散,从而最终冲出有限长度域。在没有外部永久扰动源的情况下,系统处处返回基本流。相比之下,绝对不稳定流的特征是局部扰动,这些扰动在上游和下游生长和扩散,自发地侵入整个领域,并强加其自身的内在行为。当且仅当发现不稳定模式同时呈现正的时间增长率和零群速度时,才会出现绝对不稳定性。对流/绝对稳定性分析提供了一个有用的框架来解决扰动的局部行为,由局部罗斯比数和雷诺数参数化,图3-16上的时空图举例说明了在具有径向通流的开放腔扇区的情况下,旋转圆盘边界层的对流不稳定性[图3-16(a)]和绝对不稳定性[图3-16(b)][33],其中图3-16(a)展示了流体在整个区域内都呈流动对流不稳定;图3-16(b)展示了整个区域为绝对不稳定性时的模态特征。此外,局部对流/绝对稳定性分析为了解扰动在整个圆盘上的变化动力学如何结合在一起以建立全局不稳定模式铺平了道路。事实上,全局模式的分析方法建立在绝对不稳定性如何在径向变化的基流上传播和饱和的基础上,并寻找一个特定的径向位置,该位置可以充当造波器,并通过施加其临界条件和频率来控制全局模式。

Lingwood[41, 48, 49]是第一个从理论和实验上研究单圆盘边界层不稳定性的对流/绝对性质的学者。尽管进一步的研究已经证实了这些局部线性稳定性结果和

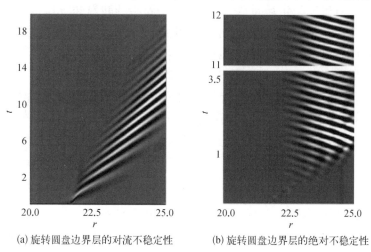

(a) 旋转圆盘边界层的对流不稳定性　　(b) 旋转圆盘边界层的绝对不稳定性

图3-16　带有径向流过的旋转圆盘腔体边界层的冲击响应的时空图[33]

绝对不稳定性的存在[42, 50, 51],但由于考虑了沿径向流动的发展,就不稳定性的整体行为而言,对其结果没有达成普遍一致。现有的研究表明,稳定非平行效应和不稳定非线性效应之间存在竞争。事实上,尽管 Davies 等[50]从线性化 Navier - Stokes 方程的模拟中观察到了瞬态绝对行为,但它并没有及时持续。对流行为最终占主导地位,局部扰动减弱至零。Othman 等[44]使用足够低振幅的初始脉冲射流通过实验证实了这种行为。然而,Couairon 等[52]在一个更一般的框架中表明,当考虑非线性时,绝对不稳定区域的存在是在位于绝对不稳定区上游极限的陡峰中存在完全非线性全局模式的充分条件,后来在文献[53]中提出了"大象"模式。在旋转圆盘边界层中,文献[54]表明,在局部绝对不稳定开始时,可能存在这种全局非线性象模。在这种情况下,非线性的失稳效应强于空间不均匀性的稳定效应(或失谐)。流动是局部绝对不稳定和全局非线性不稳定的,而它可以保持全局线性稳定。这种流动特征意味着存在亚临界全局分叉,Viaud 等[33]使用 DNS 在两个共同旋转圆盘之间的开放腔的角扇区中证明了这一点,后来 Appelquist 等[55]使用线性 DNS 在无限单圆盘情况下证明了这一点。这些工作进一步发展研究,其中粗糙度[44, 54, 56]或有限系统[56-59]中的圆盘边缘将充当造波器,而不是在局部绝对频率和波长下的前缘。

通过对整个 Navier - Stokes 方程进行线性稳定性分析和直接数值模拟,圆盘边界层的对流/绝对分析已扩展到转子-定子腔[42, 60]和具有通流的旋转腔[33]。对于I型和II型不稳定性的空间分析,对流/绝对分析提供了与单盘配置相当相似的结果。

Serre 等[42]对无限半径转子-定子空腔中的 Batchelor 解进行了对流/绝对分析。结果在图 3 - 17 中以临界雷诺数 Re_c^c 的形式提供,作为方位波数 β 的函数,并与单盘配置进行了比较。对于后者,静止圆盘边界层明显比旋转圆盘边界层更不稳定,并且在非常小的雷诺数下迅速变得绝对不稳定[图 3 - 17(a)、(b)],绝对不稳定域几乎与对流不稳定域重叠。转子-定子腔中的转盘边界层[图 3 - 17(c)、(d)]比 Ekman 边界层更稳定,正如预期的那样,并且临界雷诺数几乎大三倍时,向绝对不稳定的过渡被强烈推迟。这些差异实际上可以用不同的罗斯比数来解释,Ekman 解中 $Ro = 0$,Bödewadt 解中 $Ro = -0.687$。

现在考虑到有限尺寸的转子-定子配置,Yim 等[60]对通过直接数值模拟完整的 Navier - Stokes 方程获得的局部平均速度剖面进行了对流/绝对稳定性分析。结果证实了在无限半径配置中得到的结果,同时显示了旋转盘边界层稳定性分析中边缘对于对流/绝对稳定性的影响。事实上,随着边缘的接近,空腔中的平均速度分布越来越偏离 von Kármán 解,这导致边界层比在相同罗斯比数下计算的自相似解的 LSA 预测更不稳定。更具体地说,在相同的罗斯比数下,对流/绝对跃迁 Re_δ^c 的临界雷诺数小于 von Kármán 解,在 DNS 中,观察到这种局部速度分布和 von Kármán 解的偏离现象,并在边缘引起了不稳定的流动。

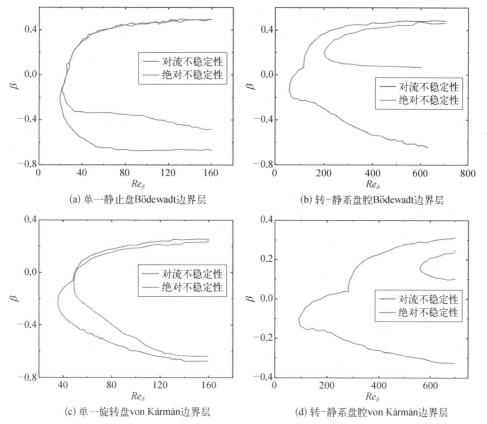

(a) 单一静止盘Bödewadt边界层　　　(b) 转-静系盘腔Bödewadt边界层

(c) 单一旋转盘von Kármán边界层　　(d) 转-静系盘腔von Kármán边界层

图 3-17　线性稳定性分析结果

3.3.3　转-静系盘腔边界层向湍流的过渡

除了理论研究的兴趣之外,人类理解和表征向湍流过渡的机制,并最终控制它们,通过湍流增加或减少热量和质量传递或混合提高性能在许多工业设备中都具有实际的意义。

Lingwood 的局部线性稳定性分析[48]是对由绝对不稳定性驱动的湍流发展提出直接路径的先导性工作。文献中 von Kármán 流的实验过渡雷诺数的显著下降似乎证实了这种直接路径。实际上,尽管后来的一些研究[44]主张出现延迟的转变,但 Imayama 等[58]进行的调查得出结论,只要使用了一个共同的转变标准,所有的干净盘实验都显示出在 $Re_\delta = 508$ 和 $Re_\delta = 515$ 之间的转变,而在 $Re_\delta = 650$ 附近流动完全变为湍流。

虽然大量的实验结果支持了直接路径的情景,但 Lingwood 最初基于局部动力学的情景未考虑有限尺寸系统中这些流动的两个特征,即空间不均匀性和非线性,这需要进行全局非线性稳定性分析。在这种情况下,结果表明线性和非线性机制相互竞争,旋转盘边界层既可以在局部上是绝对不稳定的[48],在全局上是线性稳定的[50],又可以在全局上是非线性不稳定的[43]。全局线性和非线性动力学之间观察到的差异主要是由绝对不稳定区域上游的大范围对流不稳定区域引起的。因此,即使在盘中或其周围产生微小的外部扰动(如有限尺寸的腔体中所示),也可能经历强烈的瞬态放大并触发非线性动力学。所有这些相互竞争的特征和机制导致了对湍流转变研究的大量工作,主要集中在单个旋转盘配置上(Lingwood 等[61], Appelquist 等[54],Lee 等[62]),而在旋转盘腔方面的研究相对较少,参见文献[33, 60, 63]。然而,单盘配置中发现的结果和情景可以作为腔体情景的基础,并作为补充。

迄今为止,尽管文献中没有对转捩完整过程的详细描述,但在涉及单个旋转盘配置的情况下,出现了两条主要的通向湍流的途径,称为对流或者绝对不稳定,具体取决于主导机制的性质,如图 3-18 所示。尽管它们都基于存在足够径向范围

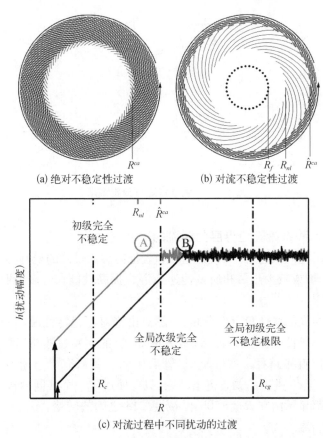

(a) 绝对不稳定性过渡　　　(b) 对流不稳定性过渡

(c) 对流过程中不同扰动的过渡

图 3-18　单个圆盘配置中的过渡情景[54, 64]

R^{ca}. 绝对不稳定临界雷诺数;R_f. 扰动起始雷诺数;R_{nl}. 螺旋波饱和雷诺数;$\hat{R}^{ca}$. 二次不稳定性临界雷诺数;R_c. 对流不稳定性临界雷诺数;R_{cg}. 全局不稳定性临界雷诺数

的绝对不稳定区域,但前者需要外部强迫,而后者是自持续的。

对流过程如文献[31, 49, 54, 56, 64 - 67]所述。旋转盘边界层在径向区间 $284 < Re_\delta < Re_\delta^{\frac{c}{a}} = 507$ 上具有对流不稳定性,因此它可以作为持续的外部扰动的放大器。为了发生湍流,假设非线性饱和状态在达到 R_{out} 之前就已经出现。在这种情况下,主要的对流不稳定性经过非线性饱和,自身对于次级不稳定性而言变得绝对不稳定,最终导致湍流现象,图 3 - 18(b)展示了这个过程。在实验[31, 56, 65, 66]、理论[49, 64]和数值模拟[54]中,通过实施径向局部化的外部激励,其频率、方位波数和幅度可以进行改变来选择和研究这种情况。DNS 中的激励幅度或实验中的粗糙度决定了转捩的半径,如图 3 - 18(c)所示,增加/减小激励幅度会导致转捩位置提前/推迟。实际上,这取决于主要的扰动在哪个半径上已经增长到足够大,变得容易受到次级全局不稳定性的影响,转捩立即发生在次级前沿的理论位置(A)或稍下游位置(B)。

绝对不稳定性过程如文献[31, 51, 55, 57 - 59, 64, 68]所述,并且由图 3 - 18(a)形象地表示出来:首先是一个具有陡峭前沿和螺旋臂的初级绝对不稳定,紧接着下游是次级绝对不稳定和湍流。在没有任何外部扰动的情况下观察到此场景,当绝对不稳定性区域足够大并在外缘 R_{out} 之前时,出现了行进的螺旋波(Ⅰ型不稳定性)。根据流动条件,此场景可分为亚临界和超临界。超临界场景由线性全局不稳定性作为转捩的第一步驱动,如文献[51, 55, 57 - 59]中所示。这种情况发生在有限径向范围的盘上,当 R_{out} 足够大使得全局流动在线性上不稳定,通常有 $R_{out} > Re_\delta = 594$(与绝对不稳定性的临界雷诺数 507 相比)。在这种条件下,存在一个超临界全局分叉机制,微小的初始扰动可以引发一个由局部绝对不稳定性驱动的具有陡峭前沿的线性全局模式。在这种场景下,旋转盘的流动在线性上全局不稳定,并且线性全局模式直接导致非线性全局模式。亚临界场景由非线性全局不稳定性作为转捩的第一步驱动,如文献[64, 69]中所提出。流动对任何足够强的脉冲扰动做出响应,产生陡峭的全局"大象"模式(非线性全局不稳定),位于绝对不稳定区域的上游极限($Re_\delta^{\frac{c}{a}} = 507$)。这个主要的全局"大象"模式本身已经绝对不稳定并产生次级不稳定性[69, 70],随之而来的是直接的转捩,如图 3 - 19(a)所示。需要注意的是,在 $R_{out} < 507$ 的有限盘系统中也可以观察到此场景。在线性全局稳定性框架下,这种场景被称为亚临界,因为只有大幅度的扰动才能触发全局模式,这是由于稳定的非平行效应与绝对不稳定性之间的竞争。然而,最近 Lee 等[62]的研究提出了一些不同的看法,他们对有限大小的清洁盘的脉冲响应进行了数值调查,包括对湍流区域的按需重层化,结果显示出 32 个静止的涡旋的存在,无须永久性激励,它们受到其行波谐波的主导,并且在 611 和 630 之间存在一个波浪发生器,与湍流区域和引起的径向约束无关。

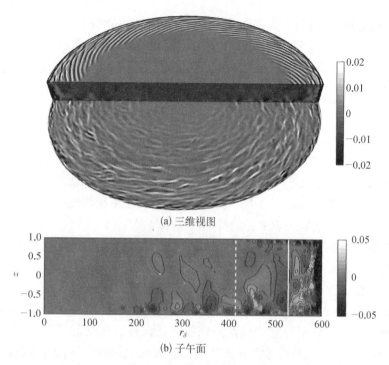

(a) 三维视图

(b) 子午面

图 3 - 19   转子-定子圆柱腔体内的湍流过渡[60]

所有这些发现表明湍流过渡场景的复杂性,并强调了作为控制参数的雷诺数之外,激励的性质(永久性或冲击性)、强度以及约束的重要性。这种复杂性在包含不同特性和稳定性特性的流动区域并存的腔体中进一步增加。然而,对于这种看似简单的单盘配置中上述转捩场景的研究为其在腔体配置中的研究提供了启示,具体来说是在转-静系盘腔以及在引入径向流过的开放式旋转盘腔中的研究。

图 3 - 19 展示了 $Re = 4 \times 10^5$ 时在转-静系盘腔中湍流的过渡,湍流首先在静子边界层中发生,这符合稳定性分析的预期,并且已经通过数值模拟[71-74]和实验[74-76]得到证实。但是我们知道,由于静子侧边界层内湍流迅速发展,很难观察到静子侧边界层的转捩过程。Cros 等[76]进行的实验可能是唯一提供有关中等雷诺数(最高 $Re = 73890$)下转捩机制的一些见解的实验,通过在较低的旋转速率下识别 Ⅰ 型和 Ⅱ 型模式的非线性相互作用。Ⅰ 型和 Ⅱ 型不稳定性有环状和螺旋状的模式特征,这些模式可以向内传播到边界层,但强度逐渐减弱[图 3 - 21(a)]。这些文献称,在 $Re = 32840$ 时,只有一个周期倍增分叉,然后完全转变为波动湍流,然而,并未确定分叉与相位缺陷出现之间的关系。

与静子边界层相比,转子边界层在本书涉及的两种腔体配置中发生的转捩发生在更高的雷诺数下。文献中只有数值研究(Yim 等[60]和 Makino 等[74]),而由于所需的网格分辨率非常高,提供的结果仍然不完整。如果流动中产生了自维持的扰动,那么相比于干净的单个转盘,转掠到湍流状态可能发生在更低的雷诺数下。在这种情况下,由螺旋臂组成的锋面波包可能出现在通过局部稳定性分析预测的局部对流/绝对边界的上游。在文献中,这些扰动可以来自环形腔体中非常不稳定的静子层[71, 74],或者是在转子边缘[59]产生的,此处的流动受到 R_{out} 处静止护罩的影响。实际上,Makino 等[74]最近的大涡模拟(LES)结果表明,转子边界层受到来自定子侧沿轴的扰动干扰。如图 3-20 中,(a)、(b)、(c)分别显示了带轴的转-静系盘腔中转盘边界层在 $Re = 5 \times 10^4$、$Re = 1 \times 10^5$、$Re = 4 \times 10^5$ 时轴向速度的瞬时云图;(d)、(e)、(f)分别显示了不带轴的转-静系盘腔中转盘边界层在 $Re = 5 \times 10^4$、$Re = 1 \times 10^5$、$Re = 4 \times 10^5$ 时轴向速度的瞬时云图。在该工作中识别到的传导模式(类型 II)不稳定性随后在下游跟随,并在 $Re_{\delta} \approx 470$ 处过渡到湍流状态(图 3-20)。值得注意的是,虽然轴的存在促进了转换到湍流的过程,但似乎并不影响全局的过渡机制,因为在圆柱形转子-定子腔体中获得了类似的结果,但是在更高的雷诺数下(再次参见图 3-20)。这意味着研究发现尽管轴促进了来自定子的扰动的平流,定子中仍然存在自维持的扰动,可以激发转子边界层中的类型 II 不稳定性。根据文献[74]中提出的单个转子边界层的分类,该情景类似传导情景,就像 Faller[31] 和 Imayama 等[56] 在扰动边界层的情况中所提出的。然而,需要注意的是,

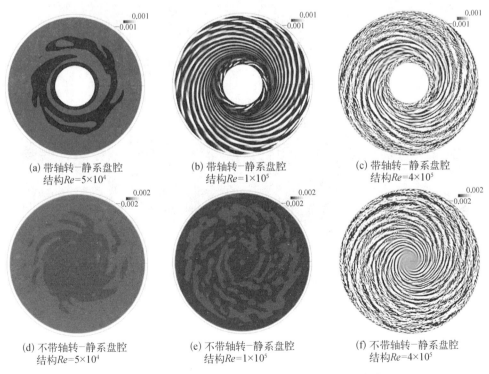

(a) 带轴转-静系盘腔
结构 $Re = 5 \times 10^4$

(b) 带轴转-静系盘腔
结构 $Re = 1 \times 10^5$

(c) 带轴转-静系盘腔
结构 $Re = 4 \times 10^5$

(d) 不带轴转-静系盘腔
结构 $Re = 5 \times 10^4$

(e) 不带轴转-静系盘腔
结构 $Re = 1 \times 10^5$

(f) 不带轴转-静系盘腔
结构 $Re = 4 \times 10^5$

图 3-20　旋转圆盘边界层中轴向速度的瞬时云图[74]

在 Faller 和 Makino 等的研究中,情景由类型 Ⅱ 不稳定性主导,而在 Imayama 等的工作中观察到的是类型 Ⅰ 不稳定性。

在 Yim 等[60]的圆柱形转子-定子腔体中,过渡过程似乎与之前的情况有所不同,在中等转速下,强烈的扰动在转子边缘处($Re_\delta \approx 420$),如图 3-21 所示,其中图 3-21(a)展示了随着雷诺数变化的径向时空图,图 3-21(b)~(e)则展示了不同雷诺数对应的盘上边界层的瞬时云图。在该区域中,流动由于静止护罩的存在不再类似 von Kármán 边界层,并且剪切和离心力引起强烈的不稳定性,这一点在 Pier[57]的单个转子配置中有所提及。这些波动作为强烈的噪声源不断扰动着旋转盘边界层。正如 Pier[57]所推测的那样,这个流动区域可能在局部上是绝对不稳定的,在 $Re_\delta < Re_\delta^{\frac{c}{a}}$(参见图 3-19,其中 $Re_\delta^{\frac{c}{a}}$ 是根据平均流动的局部稳定性分析估算的)时触发了一个全局模态,这个全局模态是不能被抑制的。这个全局界面可能是由边界驱动的,取决于边界的条件,并且当旋转率增加时向上游移动,如图 3-19 所示。需要注意的是,这个特征在 Makino 等[74]的工作中没有记录,并且不清楚使用的边界条件是否导致了不同的行为,或者这个区域是否被作者完全忽略了。

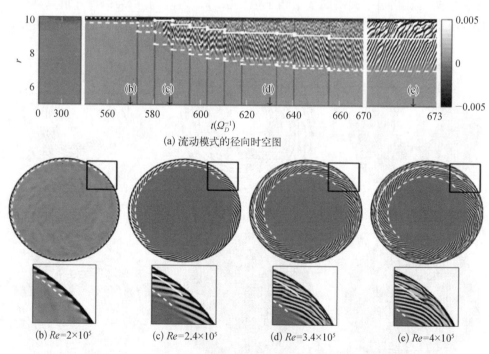

(a) 流动模式的径向时空图

(b) $Re=2\times10^5$ (c) $Re=2.4\times10^5$ (d) $Re=3.4\times10^5$ (e) $Re=4\times10^5$

图 3-21   转-静系盘腔中转子边界层流动模式的时间演化[60]

在更高的旋转速率下,前缘会稳定在由局部线性稳定性分析预测的传导/绝对过渡位置,并且其特征不再受边缘处雷诺数的影响。因此,它可以被视为自维持的转子边界层全局模态,由多个绝对不稳定模态叠加而成。与此同时,与辅助不稳定性相关的第二前沿也明显接近 $Re_\delta = 538$,并且紧随其后出现初期湍流,类似于干净单个转子中的绝对情景。这个情景似乎类似由 Viaud 等[63]在带有径向流动的开放旋转盘腔体的角度扇区中观察到的情景,该情景中,流入边界条件已经专门设计用于限制不受欢迎的自维持扰动。

尽管所有这些情景都涉及次级不稳定性,但目前尚无明确的结果。多年前已经在湍流崩溃区域附近通过实验观察到这种次级不稳定性[77-79]。最近,在单个旋转盘和腔体配置中发现了这个现象,包括实验[55, 58, 68, 74]和直接数值模拟[54, 60, 63]。在所有这些研究中,它表现为出现在主要模式之外的较小尺度结构(参见图 3‑21 中 $Re = 4 \times 10^5$ 时大半径处的小尺度螺旋臂),与第一前缘下游相对应。它被特征化为一个指数增长区域(这可能表明已饱和的主要不稳定性绝对不稳定,对次级模态直接导致湍流)[63]。它还通过均方根速度剖面的斜率变化、倾斜度的出现[58]或者频谱中高频成分的快速增长来表征,如图 3‑18(c)所示。对于次级不稳定性的可靠理论结果的第一次尝试无疑是 Pier[69]的开创性工作,该工作显示由 Re_δ^c 的前缘引发的主要饱和波早已对这些次级扰动绝对不稳定。因此,由于次级绝对不稳定性,这种自然选择的主要结构是动态不稳定的,并立即变为湍流。Viaud 等[63]的直接数值模拟在旋转腔体中首次证实了 Pier 理论所预期的次级不稳定性的可能存在。然而,根据 Pier 的理论,具有最大绝对增长率的次级不稳定性是一个亚谐波模式,而在 DNS 中并未观察到。触发此次级不稳定性的机制仍未完全确定。在文献[54, 68]中,它可能由盘边的流动触发。在文献[31, 74]中,次级不稳定性是由主导的二型不稳定性与主要流动之间的相互作用引起的,导致瞬时速度剖面中产生拐点,特别是在低速区域,从而根据 Rayleigh 定理导致次级不稳定性。

3.4　简单转‑静系盘腔流动机理数值计算

在航空发动机空气系统中,由于涡轮盘腔转‑静系的存在,为防止主流高温高压燃气侵入盘腔内,常引入封严气流以及采用封严结构进行盘腔密封,并由此对盘腔内的流动换热特性产生显著影响,使得实际发动机中涡轮盘腔出口的边界条件变得十分复杂。作为涡轮盘腔的简化模型流动,简单转‑静系盘腔忽略了涡轮盘腔的复杂出口边界条件,仅考虑叠加径向通流条件下腔内的流动特性,是研究真实涡轮盘腔流动的基础。本章基于 URANS 和 WMLES 数值模拟方法,总结了简单盘腔时均、瞬时流动参数分布的规律,探究了盘腔内部的复杂流动机理,归纳了径向通流对盘腔流动特性的影响。

3.4.1　基于 RANS/URANS 的数值模拟方法

本章的研究对象为简单转-静系旋转盘腔,其几何结构如图 3 - 22 所示。具体几何参数见表 3 - 5。为便于分析,根据盘腔几何特性,采用圆柱坐标系 (x, r, θ) 来描述盘腔内部的流动。为便于描述盘腔内的相对位置,引入无量纲轴向、径向坐标 $x^* = x/c$ 和 $r^* = r/b$。并使用转盘转速 Ωr 对各流速分量进行无量纲化,其中无量纲周向速度 $u_\theta/\Omega r$ 在旋转系统流动分析中具有重要意义,在旋转盘腔内通常被称为旋转比,通常用 β 表示。下面介绍 RANS/URANS 数值模拟的有关设置。

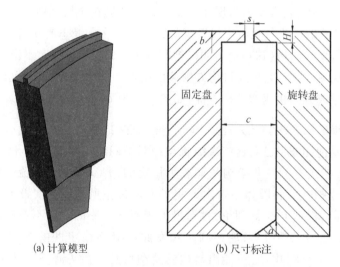

(a) 计算模型　　　　　　　(b) 尺寸标注

图 3 - 22　简单转-静系盘腔计算模型及尺寸标注

表 3 - 5　简单转-静系盘腔几何参数

几 何 参 数	尺寸/mm
封严唇厚度(H)	5
盘腔外径(b)	250
盘腔内径(a)	160
封严间隙(s)	4
盘腔间距(c)	25

3.4.1.1　计算模型及网格划分

进行 RANS 计算的网格划分,网格结构如图 3 - 23 所示。由于结构化网格生成速度较快,且计算精度和速度较高,同时考虑到本书中所分析的几何体拓扑结构较为简单,本书均使用结构化网格。考虑到盘腔的结构上的对称性,为节省计算资源,本章使用轴对称流动假设,采用扇区模型进行计算。在后文复杂模型的研究中发现 20°扇区模型已经足够捕捉盘腔内部大部分的非定常流动现象。为保证研究问题的一致性,本章同样采用 20°扇区的计算模型。为满足湍流边界层解析要求,对壁面网格进行了加密,第一层网格厚度设定为 1×10^{-5} m,在物理量变化较为平缓的湍流核心区域,网格布置相对较为稀疏。RANS 计算模型的总网格量为 37 万。

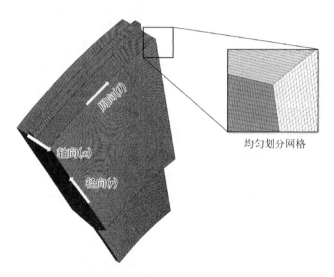

周向(θ)

轴向(x)

径向(r)

均匀划分网格

图 3 - 23　简单转-静系 RANS 计算网格

3.4.1.2　边界条件设置

模型的计算边界条件设置如图 3 - 24 所示。在盘腔子午面上设置了旋转周期性边界条件。整个计算模型被设置成旋转域,在旋转域内所有的物理量都在旋转坐标系内进行求解。在转盘壁面设置恒定的旋转速度,在计算中静止壁面(如图 3 - 24 中加粗线条所示)设置了与旋转域等大相反的速度,以保证其在旋转计算域内的相对静止。所有的壁面均给定为绝热、无滑移边界条件。在盘腔底部入口给定叠加径向通流的质量流量和静温,在盘腔轮缘出口给定静压出口边界条件。具体的边界条件参数如表 3 - 6 所示。

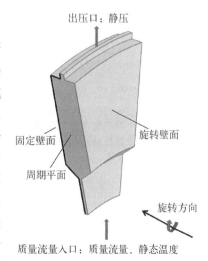

出压口:静压

固定壁面

旋转壁面

周期平面

旋转方向

质量流量入口:质量流量、静态温度

图 3 - 24　简单转-静系盘腔 RANS
计算边界条件设置

表 3 - 6　简单转-静系盘腔 RANS 模拟边界条件具体参数

边 界 条 件	数　值
转速/(r/min)	3 000/4 000/5 000
旋转雷诺数(Re_φ)	$1.22 \times 10^6 \sim 2.03 \times 10^6$
出口静压/Pa	101 325
入口温度/K	298.15
入口流量/(kg/s)	0.011 2/0.022 4/0.033 6/0.044 8
无量纲入口流量(C_w)	2 500/5 000/7 500/10 000

在 RANS 模拟的控制方程中,由于存在雷诺应力项,方程组不再封闭,需要对方程组中的雷诺应力项进行建模求解。Poncet 等[80]研究了不同湍流模型在旋转盘腔领域的应用情况,他们对比了标准 $k-\omega$ 模型、标准 $k-\varepsilon$ 模型、$k-\omega$SST 模型以及 RSM(Reynold stress model,雷诺应力模型),发现 RSM 湍流模型能够很好地预测转-静系盘腔的壁面剪切应力。然而由于 RSM 模型直接对雷诺应力进行建模求解,在三维条件下需要额外求解 7 个附加雷诺应力方程,因此相比其他湍流模型,RSM 模型对计算量要求较高。Poncet 等同时指出,$k-\omega$SST 模型能够在保证求解精度的前提下,很大程度上节省计算成本。本章在 Poncet 等的研究基础上,选用了 RSM 模型和 SST 模型在相同工况下进行了对比。两种模型的结果如图 3-25 所示。可以看出,在简单盘腔计算中,RSM 模型和 SST 模型计算结果基本没有差异。因此为节省计算资源,加快收敛,在本书的 RANS 数值模拟中均选用 SST 湍流模型。

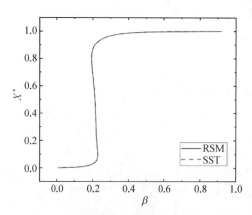

图 3 - 25　不同湍流模型结果对比($r^* = 0.8$ 位置处旋转比轴向分布)

3.4.1.3　收敛准则

在数值模拟中,数学上的数值计算收敛情况由均方根误差(root mean square error, RMSE)的大小来判断,而物理上是否达到收敛,需要由计算中物理量的波动情况来判断。为监测计算的收敛情况,在盘腔内部沿径向插入了一组监测点,分布位置如图 3-26 所示。当:(a)RMSE < 1×10^{-5};(b)腔内监测点压力收敛为常数。两个条件同时满足时,认为计算达到了收敛。

图 3 - 27 展现了 $C_w = 2\,500$,转速为 4 000 r/min 工况下 RMSE 曲线和压力收敛曲线。可以看出,达到最终收敛状态大概需要计算 1 000 个时间步长。针对该计算模型也开展了 URANS 非定常数值模拟研究,以研究简单转-静系盘腔内部的非定常流动特性。对于 URANS 数值模拟,由于 URANS 实质上是若干个定常态在时间上的叠加,不需要考虑网格尺度和时间步长上的 CFL 数约束限制。因此其时间步长的给定具有一定的任意性。URANS 数值模拟的时间步长选择为 1.136×10^{-5} s,折合为一个时间步长内转过 $0.25°$。非定常 URANS 数值模拟的收敛曲线以及定常、非定常计算结果对比如图 3 - 28 所示,

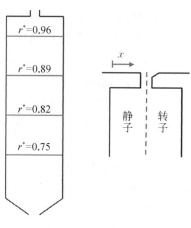

图 3 - 26　简单转-静系盘腔监测点径向分布

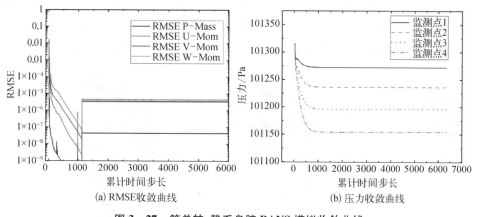

(a) RMSE收敛曲线　　　　　(b) 压力收敛曲线

图 3 - 27　简单转-静系盘腔 RANS 模拟收敛曲线

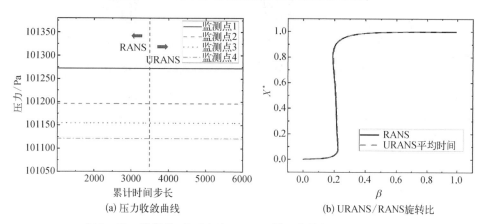

(a) 压力收敛曲线　　　　　(b) URANS/RANS旋转比

图 3 - 28　简单转-静系盘腔 URANS 模拟收敛曲线及结果对比

从图中可以看出,在雷诺时均的条件下,简单转–静系盘腔内部非定常效应不明显,RANS 定常计算结果与 URANS 非定常计算结果基本一致。

3.4.1.4　网格无关性验证

为研究网格疏密程度对计算的影响,采用三套不同疏密程度的网格进行求解,并对其计算结果进行了对比。三套网格如图 3–29 所示,具体的网格参数对比如表 3–7 所示。在网格无关性检验中,考虑了两种不同的近壁面网格处理办法。网格(a)为本章所使用的网格,在近壁面处采取了加密网格的处理,使得壁面平均 y^+ 小于 1。而在流动参数变化较为平缓的主流区域,采用了较为稀疏的网格。网格(b)近壁面网格处理方法与网格(a)相同,不同之处是在主流区域进行了大幅度加密,网格量明显上升。网格(c)采用了与网格(a)、(b)不同的网格划分策略,在近壁面处没有采用传统的边界层加密网格,而是采用了均匀的网格划分方法,使得计算域全场 y^+ 均为同一数量级。其中网格(a)和网格(b)由于其壁面平均 $y^+ < 1$,因此这两种工况壁面边界层是完全解析的,这种方法被称为壁面解析 RANS(wall-resolved RANS,WRRANS)方法。而网格(c)由于壁面 $y^+ > 1$,网格分辨率不够对边界层内部大梯度流动进行解析。因此在计算中湍流模型的壁面函数会自动开启,这种方法被称为壁面函数的 RANS(wall-modelled RANS,WMRANS)方法。

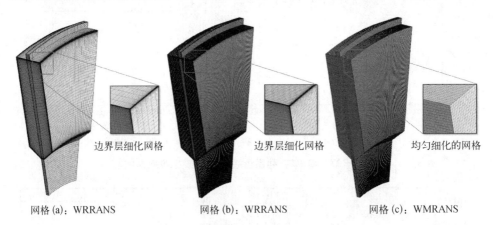

网格(a):WRRANS　　　　网格(b):WRRANS　　　　网格(c):WMRANS

图 3–29　简单转–静系盘腔网格无关性检验三种网格结构比较

表 3–7　网格无关性检验三种网格结构的具体参数

网　格	平均 y^+	最大 y^+	网格数	第一层厚度/m
网格(a)	$y^+ = 0.2$	$y^+_{max} = 3.8$	374 000	1×10^{-5}
网格(b)	$y^+ = 0.1$	$y^+_{max} = 0.31$	8 488 000	1×10^{-5}
网格(c)	$y^+ = 21.6$	$y^+_{max} = 43$	3 988 845	2.3×10^{-4}

这三种网格均在转速为 4 000 r/min，$C_w = 5\,000$ 的工况下进行了计算，并对比了 $r^* = 0.8$ 时的轴向旋转比分布，如图 3-30 所示。由图可以看出，三种网格计算结果的旋转比分布差异非常小，说明在 RANS 计算中对于远离壁面区域可以使用较粗糙的网格，同时也证明了在数值计算中壁面函数的有效性。三种网格同一工况下所消耗的计算资源如表 3-8 所示，可以看出三种网格结构达到收敛所需的计算步长相似，由于网格量不同，所需的计算时间有显著的差

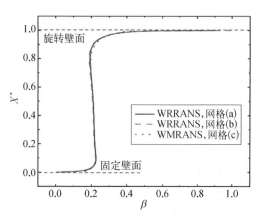

图 3-30　三种网格 RANS 计算结果对比
（$r^* = 0.8$ 轴向旋转比分布）

异。为了节省计算资源同时不失可信度，RANS/URANS 方法采用网格(a)来开展研究。

表 3-8　三种网格收敛所需计算资源消耗对比

网　　格	收敛所需时间步	收敛所需计算机时
网格(a)	约 1 000	10
网格(b)	约 1 000	144
网格(c)	约 1 000	93

3.4.2　基于 WMLES 的数值模拟方法

3.4.2.1　计算网格

RANS 方法只能捕捉流场的时均信息，若想捕捉流场细节，需要采用高精度数值模拟方法。由于盘腔的旋转雷诺数较高，开展高精度数值模拟计算量呈指数形式增长，为节省计算资源，本书采用壁面模型大涡模拟(WMLES)方法来开展研究。与 RANS 方法相同，WMLES 采用与 RANS 方法相同的 20° 扇区模型。为了满足 WMLES 对网格分辨率的要求，需要更为精细的计算网格。经过计算验证，3.4.1.4 节 RANS 网格无关性检验中所使用的网格(c)平均壁面 y^+ 为 21.6，最大 y^+ 为 43，能够满足 WMLES 模拟对网格分辨率的要求。因此，在 WMLES 方法中采用图 3-29 网格(c)。具体的网格尺寸及信息可以参照表 3-7。由于网格的分辨率直接决定了 LES 的解析程度，因此 LES 数值模拟没有严格意义上的网格收敛解，对于 LES 计算一般不展开网格无关性研究。

3.4.2.2　边界条件设置

在 WMLES 方法中使用了经典的 Smagorinsky 亚格子应力模型，其余的边界条

件设置与 RANS/URANS 的边界条件设置保持一致,如图 3-24 所示。由于 LES 为非定常数值模拟,需要给定计算时间步长。为满足 LES 网格对 CFL 数的要求,计算时间步长相应地需要改变。CFL 数定义为计算时间步长与特征速度乘积与网格尺度之比,如式(3-48)所示。CFL 数体现了数值计算过程中一个时间步长流场内的信息传递距离和网格尺度之间的大小关系,对保证计算的数值稳定性具有重要的作用。一般来说,LES 方法要求 CFL 数小于 1,也就是在一个时间步长内流场信息传递距离要小于网格尺度。但是由于计算采用的是隐式计算,对 CFL 数的要求可以适当放宽。为满足 CFL 数的要求,对盘腔计算网格的时间尺度进行了预估。选择转盘转速为特征速度,最小周向网格栅距为特征尺寸,当转速为 4 000 r/min 时,计算所得的特征时间为 4×10^{-6} s,选择该特征时间作为 WMLES 计算的时间步长。在计算过程中,CFL 数的均方根为 0.8,最大 CFL 数为 1.24,能够满足计算要求。在非定常计算中,还需要给定一个时间步的内迭代次数,通过计算发现当内迭代达到 8 次后,方程组残差值已无量级上的变化,因此将一个时间步长的内迭代步设置为 8 次。

$$CFL = \frac{u\Delta t}{\Delta x} \qquad (3-48)$$

3.4.2.3 WMLES 收敛准则

WMLES 以 RANS 定常收敛解为计算初场。由于 WMLES 为非定常计算,盘腔内部物理量不存在严格的收敛解,而是处于不断波动的状态。因此 WMLES 收敛判断准则与定常 RANS 所采用的收敛判断准则有所不同。此外,对于大涡模拟方法,应保证所使用的网格分辨率能够对湍流惯性子区进行解析。湍流的惯性子区具有局部各向同性的性质,且满足 Kolmogorov 湍流能谱-5/3 次律。因此,为验证算例收敛,同时保证所采用的网格分辨率能够对湍流惯性子区进行解析,WMLES 计算收敛的判断准则为:(a)均方根误差 RMSE $< 1 \times 10^{-5}$;(b)盘腔内监测点物理量的时均值不随时间步长增加而波动;(c)盘腔内监测点物理量波动功率谱密度吻合 Kolmogorov 湍流能谱-5/3 次律。

本节以转速为 4 000 r/min, $C_w = 2 500$ 工况为例,介绍 WMLES 算例的收敛情况。计算的 RMSE 收敛曲线以及盘腔内部压力波动曲线如图 3-31 所示。从图 3-31(a)可以看出计算的均方根误差在 2 500 步以后便降到了 1×10^{-6} 以下,计算的数值稳定性非常好。但是流动需要达到物理意义上的收敛还需要对腔内的物理量波动情况进行检测。图 3-31(b)为压力随时间步长的波动曲线,其中虚线表示前 7 200 步(4 个旋转周期)的时间平移时均值。从图中可以看出压力时均值基本不随时间发生变化。达到收敛后收集各监测点 7 200 步压力时间序列进行功率谱分析。如图 3-32 所示,盘腔内部压力功率谱密度-频率曲线与 Kolmogorov 湍

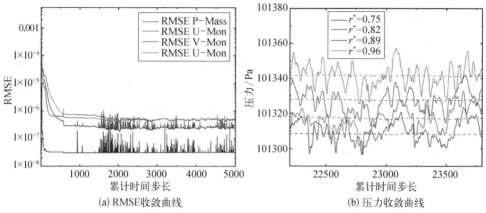

图 3 - 31　简单转-静系盘腔 WMLES 收敛曲线($C_w = 2\,500$ 工况)

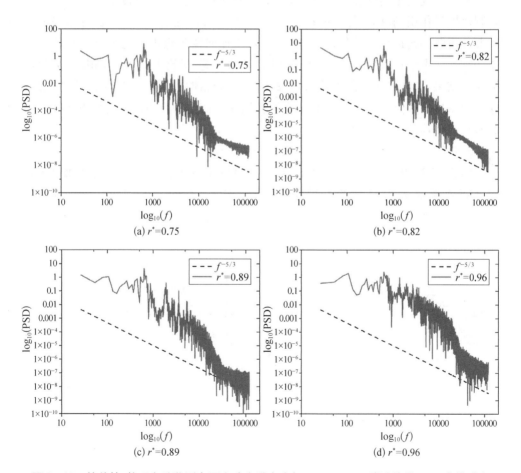

图 3 - 32　简单转-静系盘腔监测点压力功率谱密度与 Kolmogorov 湍流能谱-5/3 次律对比

流能谱-5/3 次律吻合良好,证明网格分辨率已经到达了湍流的惯性子区。因此可以认为腔内流动达到收敛。

在计算资源方面,以转速为 4 000 r/min,C_w = 5 000 工况为例,该算例使用中国科学院计算机网络信息中心的超算平台进行计算,平台单节点为 64 核,CPU 型号为 AMD EPYC 7452,CPU 频率为 2.35 GHz,单核峰值性能为 37.6GFLOPS/4GB。使用 6 个节点进行并行计算,共计 384 核,达到收敛耗时约 52 小时,共计 19 968 核时。可以看出与 RANS 模拟相比,WMLES 模拟对计算资源的消耗有数量级上的提升。因此,使用壁面函数虽然在一定程度上节约了开展 LES 计算的成本,其计算资源消耗和计算所需时间在工程应用上还是无法承受的。

3.4.3　简单转-静系盘腔平均流动特性

本节研究简单转-静系盘腔内部的平均流动特性。由于旋转盘腔外围环罩的限制及携带作用,腔内流体只能在受限空间中运动,传统基于无限大圆盘假设的自相似分析解不再适用。此外,盘腔底部引入的径向通流也极大地影响了旋转盘腔流动特性。本节首先以 C_w = 2 500 工况为基准工况,对比 URANS/WMLES 数值模拟时均结果,总结盘腔内部时均流动参数的分布规律,探究时均流场的流动机理,并分析 RANS 数值模拟与 LES 数值模拟流场差异产生的原因。随后分析了径向通流对盘腔平均流动特性的影响。

3.4.3.1　流场整体特性

图 3-33～图 3-35 给出了转速为 4 000 r/min,C_w = 2 500 工况 WMLES 和 URANS 结果中 4 个典型径向位置处的速度时均值分量轴向分布特性。4 个典型径向位置的选取与图 3-26 所示的径向监测点位置保持一致。图中 X^* = 0 位置为静盘壁面,X^* = 1 位置为转盘壁面。

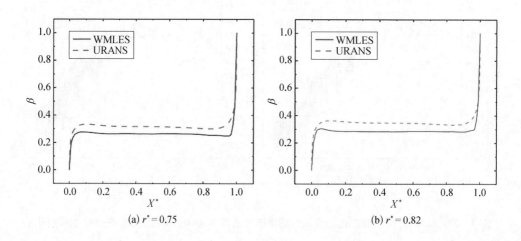

(a) r^* = 0.75　　　　(b) r^* = 0.82

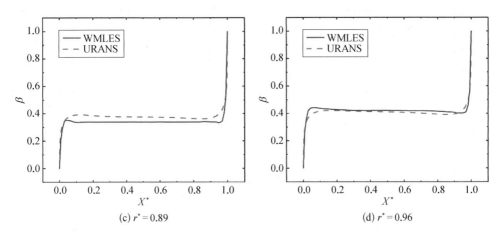

(c) $r^* = 0.89$ (d) $r^* = 0.96$

图 3 - 33 简单转-静系盘腔 WMLES/URANS 旋转比轴向分布特性对比

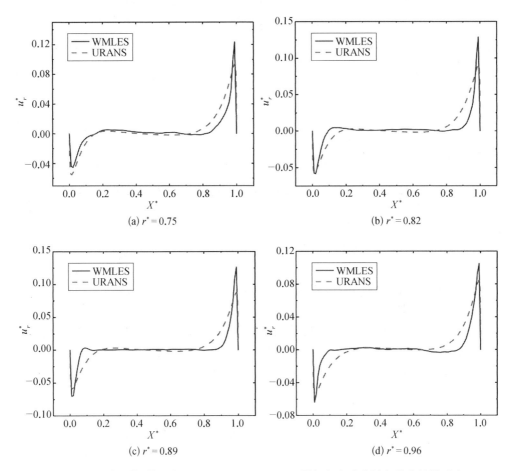

(a) $r^* = 0.75$ (b) $r^* = 0.82$

(c) $r^* = 0.89$ (d) $r^* = 0.96$

图 3 - 34 简单转-静系盘腔 WMLES/URANS 无量纲径向速度轴向分布特性对比

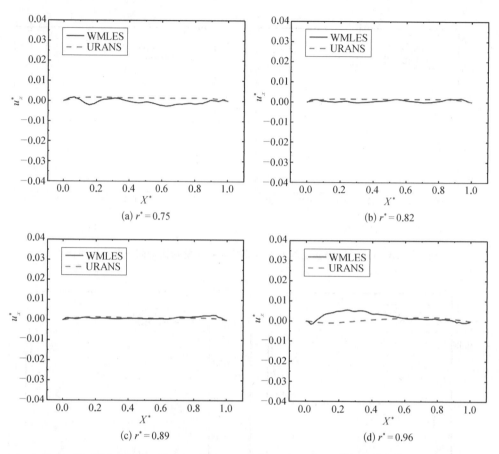

图 3-35　简单转-静系盘腔 **WMLES/URANS** 无量纲轴向速度轴向分布特性对比

可以看出,RANS 和 WMLES 所解析的盘腔平均流场均呈现明显的 Batchelor 流型,即在转盘转矩的携带作用以及静盘摩阻的阻滞作用下,盘腔内部存在明显的转、静盘边界层以及二维旋转核心。下面分别对转-静系盘腔内的旋转核心及边界层平均流动特性进行讨论。

3.4.3.2　旋转核心流动特性

首先讨论 Batchelor 流型中旋转核心的平均流动特性。根据 T-P 定理,旋转核心气流受到均匀的旋转科里奥利力以及压力梯度的作用。在科里奥利力和压差的作用下,旋转核心内的气体几乎总是径向受力稳定的,因此其内部径向方向的运动受到抑制,径向速度基本为 0。

Daily 等[34]指出,对于闭式盘腔,由于腔内不存在质量交换,其内部流动依然表现为自相似流动,流动参数沿径向基本保持不变。他们的实验指出,当闭式转-静系盘腔间隙比为 0.102 时,根据旋转雷诺数的不同,闭式转-静系盘腔内旋转比的取值范围为 0.432~0.46。

　　然而本章所讨论的盘腔属于开式盘腔,存在与外界的质量交换,其内部流动处于不断发展的状态,流动参数沿径向具有一定的分布特性。如图 3-33 所示,腔内不同径向位置处的旋转比是不相同的。腔内流动参数的径向分布特性主要受到转静盘无量纲间隙 G、旋转雷诺数、流态、径向通流流量以及外围环罩等因素的影响。在本章的模型中,由于引入了无预旋的径向通流,在无预旋径向通流的阻滞作用下,盘腔低半径处的旋转比明显低于 Daily 等给出的实测值。然而,随着流动沿径向发展,转盘转矩不断对腔内流体做功,最终气流在 $r^* = 1$ 处旋转比达到 0.46。

3.4.3.3　边界层流动特性

　　下面讨论盘腔转、静盘边界层内的平均流动特性。由于壁面附近黏性作用不可忽略,因此边界层内流动不再符合 T-P 定理。在黏性力、压力梯度和科里奥利力的共同作用下,壁面边界层流动呈现明显的三维流动特性。早在 1905 年,Ekman[81]便给出了层流条件下转盘边界层流速的解析解表达式,如式(3-49)～式(3-51)所示,其中 δ_E 被称为 Ekman 厚度。从流速分布可以看出,周向速度 u_θ 和径向速度 u_r 均随壁面距离 x 变化。图 3-36 给出了当前算例盘腔内部不同径向高度的无量纲径向速度、周向速度的分布极线图,作为对比,还给出了 Ekman 层流解析解和 Lygren 等[82]给出的 DNS 模拟的 $Re_\varphi = 4 \times 10^5$ 湍流解。

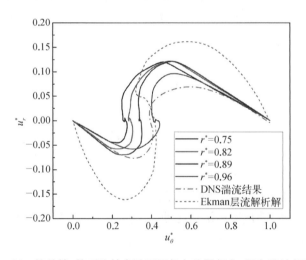

图 3-36　简单转-静系旋转盘腔不同径向位置径向、周向流速极线图

$$\delta_E = \pi \sqrt{\frac{\upsilon}{\Omega}} \tag{3-49}$$

$$\delta_\theta = U\left[1 - \exp\left(-\frac{x}{\delta_E}\right)\cos\left(\frac{x}{\delta_E}\right)\right] \tag{3-50}$$

$$u_r = U \cdot \exp\left(-\frac{x}{\delta_E}\right) \sin\left(\frac{x}{\delta_E}\right) \tag{3-51}$$

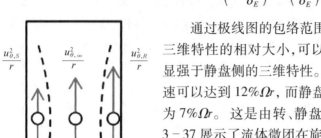

图 3-37　简单转-静系旋转盘腔不同区域流体微团受力分析图

通过极线图的包络范围可以定量描述边界层内的三维特性的相对大小,可以看出转盘侧的三维特性明显强于静盘侧的三维特性。转盘边界层内最大径向流速可以达到 $12\% \Omega r$,而静盘边界层内最大径向流速仅为 $7\% \Omega r$。这是由转、静盘的受力状态所决定的。图 3-37 展示了流体微团在旋转核心、静盘边界层和转盘边界层内的受力情况。在旋转核心内,由于流体做无黏刚性旋转运动,压力梯度和离心力二力平衡。在转盘边界层内,由于受到转盘的携带作用,转盘边界层内的流体转速大于旋转核心内的流体转速。由边界层微分方程可知,边界层内压力梯度与外流相同,因此在离心力的主导下产生径向向外流动。而在静盘边界层内,由于静盘的阻滞作用,在压力梯度的主导下产生径向向内流动。静盘边界层驱动力 f_S 和转盘边界层驱动力 f_R 如式(3-52)和式(3-53)所示。其中,$u_{\theta, S}$ 项的取值范围为 $[0, \beta]$,$u_{\theta, R}$ 的取值范围为 $[\beta, 1]$。由于 β 取值小于 0.5,因此转盘侧的驱动力 f_R 恒大于静盘侧驱动力 f_S,转盘侧的三维流动强度大于静盘侧。

$$f_S = \beta^2 \Omega^2 r - \frac{u_{\theta, S}^2}{r} \tag{3-52}$$

$$f_R = \frac{u_{\theta, R}^2}{r} - \beta^2 \Omega^2 \tag{3-53}$$

同时由图 3-36 可以看出转、静盘边界层内的流速极线均与湍流结果吻合较好,而与 Ekman 给出的层流解析解存在较大偏离。说明在当前考虑的旋转雷诺数条件下,盘腔内部转、静盘边界层均已处于完全湍流的状态。

图 3-38(a)和(b)展示了 WMLES 下,转、静盘边界层内时均无量纲流速 u^+ 随无量纲壁面垂直距离 x^+ 的变化规律,u^+ 和 x^+ 的定义如式(3-54)和式(3-55)所示,式中 u_τ 为壁面摩擦力所定义的摩擦速度,如式(3-56)所示。图中横轴 x^+ 采用对数坐标表示,从图中可以看出,速度分布形式呈现明显的、充分发展的对数分布规律,说明 WMLES 解析分辨率达到了边界层内的对数率区。为对比旋转盘腔速度分布形式,图中还给出了平板边界层所满足的线性、对数分布规律。可以看出,虽然在转、静盘边界层均存在对数分布规律,但是其分布形式与经典的平板边

界层存在一定的差异。Gibson 等[83]指出,这一差异是由于旋转条件下满足的对数率存在线性附加项而引起的。因此在旋转边界层内,对数率常数与平板边界层对数率常数存在一定的差异。

$$u^+ = \frac{u}{u_\tau} \tag{3-54}$$

$$x^+ = \frac{x u_\tau}{v} \tag{3-55}$$

$$u_\tau = \sqrt{\frac{\tau_w}{\rho}} \tag{3-56}$$

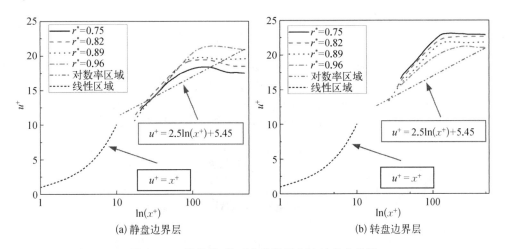

(a) 静盘边界层　　　　　　　　　(b) 转盘边界层

图 3 - 38　简单转-静系盘腔边界层流速分布特性

3.4.3.4　WMLES、RANS 流场差异分析

由图 3 - 33~图 3 - 35 可以看出,虽然 RANS 和 WMLES 结果在分布形式上整体吻合较好,但是在局部流场细节上依然存在一定的差异。下面讨论 WMLES 和 RANS 两种数值模拟方法所预测的流场之间的差异。

与 RANS 预测流场相比,WMLES 预测的旋转核心旋转比相对而言更低。在封闭盘腔的数值验证中也发现了类似的现象。这是不同数值模拟方法对壁面小尺度流动结构解析程度不同所导致的。由于 RANS 方法对雷诺方程中的不封闭项雷诺应力进行建模求解,因此求解精度和网格分辨率都较低,无法捕捉流场中的小尺度流动结构以及真实湍流中的无规则脉动。这些小尺度流动结构可以由 Q 准则涡量进行判别,Q 准则涡量的定义如式(3 - 57)所示。其中 $\nabla \times u$ 为涡量,S 为应变率张量。对于 $Q > 0$ 的区域,说明流体旋转效应占主导作用,因此可以判别为涡结构。而对于 $Q < 0$ 的区域,变形作用占主导作用,因此为黏性主导区域。在涡量判据

中,Q 准则判据与速度环量不同,忽略了单纯速度剪切的影响,因此壁面边界层内的单纯剪切不被判别为涡结构,是更为合理的涡旋判别方法。

图 3-39 为盘腔内部 URANS 和 WMLES 计算结果的 Q 准则涡量云图,可以看出,RANS 预测的流场中基本不存在 Q 准则涡结构,流场十分光顺。而 WMLES 模拟流场边界层内存在有大量的 Q 准则涡量分布。这些涡结构加强了边界层内流体和旋转核心内流体之间的动量交换,影响了盘腔内部旋转比的整体分布特性。由于 WMLES 给出的旋转核心旋转比低于 RANS 给出的旋转比,说明旋转核心与静盘边界层内的低速流体掺混更为剧烈,这一现象说明了静盘摩阻和转盘转矩在盘腔动量传递中所起到的作用是非对称的,静盘摩阻在盘腔整体流动中占据更为显著的作用,这一非对称的做功现象将在 3.4.6 节中进行详细的讨论。

$$Q = \frac{1}{2}\left[\,|\,\nabla \times u\,|^{\,2} - |\,S\,|^{\,2}\,\right] \tag{3-57}$$

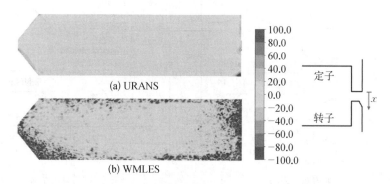

图 3-39　简单转-静系盘腔 URANS/WMLES 预测流场
Q 准则涡量云图($C_w = 2\,500$ 工况)

3.4.3.5　径向通流对盘腔平均流动特性的影响

下面讨论径向通流对盘腔平均流动特性的影响。前文已经指出,尽管本章研究的旋转盘腔在几何结构上属于对称结构,在进气方式上属于对称的中心进气,但是由于转、静盘边界层气流受力状态不同,盘腔底部叠加的径向通流对腔内流动特性的影响并不是中心对称的。由前面的分析可知,旋转核心内部流体处于径向受力平衡状态,因此径向方向上的扰动对旋转核心的影响较小。而转、静盘边界层内气流处于径向受力不平衡状态,因此很容易受到径向扰动的影响。

图 3-40 展示了 $C_w = 2\,500$ 工况盘腔内子午面平均速度流线图。可以看到,在转盘泵效应的抽吸作用下,叠加的径向通流全部汇入转盘边界层,并沿转盘壁面径向向外流动,具有较好的贴壁性。径向通流补充了由于转盘泵效应所导致的径向出流。随着径向通流流量增大,当叠加的径向通流流量大于转盘旋转泵效应所导致的径向出流流量以后,叠加径向通流依然在泵效应的抽吸作用下汇入转盘边界

层,但是将导致转盘边界层内三维流动所占据的区域逐渐增大,有明显的向旋转核心扩张的趋势。图 3 - 41 展示了不同径向通流流量下盘腔内部的周向、径向流速分布图。如图 3 - 41(a)所示,随着转盘边界层区域的持续扩大,转、静盘边界层有融合的趋势,呈现类似 Stewartson 流型分布特性。例如图 3 - 41(a)中 $C_w =$ 10 000 工况所示,转盘边界层与静盘边界层已经接近融合。

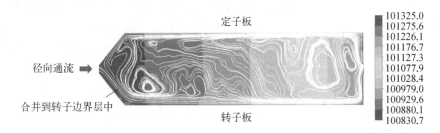

图 3 - 40　简单转-静系盘腔子午面时均流线图及压力云图

由于径向通流的汇入补充平衡了转盘边界层内由于受力不平衡所导致的径向出流,因此腔内的整体环流结构被破坏,旋转核心的形成被抑制,如图 3 - 41(b)所示,旋转核心的旋转比随着径向通流流量增大而整体降低。同时随着径向通流流量增大,静盘边界层内的径向入流流速也随之减小,静盘边界层所占据的区域也随之缩小,如图 3 - 41(a)中虚线框所示。与径向速度不同,周向速度分布在不同径向通流流量下依然呈现明显的二维 Batchelor 流动特性。从盘腔流体受力情况来看,在旋转系统中,径向速度会诱导产生周向的科里奥利力,但是由于径向流动流速数值较小,对腔内旋转核心的受力状态影响很小,依然处于惯性平衡状态,因此核心区依然维持二维分布特性。

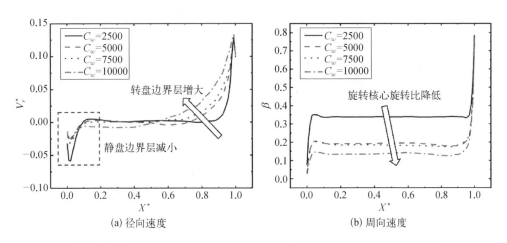

图 3 - 41　不同径向通流流量工况下简单转-静系盘腔时均流速分布特性

下面讨论不同径向通流流量下盘腔内部的时均压力分布特性。由 N－S 方程可知,压力分布特性与速度分布特性是紧密耦合的。从盘腔的时均流速分布特性可以看出,旋转核心内部流速轴向梯度为 0,呈现二维流动特性。因此在旋转核心内部压力轴向梯度也为 0。根据经典边界层理论,边界层内垂直壁面方向压力梯度不变,因此尽管盘腔内部分区流动特性明显,但是在同一径向位置,压力沿轴向不发生变化。同时径向方向,由于腔内流体具有周向旋转速度,因此存在由离心力主导的径向压力梯度。图 3－42(a)、(b)给出了不同径向通流条件下盘腔内部径向压力/压差分布特性。从图中可以看出,在离心力的作用下,盘腔内部压力沿径向有一定的升高。同时从图 3－42 可以看出,随着径向通流流量的增大,盘腔内的压力显著增大,但是相对压差(参考压力取 $r^* = 0.68$ 位置)具有减小的趋势。这是因为在径向通流的作用下,腔内环流被破坏,旋转比降低,离心升压效果减小,因此腔内径向压差降低。

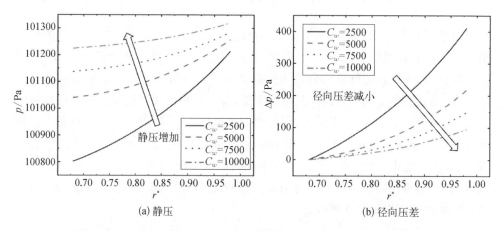

(a) 静压   (b) 径向压差

图 3－42   不同径向通流流量工况下简单转-静系盘腔时均压力分布特性

3.4.4   简单转-静系盘腔内的流动不稳定性

从 3.4.3 节对于简单转-静系盘腔平均流动特性的分析中可以看出:转、静盘边界层流动具有明显的三维特征,根据无黏不稳定性理论,三维边界层是造成流动不稳定性的重要来源之一。由图 3－39 也可以看出边界层内存在大量涡结构的分布。为探究以上问题的流动机理,需要对边界层内的流动特性进行深入分析。

本小节讨论盘腔边界层内的流动不稳定性,重点讨论以下 4 个问题:① 盘腔内的主要流动不稳定性是什么;② 盘腔内部的流动不稳定性的作用效果是什么;③ 旋转效应对流动不稳定性的影响是什么;④ 径向通流对这些流动不稳定性有什么影响。

在经典二维边界层流动中,流动失稳主要由黏性 Tollmien－Schlichting 不稳定性所主导。在第 2 章中已经指出,旋转盘腔边界层为三维边界层,存在明显的横流不稳定性。此外,由图 3-37 的受力分析可以看出,无论是在转盘边界层或静盘边界层,流体微团所受到的压力梯度并不等于科里奥利力,流体微团时刻处于径向不平衡状态。因此即使盘腔内流体不断有转矩输入功,径向上满足 Rayleigh 稳定条件,但是由于边界层内流体的受力状态总是不平衡的,盘腔边界层内扰动依然是离心不稳定的。因此盘腔边界层内同时存在离心和横流不稳定性的耦合作用。

由第 2 章所述可知,离心不稳定性和横流不稳定性的作用效果是导致流向涡结构的产生。这些螺旋形的流向涡结构增强了边界层内流体和主流之间的掺混作用,从而对边界层和主流的动量、质量传递过程造成影响。图 3-43 展示了盘腔内部的瞬时流线图,可以看到在转、静盘边界层内均能观察到明显的流向涡结构,其中虚线框示意性地指出了一部分结构较为完整明显的边界层涡结构,由流向涡主导的流动特性是三维边界层与经典二维边界层的主要区别之一。值得注意的是,转盘、静盘侧的涡结构分布存在明显的差别,呈现明显的非对称性。静盘边界层内的涡结构明显比转盘侧涡结构数量更多,由图可以看出静盘边界层几乎全被卷起的涡结构所覆盖,而转盘边界层只有盘腔入口和端区部分区域存在流向涡结构,而转盘中部不存在涡结构分布。

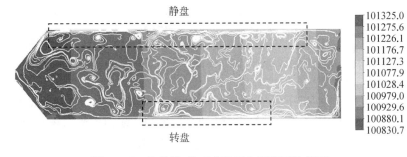

图 3-43　简单转-静系盘腔子午面瞬时流线图

转、静盘边界层内的不对称涡结构分布是由边界层外自由流的旋转效应所导致的。Walker[84] 指出,当边界层外气流湍流度较低并且具有较高的加速度时,湍流流动有可能向层流转化,被称为反向转捩现象。从前面的分析可以得出:由于转盘转矩不断对盘腔内部气流做功,因此腔内气流的旋转速度沿径向不断上升,属于沿径向向外的加速运动。而由于静盘边界层内流体的流动方向为径向向内流动,与腔内压力梯度方向相反。在这样的负流速梯度流动条件下,静盘边界层内流体更容易发生分离转捩,因此静盘侧涡结构数量明显多于转盘侧。而转盘边界层由于其流动方向与流速梯度方向相同,有可能会出现“再层流化”的反转捩现象,因此抑制了边界层内流向涡结构的形成。

下面从涡结构的形态角度对上述流动现象进行具体分析。图 3-44 展示了简

单盘腔在 $C_w = 2\,500$，转速为 $4\,000\,\text{r/min}$ 工况下转盘和静盘面的 Q 准则等值面，图 $3-44(\text{a})$ 为静盘侧涡结构分布，图 $3-44(\text{b})$ 为转盘侧涡结构分布。盘腔内整个静盘面均被细长的流向涡所覆盖，呈现明显的湍流流态。这些细长的流向涡结构形成了明显的大尺度条带结构，这些条带结构与现代湍流理论中所发现的大尺度拟序结构相吻合。与经典二维边界层不同，二维边界层内的条带结构是由 T-S 不稳定性所主导的，而在三维边界层中，条带结构是由离心不稳定性、横流不稳定性所导致的流向涡所主导的。与传统的黏性主导的 T-S 失稳不同，三维边界层内的流向涡失稳是一种无黏失稳现象，因此相比传统二维边界层，三维边界层内的扰动会更强烈。

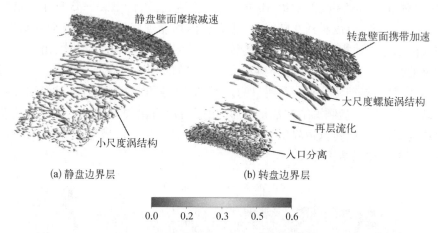

图 3-44　简单转-静系盘腔转静边界层 Q 准则涡量分布（以旋转着色）

　　由边界层理论，垂直壁面方向压力梯度为 0，因此盘腔同一径向高度的时均压力保持不变。但是由于腔内分区流动效应明显，不同区域由于瞬时流动结构不同，因此盘腔的压力的瞬时脉动特性具有一定的区别。图 $3-45(\text{a})$ 展示了同一径向位置处 $(r^* = 0.82)$，$C_w = 2\,500$ 工况转、静盘边界层以及旋转核心内部监测点压力脉动频谱图。可以看出不同区域流场脉动频率具有较大的差别，其中静盘边界层内流场脉动最强，旋转核心流场脉动最弱。这一现象与图 3-44 所观测到的边界层流向涡结构的分布特性保持一致。

　　下面讨论增大径向通流对腔内流动不稳定性的影响。在盘腔时均流动特性中已经讨论过，径向通流对于转盘以及静盘侧的影响效果是非对称的。径向通流将在转盘卷吸作用下汇入转盘边界层，同时腔内环流被削弱，抑制旋转核心的形成。由于旋转核心被削弱，核心内由于旋转效应维持的离心压力梯度将会变小，静盘边界层内的受力不平衡将会减弱，因此静盘边界层内的流动不稳定性将会被抑制。转盘边界层内由于径向通流的汇入，横流剪切效应将会增强，因此转盘侧流动不稳定性将会有显著的增大。图 3-45 还展示了不同径向通流流量工况下静盘边界

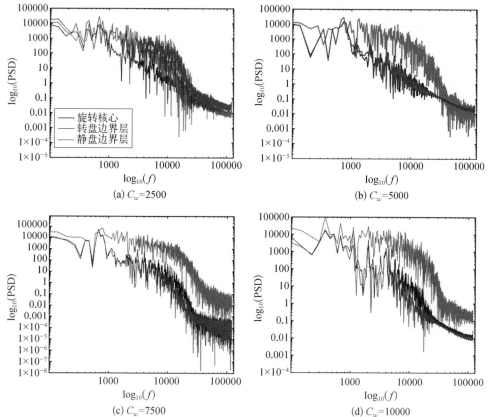

图 3-45　简单转-静系盘腔转、静盘边界层及旋转核心内压力脉动功率谱密度

层、旋转核心以及转盘边界层内的压力脉动功率谱密度图。对比图 3-45(a)和图 3-45(b)、(c)、(d)可以看出,除了 $C_w = 2\,500$ 工况以外,随着径向通流流量增大,转盘边界层内的压力脉动功率明显高于静盘边界层以及旋转核心区域,说明当径向通流增大时,盘腔内转盘边界层内的流动不稳定性更为凸显。

3.4.5　简单转-静系盘腔湍动能分布特性

在边界层内流动不稳定性的作用下,流动将失稳转变为湍流。通过图 3-36 已经得出当前考虑的工况范围内转、静盘边界层均已达到完全湍流状态。因此本小节从湍流统计量与能量平衡的角度出发,对盘腔内部湍流二阶统计量进行分析。重点讨论以下两个问题:① 盘腔内部的湍流参数分布具有什么特点;② 径向通流对这些湍流参数分布有什么影响。

图 3-46 展示了 $C_w = 2\,500$ 工况盘腔不同半径高度无量纲湍动能 $\langle u_i' u_i' \rangle / (\Omega r)^2$(即无量纲雷诺正应力分量)的轴向分布特性。由图 3-46 可以看出,盘腔内部湍

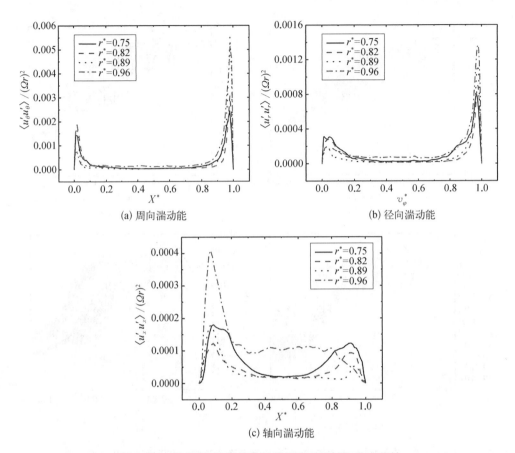

(a) 周向湍动能

(b) 径向湍动能

(c) 轴向湍动能

图 3-46   简单转-静系盘腔无量纲湍动能轴向分布特性

动能分布呈现明显的空间不均匀性以及各向异性。空间不均匀性表现为湍动能在旋转核心内和壁面位置基本接近于0,而在边界层内存在极值。各向异性表现为湍动能各分量在数值上存在较大差异,其中流向湍动能 $\langle u'_\theta u'_\theta \rangle$ 最大。下面从湍动能控制方程出发,对湍动能的非均匀、各向异性分布进行机理解释。

湍动能控制方程中湍动能生成项 P_{ij} 表现为雷诺切应力和平均运动变形张量的二重标量积,将其写成分量形式,如式(3-58)~式(3-60)所示。由于腔内流场沿周向基本是对称的,因此式(3-59)所示的径向湍动能生成项以及式(3-60)所示的轴向湍动能生成项的第二项均为0。而在周向湍动能生成项中,由于不存在周向偏导项,同时 $\langle u'_\theta u'_x \rangle \dfrac{\partial \langle u_\theta \rangle}{\partial x}$ 及 $\langle u'_\theta u'_r \rangle \dfrac{\partial \langle u_\theta \rangle}{\partial r}$ 两项均不为0。此外,由于腔内的平均流场本身具有很强的各向异性,腔内流动主要由周向速度主导,因此在平均流动变形张量中周向速度梯度 $\dfrac{\partial \langle u_\theta \rangle}{\partial x_j}$ 最大。因此,综合考虑湍动能生成项的大小及平均流的分布特性,盘腔中的周向湍动能的生成项明显大于其余两项,导致腔内湍动能分布整体呈现各向异性的状态。

$$P_{\theta\theta} = \langle u'_\theta u'_x \rangle \frac{\partial u_\theta}{\delta x} + \langle u'_\theta u'_r \rangle \frac{\partial u_\theta}{\delta r} \qquad (3-58)$$

$$P_{rr} = \langle u'_r u'_x \rangle \frac{\partial u_r}{\delta x} + \langle u'_r u'_\theta \rangle \frac{\partial u_r}{\delta \theta} \qquad (3-59)$$

$$P_{xx} = \langle u'_x u'_r \rangle \frac{\partial u_x}{\delta r} + \langle u'_x u'_\theta \rangle \frac{\partial u_x}{\delta \theta} \qquad (3-60)$$

下面分析盘腔湍动能空间不均匀性的形成机理。由于盘腔内存在大尺度旋转核心,核心内各平均流速的轴向梯度 $\frac{\partial u_i}{\delta x}$ 基本为 0,因此核心内的湍动能生成基本接近于 0。同时由于各流速分量在壁面处需满足无滑移条件 $u_i = 0$,因此在壁面处速度脉动也均为 0。而在边界层内,由于转、静盘边界层流动存在明显的三维特性,同时在离心不稳定性和横流不稳定性的作用下,因此边界层区域内的湍动能较大。在上述流动特性的作用下,湍动能各分量整体呈现壁面和旋转核心内基本为 0、壁面附近存在峰值的空间不均匀分布特性。由于盘腔内大尺度环流存在固有的轴向迁移特性,腔内轴向速度沿轴向分布并不严格满足二维分布条件,因此 $\langle u'_x u'_x \rangle$ 项的分布特性与周向、径向分量略有不同,在旋转核心内部依然能观察到一定的分布。此外值得注意的是,由图 3-46(a)和(b)可以看出转盘边界层内的周向、径向湍动能分量明显高于静盘边界层,而轴向湍动能小于静盘边界层。前文的分析中已经指出转、静盘边界层内流体的受力是不同的。根据经典盘腔理论及实验,对于封闭的转-静系盘腔,β 的取值范围为 $0.3\sim0.47$[85]。如图 3-37 所示,由于静盘边界层内周向速度 $u_{\theta,s}$ 的取值范围为 $[0,\beta]$,而转盘边界层内周向速度 $u_{\theta,R}$ 的取值范围为 $[\beta,1]$。当 $\beta < 0.5$ 时,转盘边界层内的径向驱动力总是要大于静盘边界层内的径向驱动力。此外,当 $\beta < 0.5$ 时,转盘边界层内的平均速度梯度也大于静盘边界层。因此,相比静盘边界层,转盘边界层内的周向、径向湍动能分量高于静盘边界层。

下面讨论径向通流对腔内湍流统计参数分布特性的影响。图 3-47 展示了不同径向通流流量工况下腔内湍动能各分量的轴向分布特性。前面已经指出,由于叠加径向通流汇入转盘边界层,其对盘腔内部的影响是非对称的。从图 3-47 可以看出,随着径向通流流量增大,转盘边界层内的湍动能迅速增大,而静盘边界层内的湍动能随之减小。这是由于叠加径向通流汇入转盘边界层后,转盘边界层内的径向速度(即横流速度)增大,导致边界层内的三维特性增强。此外,随着径向通流增大,旋转核心的二维流速分布特性被破坏,径向流速分布特性逐步向Stewartson 流型发生转变,因此转盘边界层内的湍流扰动迅速增大,湍动能明显升高,并且湍动能分布逐步向旋转核心扩张。而对于静盘边界层而言,由于叠加径向通流抑制了盘腔内旋转核心的形成,因此静盘边界层内的诱导径向内流流动将减弱,从而使得静盘边界层内的流动趋于稳定。

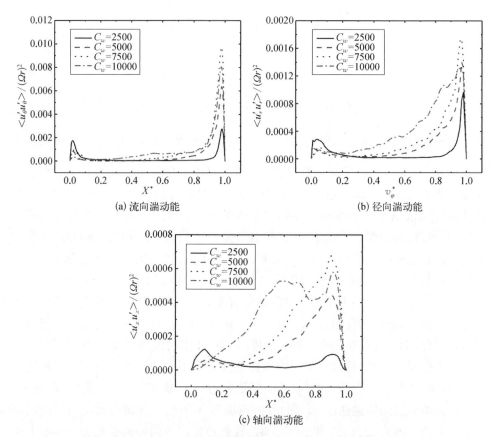

图 3 - 47   不同封严流量工况下简单转-静系盘腔湍动能轴向分布特性

3.4.6   转盘转矩和静盘摩阻的非对称做功效应

盘腔的平均流速分布存在一个值得注意的问题,即腔内的旋转比明显低于0.5。从几何形式上来看,旋转盘腔是沿中心线左右对称的,从进气方式上来看,属于对称式中心进气。假设转盘对气流的携带作用、静盘对气流的阻滞作用效果是对称的,则腔内气流的旋转比应接近0.5。然而从图 3 - 33 可以看出,盘腔内部旋转比均低于0.5,这表明在盘腔流动结构的形成过程中,转盘转矩和静盘摩阻对腔内流体的做功效果是不对称的,静盘阻滞起到了更为显著的作用效果。转、静盘的非对称做功特性是由边界层内的流动特性所决定的,由前面的分析也可以看出,腔内转、静盘边界层内流动特性存在很大的区别。本小节结合边界层内的流动特性,对转盘转矩和静盘摩阻的非对称做功现象进行机理解释。

首先结合转、静盘侧流向涡结构的分布特性以及转盘侧的"再层流化"现象对其进行机理解释。由于转、静盘侧的相对运动方向不同,在旋转导致的压力梯度作用下,转盘边界层会出现"再层流化"现象。因此转、静盘边界层的湍流度不同,边界层内的涡量分布也呈现明显的差异。边界层内的流向涡结构会导致边界层和旋转核心之间的掺混,因此在不对称的涡量分布下,即使转-静系盘腔在几何结构上是对称的,两侧的动量传递是不对称的。在如图 3 - 44 所示的 $C_w = 2\,500$ 工况中,整个静盘壁面均被流向涡所覆盖,因此静盘侧低速流体与旋转核心之间的动量交换更为激烈。由于静盘边界层内流体在静盘阻滞的作用下流速较低,因此旋转核心的旋转比总是低于 0.5。

此外还可以从流动不稳定性与"上抛""下扫"过程的耦合作用机制对此现象进行解释。与径向、周向湍动能不同,图 3 - 46(c) 所展示的轴向湍动能体现了流体微团在边界层和旋转核心之间相互迁移的脉动动量。流体的轴向脉动迁移主要与湍流边界层内的"上抛"和"下扫"过程有关。"上抛"和"下扫"过程主要由湍流边界层内的固有流动结构所主导。对于典型的二维边界层,许多研究提出了不同的湍流固有流动结构模型,例如发卡涡、马蹄涡等。Theodorsen[86] 提出了一种经典的发卡涡流动结构,如图 3 - 48 所示。这种发卡涡结构模型由两支对转的"腿部(leg)"涡结构以及被抬升的"头部(head)"涡结构组成。这些固有流动结构会导致湍流边界层中存在局部不稳定性,即 T - S 不稳定性,从而造成流体在流向垂直方向上的迁移,即所谓的"上抛"和"下扫"过程。Robinson[87] 指出,雷诺切应力的大小和湍流边界层内的"上抛"和"下扫"过程有关,而"上抛"和"下扫"过程极大地影响了边界层和自由流之间的动量传递。

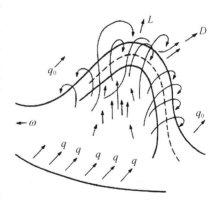

图 3 - 48　Theodorsen 提出的二维边界层典型发卡涡模型[86]

Littell 等[88] 提出,与典型二维边界层类似,三维边界层中同样存在类似的固有流动结构。同时在旋转流动的三维特性的影响下,边界层内的 T - S 不稳定性通常与横流、离心不稳定性所导致的流向涡结构共同作用,体现为对"上抛"和"下扫"过程的促进或抑制作用。

图 3 - 49 展示了 $C_w = 2\,500$ 工况下腔内切应力分布特性,其中 $\langle u'_\theta u'_x \rangle$ 被称为主切应力(primary shear stress),$\langle u'_r u'_x \rangle$ 被称为二次切应力(secondary shear stress)。而旋转流动中还存在与壁面方向平行的雷诺切应力 $\langle u'_\theta u'_r \rangle$，这一项是由于旋转系统内部的科里奥利力所导致的。由于科里奥利力总是与运动方向垂直，因此科里奥利力对能量传递不起作用，它的作用效果只是在不同方向的雷诺应力之间实现再次分配。由于 $\langle u'_\theta u'_r \rangle$ 项在边界层微分方程中并不出现，并且对平均流与脉动流之间的能量传递不起作用，因此尽管该项切应力数值较大，通常对其不予讨论。由图 3-49 可以看出，除 $\langle u'_\theta u'_r \rangle$ 以外，静盘边界层内的湍流切应力均大于转盘边界层内的湍流切应力，说明静盘边界层内的动量传递过程更为强烈。

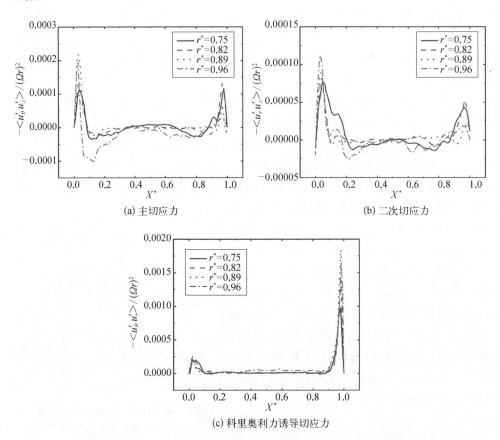

(a) 主切应力 (b) 二次切应力

(c) 科里奥利力诱导切应力

图 3-49　简单转-静系盘腔无量纲雷诺切应力轴向分布特性

图 3-50 展示了转、静盘边界层的 Q 准则涡量等值面，并以周向涡量染色。在离心力和压力梯度的作用下，静盘边界层内的径向入流和转盘边界层内的径向出流均在边界层内诱导产生沿流向方向的涡结构。同时由图 3-50(a)可以看出，尽管边界层内流向涡分布存在明显的 Gortler 式的正负交替分布现象，但是负涡量占据主导地位。图 3-50(b)展示了负涡量与转、静盘壁面径向流动之间的空间相对

关系。由于转、静盘边界层内的径向流动方向不同,这将导致静盘边界层内的流向涡将促进上抛过程,而转盘边界层内的流向涡结构将抑制上抛过程。

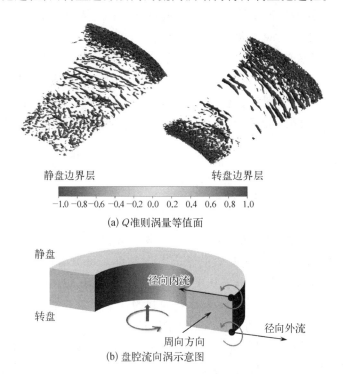

静盘边界层　　　　　　　转盘边界层

$$-1.0\ -0.8\ -0.6\ -0.4\ -0.2\ \ 0.0\ \ 0.2\ \ 0.4\ \ 0.6\ \ 0.8\ \ 1.0$$

(a) Q 准则涡量等值面

图 3 - 50　转、静盘边界层 Q 准则流向涡结构(以流向涡量染色)示意图

下面从受力分析的角度解释流向涡结构对上抛过程的促进、抑制机理。由 Kutta - Joukowski 定律可知,速度环量是升力产生的原因。图 3 - 51 展示了转、静盘边界层内的流向涡结构诱导升力和阻力机理图。以静盘边界层内流动为例,如图 3 - 51(a)所示,在边界层底部,流向涡诱导流动方向与径向内流方向相反,因此气流在边界层底部会减速增压。而在边界层顶部,流向涡诱导流动方向与径向内流

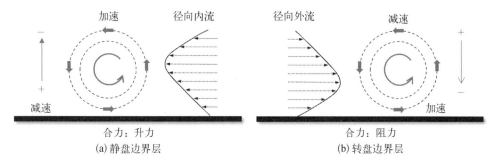

图 3 - 51　转、静盘边界层内流向涡结构诱导升、阻力产生机理

方向相同,因此气流在边界层顶部会加速减压。在流向涡的作用下,边界层内会诱导产生垂直壁面向上的压力梯度,即产生升力,从而促进上抛过程。与之相反,转盘边界层内流向涡诱导产生的压力梯度垂直壁面向下,从而抑制上抛过程。因此,静盘边界层内的雷诺切应力大于转盘边界层。

最后,还可以从旋转效应对切应力的抑制作用对其进行机理解释。对比图 3-46 和图 3-49 可以看出,在 6 个雷诺应力分量中雷诺正应力(即湍动能)在数值上比切应力大一个数量级,这一规律与 Séverac 等[72]的实测结果一致。为描述正应力与切应力之间的关系,引入 Townsend 结构参数 A_1,其定义如式(3-61)所示,其中 k 为湍动能。

$$A_1 = \frac{(\langle u_\theta' u_x'\rangle^2 + \langle u_r' u_x'\rangle^2)^{\frac{1}{2}}}{2k} \qquad (3-61)$$

研究指出,在二维湍流边界层中,A_1 一般为常数 0.15。图 3-52 展示了转、静盘边界层内 Townsend 结构参数的轴向分布特性。可以看出,在旋转流动的三维边界层中,A_1 的最大值均小于 0.15,最大值不超过 0.12。说明相比二维边界层流动,在三维旋转流动中,切应力是被抑制的。由于湍流切应力代表了平均流和湍流脉动之间能量传递的大小,因此相比简单的二维流动,在旋转流动中平均流动和湍流脉动的能量传递是被抑制的,表明了旋转效应对流动起到稳定的作用。同时从图中可以看出转盘边界层内的 Townsend 结构参数比静盘边界层更低,这是因为转盘侧流体转速更高,对切应力的抑制效果更为明显。这一现象从雷诺切应力的角度解释了转盘转矩和静盘摩阻对腔内流体做功的差异。

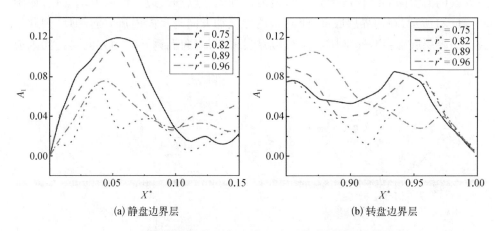

(a) 静盘边界层　　　　　　　　　(b) 转盘边界层

图 3-52　转、静盘边界层内 Townsend 结构常数轴向分布特性

3.5　小　　结

3.2 节综述了共转系盘腔的研究进展,其中分为等温/非等温和封闭/开式的共转系盘腔。对于封闭且非等温的盘腔,腔内流动在温度梯度和离心浮升力的作用下,发展为一系列自组织的相干结构,主要表现为反向旋转的涡对,其与 Rayleigh - Benard 对流类似。这一流动现象在相对较高的 Ra 才出现,且可能诱导腔内和边界层内流动从层流到湍流的转捩。在层流与湍流之间,还存在一个过渡状态,即腔内旋转核心表现为湍流,但边界层内表现为层流。这些不同的流动状态决定了外环罩 Nu 关联式中 Ra 的指数。以往的大部分实验中,外环罩的边界层内流动是层流,且发现离心浮升力有抑制边界层转捩的作用。然而,最近的实验[89] Ra 已经达到了 10^{13},且观察到此时可能已有层流到湍流的转捩发生。但受限于靠近壁面的实验测量难度,关于转捩的详细信息还未有讨论。因此,在较高 Ra 下,精细化的实验测量和高精度的数值计算工作仍较为欠缺。

在开式的非等温盘腔中,通流对外环罩的边界层几乎没有影响,且外环罩的 Nu 与通流 Re 之间没有明显的关联。流动显示了明显的非定常、非稳定和三维的流动特性,且离心浮升力在腔内诱导产生了大尺度的涡结构。通过流动可视化的方法,发现轴向通流通过“径向臂”结构进入盘腔,而后分散成与转盘或同转或反转的一对或多对涡。在这对反旋涡结构的交界处,存在一个“死区”,这里没有流体的净流入和流出。尽管已有研究可较好地描述腔内的基本流动结构,但仍存在诸多未解决的问题,例如,腔内自然对流与通流强制对流的相对强弱,通流冲击作用对转盘换热的影响,通流流入或流出盘腔的非定常非均匀特性等。

叶轮机械的真实运行工况可能达到 $Re_{\varphi} = 10^{7}$ 和 $Ra = 10^{13}$。针对这种较高的工况,几乎未有实验和数值计算研究发表。在实验中,极高 Re_{φ} 可能导致实验台的振动及强度问题,因此,可通过对气体加压增加其密度,代替增大转速,达到增大 Re_{φ} 的目的,但目前还未有相应的研究发表。在数值计算方面,以最近发表的大涡模拟研究[22]为例,即使采用了壁面模化而非解析的大涡模拟,$Re_{\varphi} = 2.2 \times 10^{6}$ 的工况仍需消耗 8×10^{5} 计算机核时,且这一消耗将随 Re_{φ} 的增大而显著增大。这表明高保真度的计算流体力学方法距离大规模工程应用还有较大的距离。

3.3 节回顾了与旋转单盘和旋转腔中的不稳定性和湍流路径相关的文献的主要结果。无论是在基本流和流动稳定性方面,还是在最新的研究中的湍流路径,转-静系盘腔由于径向和轴向的流动约束,改变了边界层的基流,并且通过两个边界层之间的反馈机制展示了其特殊性。完整的湍流过渡过程并未得到充分的描述,根据主要不稳定是如何触发的可分为对流路径和绝对路径。两者都是基于存在一个足够径向范围的绝对不稳定区,前者需要外力,而后者是自我维持的。正如文中所提到的,这些情景意味着二次不稳定性,在现有文献中仍然很少记录,排除了任何关于过渡最后阶段的结论性结果。一些原因可能是次级不稳定性涉及的高雷诺数,需要高分辨率和昂贵的计算,相对于初级不稳定性,这种现象的振幅很弱,最后,一旦它出现,就会迅速过渡到湍流。正如 Imayama 等[68] 所提到的,使用固定在实验室框架中的单个热线探针不能容易地捕捉到行进的二次不稳定性的特征,如频率和生长速度。需要进一步研究来描述这些不稳定性,并调查各种不稳定性模式之间的相互作用。

这些构型中丰富的不同流动特征和过渡情景最终可归结为基流的稳定径向不均匀性与扰动的非线性不稳定性之间的竞争,即线性和非线性机制与局部和全局稳定性之间的竞争。在此框架下,可以发现旋转盘边界层同时是局部绝对不稳定、全局线性稳定和全局非线性不稳定的。观测到的全局线性和非线性动力学之间的差异主要是由于绝对不稳定区上游存在较大的对流不稳定区。因此,由于实验中不可避免的圆盘表面粗糙度或模拟中不受控制的数值扰动以及其特性(大小、形状、分布等)决定了湍流的路径,要消除静止的横流涡是非常困难的。在这种情况下,计算旋转盘边界层对表面粗糙度的主要接受特性对于预测可能的湍流路径是必要的。

本节表明,在预测湍流转捩现象方面,使用完全非线性直接数值模拟方法可以获得更为可靠的结果。然而,Yim 等[60] 的 DNS 结果表明,模拟整个圆盘或腔体,而不仅仅是模拟一个角扇区很重要,因为具有不同方位波数的各种绝对不稳定模式的叠加是获得与实验更好的定量一致的关键。因此,在未来的工作中,需要更大的数值资源来解决向湍流过渡的整个场景。

3.4 节基于 URANS 和 WMLES 两种数值模拟方法,研究了叠加径向通流条件下简单转-静系盘腔内部的流动特性。

首先,探讨了径向通流影响下盘腔内的时均流动特性,发现 URANS 和 WMLES 两种数值模拟方法给出的平均流场基本吻合。在径向通流的影响下,盘腔内部周向速度总是维持 Batchelor 流型分布形式。而叠加径向通流对径向速度分布影响较大,随着径向通流流量增大,径向流速可能会出现 Stewartson 流型分布形式。此外,随着径向通流增大,Batchelor 流型中的旋转核心形成被抑制,因此腔内径向压差也随之减小。随后讨论了 URANS 和 WMLES 结果之间的差异,表现在 WMLES 所预测的旋转比与 URANS 结果相比较低。这一现象是由于 RANS 方法对边界层内流动结构解析能力不足所导致的。

随后基于 WMLES 结果讨论了腔内的流动不稳定性。转、静盘边界层均存在明显的横流不稳定性和离心不稳定性。在这两种流动不稳定性的影响下,边界层内会诱导形成螺旋状的流向涡结构。在低径向通流流量工况下,由于转、静盘边界层内的径向速度不同,在转盘边界层会出现再层流化现象,抑制了流向涡的形成。

因此静盘边界层内的涡结构数量和扰动强度均大于转盘边界层。而随着径向通流流量增大,叠加的径向通流汇入转盘边界层,转盘边界层内流动不稳定性逐渐增强,导致转盘边界层内的扰动强度大于静盘边界层。

　　基于流场的平均流动特性和边界层流动不稳定性,讨论了盘腔内的湍动能分布特性。基于湍动能生成项的特点,在旋转核心中由于平均流速梯度基本为 0,因此湍动能也为 0。而在边界层内,由于流速梯度较大,因此存在明显的湍动能峰值。此外,由于平均流场呈现明显的各向异性,湍动能分布也同样呈现明显的各向异性,其中以流向湍动能占据主导地位。在低径向通流工况下,由于静盘边界层内流动不稳定性强于转盘边界层,因此静盘边界层内湍动能也大于转盘边界层。而随着径向通流流量增大,转盘边界层内的湍动能也逐渐增大。同时由于径向通流破坏了旋转核心内的二维流速分布特性,使得旋转核心内湍动能不再为 0,湍动能的分布区域向旋转核心发生了扩张。

　　最后,结合上述流动特性,从边界层流动结构、"上抛下扫"过程与边界层结构耦合作用机制和旋转效应对切应力的抑制作用三个角度,解释了旋转盘腔中转盘转矩和静盘摩阻在动量传递过程中的非对称做功特性。首先,已经指出静盘边界层涡量强于转盘边界层,由于流向涡会加强边界层内流体和外部流体之间的动量传递,因此静盘边界层内低速流体与旋转核心的动量传递更为剧烈,导致静盘摩阻的做功特性更强。此外,由于边界层内涡量以负流向涡占据主导地位,而负流向涡与边界层内径向流动产生耦合作用,在静盘边界层诱导产生升力,加强了静盘边界层内的"上抛下扫"过程;而在转盘边界层诱导产生阻力,抑制了转盘边界层内的"上抛下扫"过程,同样导致静盘摩阻的做功更强。最后,旋转效应对切应力的生成有抑制作用,由于转盘边界层旋转效应更强,因此对转盘切应力的抑制效果更强。综合上述作用机制,导致了转盘转矩和静盘摩阻的非对称做功特性,并导致盘腔内部旋转比总是低于 0.5。

参考文献

[1]　Northrop A, Owen J M. Heat transfer measurements in rotating-disc systems Part 2: The rotating cavity with a radial outflow of cooling air[J]. International Journal of Heat and Fluid Flow, 1988, 9(1): 27 - 36.

[2]　Ong C L, Owen J M. Prediction of heat transfer in a rotating cavity with a radial outflow[J]. Journal of Turbomachinery, 1991, 113(1): 115 - 122.

[3]　Chew J W, Rogers R H. An integral method for the calculation of turbulent forced convection in a rotating cavity with radial outflow[J]. International Journal of Heat and Fluid Flow, 1988, 9(1): 37 - 48.

[4]　Farthing P R, Long C A, Rogers R H. Measurement and prediction of heat transfer from compressor discs with a radial inflow of cooling air[C]. Orlando: 36th ASME, International

Gas Turbine and Aeroengine Congress and Exposition, 1991.

[5]　Onori M, Amirante D, Hills N J, et al. Heat transfer prediction from large eddy simulation of a rotating cavity with radial inflow[J]. Journal of Engineering for Gas Turbines and Power, 2019, 141(12): 121002.

[6]　Vinod Kumar B G, Chew J W, Hills N J. Rotating flow and heat transfer in cylindrical cavities with radial inflow[J]. Journal of Engineering for Gas Turbines and Power, 2013, 135(3): 032502.

[7]　Pitz D B. Direct and large-eddy simulation of buoyancy-induced flows in rotating cavities[D]. Guildford: University of Surrey (United Kingdom), 2018.

[8]　Puttock-Brown M R, Rose M G. Formation and evolution of Rayleigh-Bénard streaks in rotating cavities[C]. Oslo: Turbo Expo: Power for Land, Sea, and Air, 2018.

[9]　Owen J M, Pincombe J R. Vortex breakdown in a rotating cylindrical cavity[J]. Journal of Fluid Mechanics, 1979, 90(1): 109 − 127.

[10]　Owen J M, Long C A. Review of buoyancy-induced flow in rotating cavities[J]. Journal of Turbomachinery, 2015, 137(11): 111001.

[11]　Farthing P R, Long C A, Owen J M, et al. Rotating cavity with axial throughflow of cooling air: Flow structure[J]. Journal of Turbomachinery, 1992, 114(1): 237 − 246.

[12]　Bohn D E, Deutsch G N, Simon B, et al. Flow visualisation in a rotating cavity with axial throughflow[C]. Munich: Turbo Expo: Power for Land, Sea, and Air, 2000.

[13]　Owen J M, Powell J. Buoyancy-induced flow in a heated rotating cavity[J]. Journal of Engineering for Gas Turbines and Power, 2006, 128(1): 128 − 134.

[14]　Long C A, Miché N D D, Childs P R N. Flow measurements inside a heated multiple rotating cavity with axial throughflow[J]. International Journal of Heat and Fluid Flow, 2007, 28(6): 1391 − 1404.

[15]　Grossmann S, Lohse D. Scaling in thermal convection: A unifying theory[J]. Journal of Fluid Mechanics, 2000, 407: 27 − 56.

[16]　Bohn D, Deuker E, Emunds R, et al. Experimental and theoretical investigations of heat transfer in closed gas-filled rotating annuli[J]. Journal of Turbomachinery, 1995, 117(1): 175 − 183.

[17]　Tang H, Owen J M. Theoretical model of buoyancy-induced heat transfer in closed compressor rotors[J]. Journal of Engineering for Gas Turbines and Power, 2018, 140(3): 032605.

[18]　Long C A, Tucker P G. Shroud heat transfer measurements from a rotating cavity with an axial throughflow of air[J]. Journal of Turbomachinery, 1994, 116(3): 525 − 534.

[19]　Long C A, Childs P R N. Shroud heat transfer measurements inside a heated multiple rotating cavity with axial throughflow[J]. International Journal of Heat and Fluid Flow, 2007, 28(6): 1405 − 1417.

[20]　Lloyd J R, Moran W R. Natural convection adjacent to horizontal surface of various planforms [J]. ASME Journal of Heat and Mass Transfer, 1974, 96(4): 443 − 447.

[21]　Farthing P R, Long C A, Owen J M, et al. Rotating cavity with axial throughflow of cooling air: Heat transfer[J]. Journal of Turbomachinery, 1992, 114(1): 229 − 236.

[22]　Gao F, Chew J W. Flow and heat transfer mechanisms in a rotating compressor cavity under

centrifugal buoyancy-driven convection [J]. Journal of Engineering for Gas Turbines and Power, 2022, 144(5): 051010.

[23]　Luberti D, Patinios M, Jackson R W, et al. Design and testing of a rig to investigate buoyancy-induced heat transfer in aero-engine compressor rotors[J]. Journal of Engineering for Gas Turbines and Power, 2021, 143(4): 041030.

[24]　Leontiev A, Epifanov V M. Heat and mass transfer and fluid dynamics of transpiration-cooled gas turbines [C]. Marathon: International Symposium on Heat Transfer in Turbomachinery, 1992.

[25]　Owen J M, Rogers R H. Flow and heat transfer in rotating-disc systems. Volume 2: Rotating cavities[M]. Hoboken: Wiley, 1995.

[26]　Randriamampianina A, Elena L, Fontaine J P, et al. Numerical prediction of laminar, transitional and turbulent flows in shrouded rotor-stator systems[J]. Physics of Fluids, 1997, 9(6): 1696 – 1713.

[27]　Martinand D, Serre E, Viaud B. Instabilities and routes to turbulence in rotating disc boundary layers and cavities[J]. Philosophical Transactions of the Royal Society A, 2023, 381(2243): 20220135.

[28]　van Eeten K M P, van der Schaaf J, van Heijst G J F, et al. Lyapunov-stability of solution branches of rotating disk flow[J]. Physics of Fluids, 2013, 25(7): 073602.

[29]　Bödewadt V U T. Die drehströmung über festem grunde [J]. ZAMM-Journal of Applied Mathematics and Mechanics/Zeitschrift für Angewandte Mathematik und Mechanik, 1940, 20 (5): 241 – 253.

[30]　Batchelor G K. Note on a class of solutions of the Navier-Stokes equations representing steady rotationally-symmetric flow[J]. The Quarterly Journal of Mechanics and Applied Mathematics, 1951, 4(1): 29 – 41.

[31]　Faller A J. Instability and transition of disturbed flow over a rotating disk[J]. Journal of Fluid Mechanics, 1991, 230: 245 – 269.

[32]　Serre E, Hugues S, Del Arco E C, et al. Axisymmetric and three-dimensional instabilities in an Ekman boundary layer flow[J]. International Journal of Heat and Fluid Flow, 2001, 22 (1): 82 – 93.

[33]　Viaud B, Serre E, Chomaz J M. The elephant mode between two rotating disks[J]. Journal of Fluid Mechanics, 2008, 598: 451 – 464.

[34]　Daily J W, Nece R E. Chamber dimension effects on induced flow and frictional resistance of enclosed rotating disks[J]. Journal of Basic Engineering, 1960, 82(1): 217 – 230.

[35]　Gregory N, Stuart J T, Walker W S. On the stability of three-dimensional boundary layers with application to the flow due to a rotating disk [J]. Philosophical Transactions of the Royal Society of London. Series A, Mathematical and Physical Sciences, 1955, 248(943): 155 – 199.

[36]　Faller A J. An experimental study of the instability of the laminar Ekman boundary layer[J]. Journal of Fluid Mechanics, 1963, 15(4): 560 – 576.

[37]　Mollo-Christensen E L, Tatro P R. Experiments on Ekman layer instability[J]. Journal of Fluid Mechanics, 1967, 28(3): 531 – 543.

[38] Faller A J, Kaylor R. Instability of the Ekman spiral with applications to the planetary boundary layers[J]. The Physics of Fluids, 1967, 10(9): S212 - S219.

[39] Lilly D K. On the instability of Ekman boundary flow[J]. Journal of Atmospheric Sciences, 1966, 23(5): 481 - 494.

[40] Mack L. The wave pattern produced by a point source on a rotating disk[C]. Reno: 23rd Aerospace Sciences Meeting, 1985.

[41] Lingwood R J. Absolute instability of the Ekman layer and related rotating flows[J]. Journal of Fluid Mechanics, 1997, 331: 405 - 428.

[42] Serre E, Tuliszka-Sznitko E, Bontoux P. Coupled numerical and theoretical study of the flow transition between a rotating and a stationary disk[J]. Physics of Fluids, 2004, 16(3): 688 - 706.

[43] Pier B. Open-loop control of absolutely unstable domains[J]. Proceedings of the Royal Society of London. Series A: Mathematical, Physical and Engineering Sciences, 2003, 459(2033): 1105 - 1115.

[44] Othman H, Corke T C. Experimental investigation of absolute instability of a rotating-disk boundary layer[J]. Journal of Fluid Mechanics, 2006, 565: 63 - 94.

[45] Takagi S, Itoh N. The mode selection mechanism of cross-flow instability in three-dimensional boundary layers[R]. Technical Report, JAXA, 2004.

[46] Siddiqui M E, Mukund V, Scott J, et al. Experimental characterization of transition region in rotating-disk boundary layer[J]. Physics of Fluids, 2013, 25(3): 034102.

[47] Huerre P, Monkewitz P A. Absolute and convective instabilities in free shear layers[J]. Journal of Fluid Mechanics, 1985, 159: 151 - 168.

[48] Lingwood R J. Absolute instability of the boundary layer on a rotating disk[J]. Journal of Fluid Mechanics, 1995, 299: 17 - 33.

[49] Lingwood R J. An experimental study of absolute instability of the rotating-disk boundary-layer flow[J]. Journal of Fluid Mechanics, 1996, 314: 373 - 405.

[50] Davies C, Carpenter P W. Global behaviour corresponding to the absolute instability of the rotating-disc boundary layer[J]. Journal of Fluid Mechanics, 2003, 486: 287 - 329.

[51] Appelquist E, Schlatter P, Alfredsson P H, et al. Global linear instability of the rotating-disk flow investigated through simulations[J]. Journal of Fluid Mechanics, 2015, 765: 612 - 631.

[52] Couairon A, Chomaz J M. Absolute and convective instabilities, front velocities and global modes in nonlinear systems[J]. Physica D: Nonlinear Phenomena, 1997, 108(3): 236 - 276.

[53] Huerre P. Nonlinear synchronization in open flows[J]. Journal of Fluids and Structures, 2001, 15(3 - 4): 471 - 480.

[54] Appelquist E, Schlatter P, Alfredsson P H, et al. Transition to turbulence in the rotating-disk boundary-layer flow with stationary vortices[J]. Journal of Fluid Mechanics, 2018, 836: 43 - 71.

[55] Appelquist E, Schlatter P, Alfredsson P H, et al. On the global nonlinear instability of the rotating-disk flow over a finite domain[J]. Journal of Fluid Mechanics, 2016, 803: 332 - 355.

[56]　Imayama S, Alfredsson P H, Lingwood R J. Experimental study of rotating-disk boundary-layer flow with surface roughness[J]. Journal of Fluid Mechanics, 2016, 786: 5 – 28.

[57]　Pier B. Transition near the edge of a rotating disk[J]. Journal of Fluid Mechanics, 2013, 737: R1.

[58]　Imayama S, Alfredsson P H, Lingwood R J. An experimental study of edge effects on rotating-disk transition[J]. Journal of Fluid Mechanics, 2013, 716: 638 – 657.

[59]　Healey J J. Model for unstable global modes in the rotating-disk boundary layer[J]. Journal of Fluid Mechanics, 2010, 663: 148 – 159.

[60]　Yim E, Chomaz J M, Martinand D, et al. Transition to turbulence in the rotating disk boundary layer of a rotor-stator cavity[J]. Journal of Fluid Mechanics, 2018, 848: 631 – 647.

[61]　Lingwood R J, Alfredsson P H. Instabilities of the von Kármán boundary layer[J]. Applied Mechanics Reviews, 2015, 67(3): 030803.

[62]　Lee K, Nishio Y, Izawa S, et al. The effect of downstream turbulent region on the spiral vortex structures of a rotating-disk flow[J]. Journal of Fluid Mechanics, 2018, 844: 274 – 296.

[63]　Viaud B, Serre E, Chomaz J M. Transition to turbulence through steep global-modes cascade in an open rotating cavity[J]. Journal of Fluid Mechanics, 2011, 688: 493 – 506.

[64]　Pier B. Primary crossflow vortices, secondary absolute instabilities and their control in the rotating-disk boundary layer[J]. Journal of Engineering Mathematics, 2007, 57(3): 237 – 251.

[65]　Kobayashi R, Kohama Y, Takamadate C. Spiral vortices in boundary layer transition regime on a rotating disk[J]. Acta Mechanica, 1980, 35(1 – 2): 71 – 82.

[66]　Malik M R, Wilkinson S P, Orszag S A. Instability and transition in rotating disk flow[J]. AIAA Journal, 1981, 19(9): 1131 – 1138.

[67]　Thomas C, Davies C. On the impulse response and global instability development of the infinite rotating-disc boundary layer[J]. Journal of Fluid Mechanics, 2018, 857: 239 – 269.

[68]　Imayama S, Alfredsson P H, Lingwood R J. On the laminar-turbulent transition of the rotating-disk flow: The role of absolute instability[J]. Journal of Fluid Mechanics, 2014, 745: 132 – 163.

[69]　Pier B. Finite-amplitude crossflow vortices, secondary instability and transition in the rotating-disk boundary layer[J]. Journal of Fluid Mechanics, 2003, 487: 315 – 343.

[70]　Imayama S, Alfredsson P H, Lingwood R J. A new way to describe the transition characteristics of a rotating-disk boundary-layer flow[J]. Physics of Fluids, 2012, 24(3): 031701.

[71]　Séverac E, Serre E. A spectral vanishing viscosity for the LES of turbulent flows within rotating cavities[J]. Journal of Computational Physics, 2007, 226(2): 1234 – 1255.

[72]　Séverac E, Poncet S, Serre E, et al. Large eddy simulation and measurements of turbulent enclosed rotor-stator flows[J]. Physics of Fluids, 2007, 19(8): 085113.

[73]　Gao F, Chew J W. Evaluation and application of advanced CFD models for rotating disc flows [J]. Proceedings of the Institution of Mechanical Engineers, Part C: Journal of Mechanical Engineering Science, 2021, 235(23): 6847 – 6864.

[74]　Makino S, Inagaki M, Nakagawa M. Laminar-turbulence transition over the rotor disk in an

enclosed rotor-stator cavity[J]. Flow, Turbulence and Combustion, 2015, 95: 399 - 413.

[75]   Poncet S, Chauve M P, Le Gal P. Turbulent rotating disk flow with inward throughflow[J]. Journal of Fluid Mechanics, 2005, 522: 253 - 262.

[76]   Cros A, Floriani E, Le Gal P, et al. Transition to turbulence of the Batchelor flow in a rotor/stator device[J]. European Journal of Mechanics-B/Fluids, 2005, 24(4): 409 - 424.

[77]   Wilkinson S P, Malik M R. Stability experiments in the flow over a rotating disk[J]. AIAA Journal, 1985, 23(4): 588 - 595.

[78]   Kohama Y. Study on boundary layer transition of a rotating disk[J]. Acta Mechanica, 1984, 50(3 - 4): 193 - 199.

[79]   Balachandar S, Streett C L, Malik M R. Secondary instability in rotating-disk flow [J]. Journal of Fluid Mechanics, 1992, 242: 323 - 347.

[80]   Poncet S, Schiestel R, Chauve M-P. Turbulence modelling and measurements in a rotor-stator system with throughflow[C]. Sardinia: ERCOFTAC International Symposium on Engineering Turbulence Modelling and Measurements, 2005.

[81]   Ekman V W. On the influence of the earth's rotation on ocean-currents [M]. Stockholm: Almqvist & Wiksells Boktryckeri, A. -B. ,1905.

[82]   Lygren M, Andersson H I. Turbulent flow between a rotating and a stationary disk[J]. Journal of Fluid Mechanics, 2001, 426: 297 - 326.

[83]   Gibson M M, Launder B E. Ground effects on pressure fluctuations in the atmospheric boundary layer[J]. Journal of Fluid Mechanics, 1978, 86(3): 491 - 511.

[84]   Walker G J. The role of laminar-turbulent transition in gas turbine engines: A discussion[J]. Journal of Turbomachinery, 1993, 115(2): 207 - 216.

[85]   Will B R-C. Theoretical, numerical and experimental investigation of the flow in rotor-stator cavities with application to a centrifugal pump[EB/OL]. https://api. semanticscholar. org/CorpusID: 109876820[2022 - 01 - 01].

[86]   Theodorsen T. The structure of turbulence[M]. Wiesbaden: Vieweg + Teubner Verlag, 1955.

[87]   Robinson S K. Coherent motions in the turbulent boundary layer[J]. Annual Review of Fluid Mechanics, 1991, 23(1): 601 - 639.

[88]   Littell H S, Eaton J K. Turbulence characteristics of the boundary layer on a rotating disk[J]. Journal of Fluid Mechanics, 1994, 266: 175 - 207.

[89]   Jiang H C, Zhu X J, Wang D P, et al. Supergravitational turbulent thermal convection[J]. Science Advances, 2020, 6(40): eabb8676.

第 4 章
横流盘腔流动机理研究

4.1 引　论

在航空发动机空气系统中存在主流和涡轮盘腔之间的耦合流动,使得涡轮盘腔流动特性与简单转-静系盘腔呈现明显的差异。然而盘腔与涡轮主流的耦合流动特性十分复杂,不仅存在涡轮叶片的非均匀、非定常流场的影响,还存在明显的横流效应。本章在简单转-静系盘腔的研究基础上,忽略涡轮叶片结构的影响,仅考虑外部均匀旋流所导致的横流效应。本章基于横流盘腔模型,对比了 WMLES/URANS 数值模拟结果,分析了两种数值模拟方法在传质过程预测中产生差异的原因;识别了轮缘位置由于速度剪切导致的 Kelvin‐Helmholtz(K‐H)不稳定流动现象,探究了 K‐H 涡结构对轮缘位置的入流/出流双向流动特性的影响;分析了盘腔端区大尺度流动结构的形成机理,基于泰勒冻结定理,探究了在封严气流影响下盘腔内大尺度流动结构的动力学特性。

4.2　数值模拟方法

4.2.1　计算模型及网格划分

本章研究所采用的计算模型为带有外部横流通道的转-静系盘腔模型,在本书中称为横流盘腔。计算模型如图 4‐1 所示,横流通道的高度 $H_2 = 10 \text{ mm}$,模型的其余尺寸与前文简单转-静系盘腔模型相同,具体几何参数可以参照表 3‐1。在本章研究中同样采用 RANS 及 WMLES 两种数值模拟方法进行对比。两种数值模拟方法所采用的网格如图 4‐2 所示。其中 RANS 网格采用了边界层加密的处理方法,保证壁面 $y^+ < 1$,而 WMLES 网格采用了均匀的网格划分方法,整个计算域内 y^+ 保证在 50 左右。具体的网格参数如表 4‐1 所示。

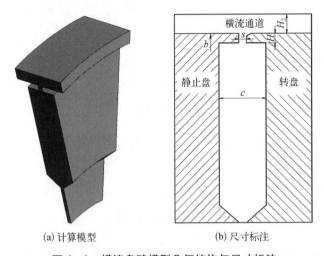

(a) 计算模型　　　　　　　(b) 尺寸标注

图 4-1　横流盘腔模型几何结构与尺寸标注

H_2. 横流通道高度;H. 封严唇厚度;s. 封严间隙;b. 盘腔外径;c. 盘腔间距

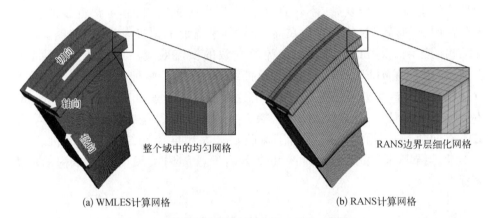

(a) WMLES 计算网格　　　　　　　(b) RANS 计算网格

图 4-2　横流盘腔模型 WMLES 和 RANS 网格对比

表 4-1　横流盘腔 RANS 及 WMLES 网格设置具体参数

数 值 方 法	网格间距	网 格 数	第一层网格厚度
RANS	$y^+ = 0.2$	641 698	1×10^{-6} m
WMLES	$y^+ = 50$	2 781 945	2.3×10^{-4} m
	$r^+ = 100$		
	$r\theta^+ = 100$		

4.2.2　边界条件设置

横流盘腔模型的边界条件设置如图 4-3 所示。在本章中,由于径向通流起到了封严外部横流入侵流入盘腔的作用,因此将其称为封严气流。整个横流盘腔计算域被设置为旋转域,流动参数均在旋转坐标系下求解。盘腔中所有的壁面均给定了绝热、无滑移的边界条件,对于图 4-3 中红色线条所示的静止壁面给定了与计算域旋转速度等大反向的壁面速度。在横流通道入口给定了气流的入口角度(67°)、质量流量以及静温,横流通道出口给定了静压。盘腔底部的封严流入口给定了气流的流量和静温。

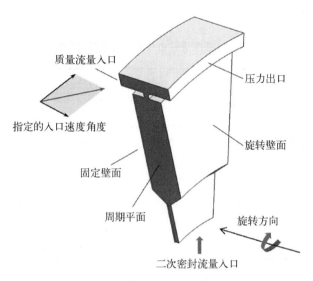

质量流量入口

压力出口

指定的入口速度角度

旋转壁面

固定壁面

周期平面

旋转方向

二次密封流量入口

图 4-3　横流盘腔计算边界条件示意图

　　由于盘腔和横流之间存在掺混现象,为模拟计算域中的质量传递过程,在计算中引入输运方程进行求解。由于横流和盘腔内气流设置为等温流动,因此两股流体的掺混过程只涉及流体在流场内的迁移运动,不涉及密度改变造成的流体作用力的变化。这样的掺混过程可以看成某一股流体携带标量被动在流场中进行迁移,因此输运方程选择为标量湍流输运方程,如式(4-1)所示,其中 c 为气体的体积分数即浓度,D_c 为动能扩散系数,μ_t 为湍流黏度,Sc_t 为湍流施密特数。在计算设置中,为区别封严气流和外部横流两股流体,封严气流的浓度 c_{seal} 被设置成为 1,而主流通道的浓度 c_a 为 0。盘腔内封严效率的定义如式(4-2)所示,其中 c_∞ 为腔内的当地的气流浓度。

$$\frac{\partial(\rho c)}{\partial t} + \nabla \cdot (\rho U c) = \nabla\left[\left(\rho D_c + \frac{\mu_t}{Sc_t}\right)\nabla t\right] \tag{4-1}$$

$$\eta = \frac{c_{\text{seal}} - c_a}{c_\infty - c_a} \tag{4-2}$$

算例的边界条件具体参数如表 4 - 2 所示,其无量纲形式如表 4 - 3 所示。在非定常计算设置中,URANS 的时间步长设置为 1.136×10^{-5} s,折合为一个时间步转过 $0.25°$。而对于 WMLES 方法,由于需要维持非定常数值模拟中时间离散项和空间离散项的数值稳定性,时间步长需要满足 CFL 数的要求。时间步长的取值方法为:在一个时间步内以转盘转速转过一个周向最大网格栅距所需的时间,计算结果为 $4.166~7 \times 10^{-6}$ s。在 WMLES 的计算中,监测 CFL 数的均方根值为 0.82,最大值为 3.36,满足计算要求。

表 4 - 2   横流盘腔边界条件具体设置参数

边 界 条 件	参　　数
转速/(r/min)	4 000
全环主流流量/(kg/s)	1.64
主流入口预旋角度/(°)	67
主流出口压力/Pa	101 325
主流、封严气流入口静温/K	298.15
全环封严气流流量/(kg/s)	0.011/0.022/0.033/0.044

表 4 - 3   横流盘腔边界条件无量纲参数

无 量 纲 量	参　　数
主流雷诺数(Re_c)	9×10^5
主流马赫数(Ma_c)	0.65
旋转雷诺数(Re_φ)	1.62×106
无量纲封严流量(C_w)	2 500/5 000/7 500/10 000

4.2.3　算例收敛判据

由于横流盘腔流场较为复杂,并且涉及两股流体之间的掺混,因此相较于简单转-静系盘腔而言,收敛准则可以相对放宽。横流盘腔 RANS 的收敛准则为:① RMSE $< 1 \times 10^{-3}$;② 盘腔内监测点压力规律波动或者收敛为常数。以转速为 4 000 r/min,$C_w = 5~000$ 工况为例,RANS 监测点收敛曲线如图 4 - 4 所示。从图中可以看出,计算残差在计算后迅速降低到了 1×10^{-3} 以下,计算的数值稳定性较好,腔内压力约

在 10 000 个迭代步后达到收敛。RANS 使用 96 核并行计算,计算达到收敛约 4 小时,共计消耗约 384 核时。

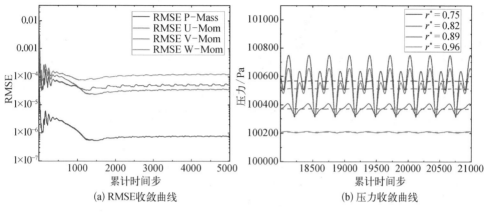

图 4-4　横流盘腔 RANS 监测点收敛曲线

　　WMLES 计算以 RANS 的收敛解作为初场。一个物理上合理的初场可以加快非定常计算的收敛过程。WMLES 的收敛准则为:① 均方根误差 RMSE $< 1 \times 10^{-3}$;② 盘腔内监测点物理量的时均值不随时间步长增加而波动;③ 盘腔内监测点物理量波动吻合 Kolmogorov 湍流能谱-5/3 次律。图 4-5(a) 和 (b) 展示了 WMLES 计算过程中的残差值和监测点压力波动情况,其中 25 000 步之前为定常 RANS 初场的收敛曲线,25 000 步之后为 WMLES 计算的收敛曲线。WMLES 在约 36 000 步达到收敛,如图 4-5(b) 所示,各监测点压力时均值基本不随时间步迭代发生变化。同时,各监测点压力波动值的功率谱密度如图 4-6 所示,并与 Kolmogorov 湍流能谱-5/3 次律曲线进行对比,可以看出各监测点功率谱密度基本与 Kolmogorov 湍流

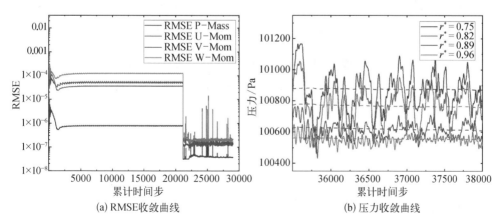

图 4-5　横流盘腔 WMLES 监测点收敛曲线

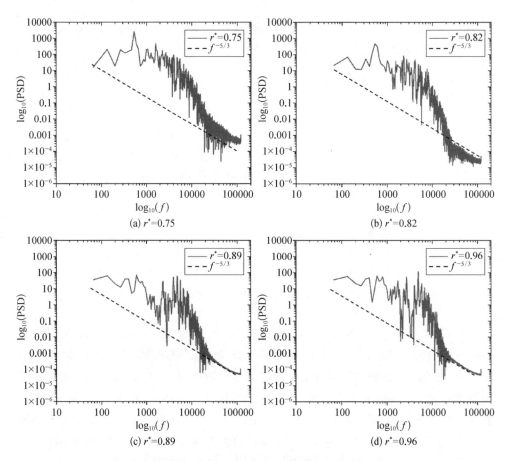

图 4-6 横流盘腔监测点压力功率谱密度与-5/3 次律对比

能谱-5/3 次律曲线吻合良好,说明在该 WMLES 算例中已经能够实现对惯性子区的解析。该算例采用 384 核进行并行计算,耗时 21.7 小时达到收敛,共计 8 333 核时。RANS 和 WMLES 所消耗的计算资源对比如表 4-4 所示。

表 4-4 横流盘腔模型 RANS/WMLES 计算资源消耗对比

计 算 方 法	收敛所需时间步	收敛所需计算机时
RANS	约 10 000	384
WMLES	约 11 000	8 333

4.2.4 计算最小扇区选择

在过去的研究中,很多学者发现在盘腔内部存在一些非定常的大尺度流动结构,这些流动结构导致转-静系盘腔内存在低频、非转子倍频的压力脉动。这些大尺度流动结构对腔内流动特性及流动参数分布存在一定的影响,使得腔内流动轴对称的假设不再成立。因此,若需要使用基于轴对称假设的扇区模型进行计算,首先需要确定一个能够分辨这些大尺度流动结构的最小扇区,以确保这些大尺度流动结构不会在计算中被周向对称边界条件所过滤。为研究扇区大小对计算结果的影响,选取 180°扇区作为参考基准,与 10°、20°、30°扇区计算结果进行对比。四个不同扇区的计算模型如图 4-7 所示。四个扇区模型均采用 URANS 计算方法,其网格划分方法、边界条件设置方法和收敛判断准则与之前的章节所述保持一致。

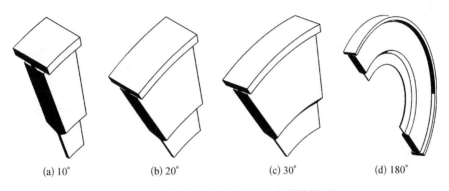

(a) 10°　　(b) 20°　　(c) 30°　　(d) 180°

图 4-7　横流盘腔不同扇区大小计算模型

首先对比不同扇区模型的定常流动参数分布特性。图 4-8 展现了盘腔轴向位置 $X^* = 0.5$ 处的径向压力分布特性。可以看出,20°、30°、180°模型压力分布基

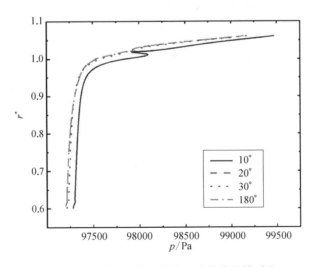

图 4-8　不同扇区模型径向压力分布特性对比

本一致,而 10°模型与其他模型结果有明显的差异。因此 10°模型不足以捕捉外部横流影响下盘腔内部的定常流动特性。

此外可以看出,30°模型和 20°模型定常特性基本一致,因此为避免计算资源的浪费,选用 10°、20°、180°模型进一步对比盘腔非定常流动特性。URANS 计算收敛后,记录了盘腔内部三个监测点一个周期内的压力波动曲线并做 FFT 分析。图 4-9 展示了不同模型盘腔内部监测点的压力波动频谱特性。从图中可以看出,10°模型的压力频谱特性和 20°、180°扇区模型存在明显的差异,而 20°扇区模型和 180°扇区模型频谱特性在分布形式上十分相似。为定量描述三组不同频谱特性之间的相似程度,引入互相关系数 R 进行定量对比。如表 4-5 所示,可以看出 20°扇区模型的计算结果已经能和 180°扇区结果较好吻合,在低半径处互相关系数大于 0.8,在高半径处互相关系数大于 0.6。而 10°扇区的互相关系数则明显较低。因此,20°扇区能够很好地捕捉盘腔内部的定常和非定常流动特性。综上所述,本章均采用 20°扇区开展数值模拟。

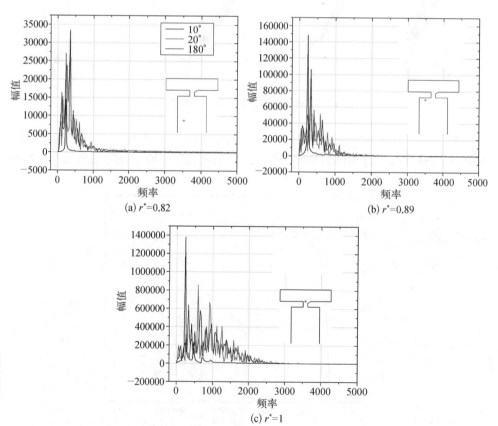

图 4-9　不同扇区模型计算监测点压力波动频谱特性对比

表 4 - 5　不同扇区压力波动频谱关系互相关系数

位置(r/b)	$R(180°/20°)$	$R(180°/10°)$
0.96	0.684	0.237 38
0.89	0.835 4	0.399 84
0.82	0.838 4	0.492 67

4.3　横流盘腔时均流动特性

与简单转-静系盘腔模型相比,横流盘腔最大的特点在于盘腔与横流通道之间存在明显的传质过程。本节介绍横流盘腔内的时均流动特性,其核心问题是在外部横流影响下,简单转-静系盘腔的流动规律是否适用。下面首先选取 $C_w = 2\,500$ 工况为典型工况,探究均匀预旋横流条件下盘腔内部的流动特性,随后研究叠加封严气流流量变化对盘腔流动特性的影响。

4.3.1　流场整体分布特性

图 4 - 10~图 4 - 12 展现了 RANS、WMLES 两种模拟方法所预测的横流盘腔旋转比轴向分布特性及典型径向位置处各速度分量的时均值轴向分布特性。可以看出,在封严气流和外部横流的叠加影响下,腔内流动依然呈现明显的 Batchelor 流型。在简单转-静系盘腔流动特性的讨论中已经指出,旋转流动主要由 Ek、Ro 两个无量纲数控制,因此尽管腔内存在质量交换以及径向、轴向流动,但是由于盘腔大部分区域内轴向、径向动量较小,Ek、Ro 依然保持小量,腔内依然呈现与简单盘腔相同的 Batchelor 流型。

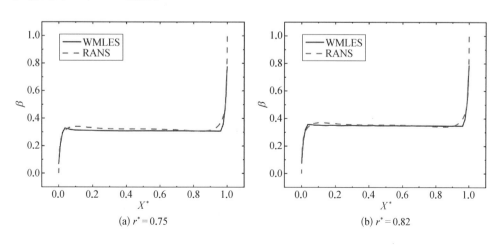

(a) $r^* = 0.75$　　　　　　　　　　(b) $r^* = 0.82$

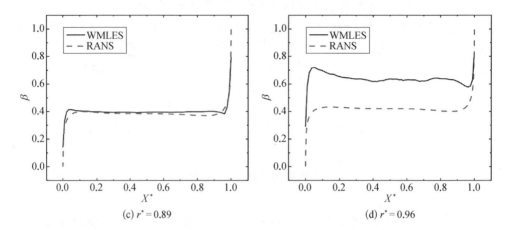

(c) $r^* = 0.89$ (d) $r^* = 0.96$

图 4－10   横流盘腔 WMLES/RANS 旋转比轴向分布特性对比

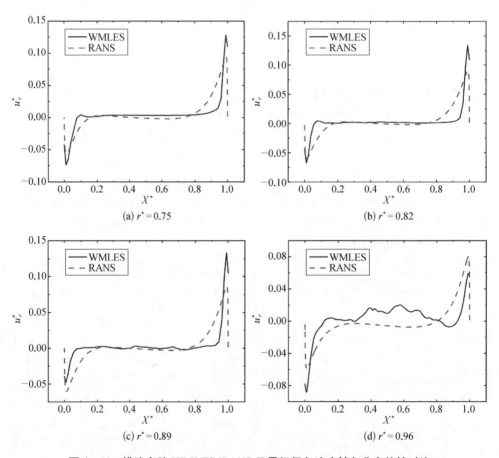

(a) $r^* = 0.75$ (b) $r^* = 0.82$

(c) $r^* = 0.89$ (d) $r^* = 0.96$

图 4－11   横流盘腔 WMLES/RANS 无量纲径向速度轴向分布特性对比

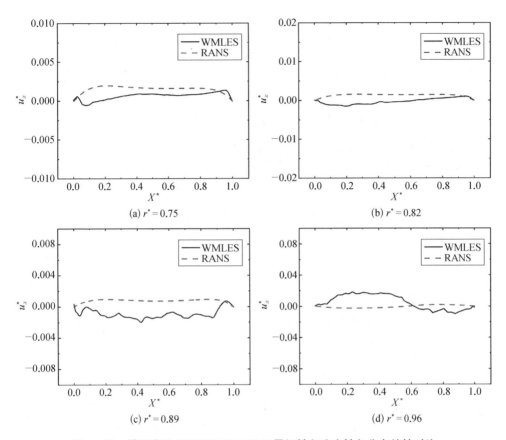

图 4-12　横流盘腔 WMLES/RANS 无量纲轴向速度轴向分布特性对比

4.3.2　RANS、WMLES 解析流场对比

　　RANS 与 WMLES 时均速度场在分布形式上整体相同,但是两种模拟结果之间也存在一定的差异。首先在盘腔的低半径位置,WMLES、RANS 流速分布规律与简单转-静系盘腔流动特性类似。WMLES 旋转核心的旋转比均略小于 RANS 结果,同时 WMLES 边界层内流速梯度大于 RANS 结果。在第 3 章中已经指出,RANS、WMLES 数值模拟的旋转比、边界层厚度以及边界层内速度分布特性差异是由数值模拟方法对壁面流动以及小尺度流动的解析上的差异所造成的。图 4-13 展现了 RANS 和 WMLES 所计算的流场内部 Q 准则云图,可以看出相比 RANS 模拟结果,WMLES 模拟流场边界层内存在明显的流向涡结构。第 3 章中已经指出这些流向涡结构是由离心、横流不稳定性所导致的。这些壁面涡结构增强了旋转核心和边界层流体之间的动量交换,同时由于低封严气流流量工况下静盘边界层内湍流度更强,静盘边界层内的低速流体与旋转核心之间的掺混更为剧烈,因此 WMLES 计算的旋转比略小于 RANS 的计算结果。

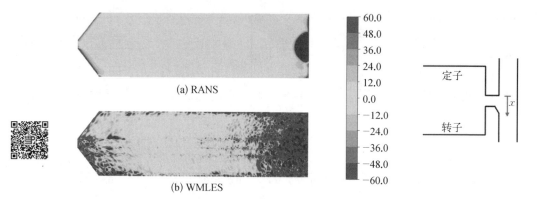

图 4 - 13　RANS/WMLES 盘腔子午面 Q 准则涡量云图对比

　　与简单转-静系盘腔流动规律不同的是,如图 4 - 10(d)所示, $r^* = 0.96$ 位置处 WMLES 计算的旋转比显著高于 RANS 结果。此外在图 4 - 13 所示的 Q 准则涡量云图中,盘腔高半径位置处存在明显的集中涡量分布。由于这一显著偏离出现在旋转核心区域,因此仅从边界层流动结构的角度是无法解释的,其根本原因是外部横流入侵所导致的。由于 RANS 和 WMLES 方法对于质量传递过程的解析能力不同,因此 RANS 流场与 WMLES 流场出现明显的偏离。

　　由于外部横流流速较高,流量较大,因此横流的压力较大。而腔内流动由刚性旋转核心所主导,径向流量较小,相比横流通道盘腔内压力较低。因此在外部横流和盘腔流径向压差的作用下,气流产生了径向动量,因此横流会倒灌流入盘腔造成入侵。图 4 - 14 展示了盘腔子午面的封严效率云图,封严效率体现了横流、封严气流在腔内的浓度占比。从图 4 - 14(a)中可以看出,RANS 解析的盘腔子午面上浓度基本接近 0.9,转盘边界层内浓度维持为 1,这说明 RANS 模拟的盘腔流场中基本不存在外部横流入侵现象,盘腔内部均被封严气流所占据。而由图 4 - 14(b)可

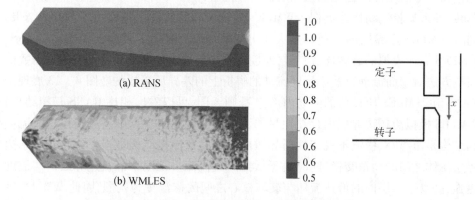

图 4 - 14　RANS/WMLES 盘腔子午面封严效率云图对比

以看出,WMLES 解析的盘腔流场存在明显的外部横流入侵现象,在静盘边界层、旋转核心内可以观察到明显的低浓度区域。同时也可以观察到 WMLES 解析的流场分布较为混乱,存在明显的非定常掺混现象。这是由于外部主流和盘腔流的流动参数存在明显的差异,因此两股流体交界面处的流场性质极为复杂,容易造成剪切失稳等非定常现象。流场中的剪切效应均可以由涡量示意,如图 4 - 13 所示的盘腔 Q 准则涡量云图可以看出,与简单转-静系盘腔流动参数分布规律不同的地方在于,WMLES 流场模拟的盘腔端区存在大量涡量分布,其分布区域不局限边界层内,同时广泛分布于旋转核心内,说明在旋转核心高半径处存在明显的由于外部入侵造成的非定常掺混现象。

此外,图 4 - 14 所示的子午面浓度云图存在明显的不对称特征。静盘侧的封严效率明显低于转盘侧封严效率,盘腔端区形成了一个三角形的低浓度区域。这是由转-静系盘腔转、静边界层不同的流动特性所决定的。前面已经指出封严气流对腔内流动的影响是不对称的,在本节可以发现外部入侵对腔内流动的影响同样是不对称的。转盘边界层由于泵效应被径向出流所主导,而静盘边界层被径向入流所主导,因此外部横流流入盘腔时会汇入静盘边界层,再通过盘腔内部存在的轴向流动以及扩散效应流至转盘面。这一现象被称为腔内静盘对转盘的"缓冲"效应。

为什么 RANS 和 WMLES 两种方法对传质过程的解析能力不同呢? 柱坐标形式的湍流传质控制方程如式(4-3)所示,其中 C 为浓度,D 为分子扩散系数。式中左边第一项代表了流场非定常特性的影响,第二项代表了流体平均流场对标量的输运作用。右边第一项代表了分子扩散的影响,第二项代表了湍流脉动对传质过程的贡献。对于简单盘腔这种典型的轴对称流动,周向梯度 $\dfrac{\partial}{\partial \theta}$ 项均为 0,因此式(4-3)可以简化改写成式(4-4)的形式。通过式(4-3)和式(4-4)可以看出,流场中的传质过程与动量传递过程是紧密耦合的。

$$
\frac{\partial C}{\partial t} + u_r \frac{\partial C}{\partial r} + \frac{u_\theta}{r} \frac{\partial C}{\partial \theta} + u_x \frac{\partial C}{\partial x} = D \left[\frac{1}{r} \frac{\partial}{\partial r} \left(r \frac{\partial C}{\partial r} \right) + \frac{\partial^2 C}{\partial x^2} + \frac{1}{r^2} \frac{\partial^2 C}{\partial \theta^2} \right]
$$
$$
- \left(\frac{1}{r} \frac{\partial (r \langle u_r C \rangle)}{\partial r} + \frac{\partial \langle u_x C \rangle}{\partial x} + \frac{1}{r^2} \frac{\partial (\langle u_\theta C \rangle)}{\partial \theta} \right)
$$

$$(4-3)$$

$$
\frac{\partial C}{\partial t} + u_r \frac{\partial C}{\partial r} + u_x \frac{\partial C}{\partial x} = D \left[\frac{1}{r} \frac{\partial}{\partial r} \left(r \frac{\partial C}{\partial r} \right) + \frac{\partial^2 C}{\partial x^2} \right] - \left(\frac{1}{r} \frac{\partial (r \langle u_r C \rangle)}{\partial r} + \frac{\partial \langle u_x C \rangle}{\partial x} \right)
$$

$$(4-4)$$

传质方程(4-4)的求解需要与 N-S 方程联立,而 N-S 方程与传质方程中均存在不封闭项,即 $u_i' u_j'$ 项与 $u_j' C'$ 项。在 RANS 模拟中,不封闭项一般通过建模求解。本书所采用的 RANS - SST 湍流模型中采用涡黏模型假设,将不封闭项通过湍流黏性系数、湍流扩散系数与应变率、浓度梯度相关联,如式(4 - 5)和式(4 - 6)所示,其中 μ_t 为湍流黏性系数, D_t 为湍流扩散系数,两者的比值被称为湍流施密特数 Sc_t,如式(4 - 7)所示。在 RANS 求解中 Sc_t 值通常是给定的。然而实际湍流速度脉动具有各种不同的尺度,因此 Sc_t 并不是一个定值,存在非均匀、非定常特性。此外,如图 4 - 15 所示,初始规则分布的浓度场在速度脉动迁移的作用下,会衍生出许多的小尺度不均匀浓度分布结构。这些小尺度不均匀浓度分布结构会导致局部的浓度梯度增大,随着时间的推移和小尺度脉动的演化,在局部浓度梯度的作用下,浓度场分布会变得越来越不均匀,产生更为强烈的湍流扩散。而这一局部浓度梯度的作用效果无法被 RANS 所捕捉,因此两种数值模拟方法所预测的流场出现了明显的差别。

$$-\rho < u_i u_j > \geqslant \mu_t \left(\frac{\partial u_i}{\partial x_j} + \frac{\partial u_j}{\partial x_i} \right) - \left(pk + \mu_t \frac{\partial u_k}{\partial x_k} \right) \delta_{ij} \quad (4 - 5)$$

$$-\rho < u_i C > \geqslant D_t \frac{\partial \langle C \rangle}{\partial x_i} \quad (4 - 6)$$

$$Sc_t = \frac{\mu_t}{D_t} \quad (4 - 7)$$

图 4 - 15　标量在湍流脉动场中输运的定性显示

综上所述,由于 RANS 求解的是时均意义上的流场,在求解过程中这些小尺度脉动速度都被时间平均所过滤而无法解析,所以 RANS 在模拟传质过程(或者传热过程)方面与实验值相差较大。而 WMLES 作为非定常数值模拟方法,能够解析流动中的大部分的速度脉动,因此能够捕捉到更准确的质量传递。

4.4　盘腔与横流通道的传质特性

下面对横流、盘腔流之间的传质掺混进行具体研究。图 4 - 16 展示了计算域内旋转比、压力的径向分布特性,其中 $r^* = 1 \sim 1.02$ 径向范围为轮缘间隙。由于腔内流体和外部横流的流动特性具有明显的区别,因此轮缘间隙内流动参数存在明显的径向间断。

如图 4-16(a)所示,由于外部横流具有较高的预旋速度,因此外部横流的旋转比较高,在当前预旋工况条件下,外部横流的旋转比为 1.8 左右。而第 3 章中已经指出,腔内气流由于受到静盘阻滞作用和封严气流的影响,旋转比通常小于 0.5。因此当外部横流入侵盘腔时,会在转-静间隙处形成明显的旋转比间断剪切层。图 4-16(b)展示了计算域内以 $r^* = 0.68$ 处压力为参考压力的径向压差分布。可以看到在 $r^* < 0.98$ 的区域,腔内在旋转效应下形成了径向压力梯度,压力随着半径增大而单调升高。值得注意的是,轮缘间隙处压力梯度存在明显的先减小后增大的不单调现象,如图中 $r^* = 0.98 \sim 1.02$ 区域所示。这一不单调压力分布是由入侵、出流的双向流动特性所导致的。在轮缘外侧,由于存在入侵现象,外部高压横流气体入侵流入盘腔,造成该区域压力升高。而在轮缘内侧,由于轮缘间隙的节流作用,压力出现了明显的降低,因此轮缘位置处的压力出现明显的不单调现象。

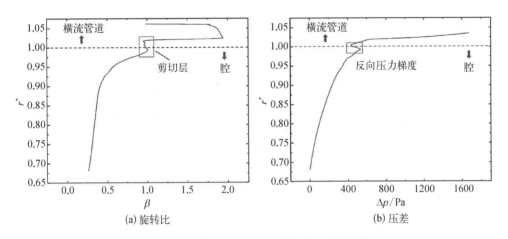

(a) 旋转比   (b) 压差

图 4-16 横流盘腔内流动参数径向分布特性

可以看出,入侵导致轮缘间隙处的流动特性十分复杂,存在明显的非定常、非单调以及间断现象,需要对间隙处的流动特性进行深入研究。

4.4.1 轮缘间隙 Kelvin - Helmholtz 不稳定性的影响

图 4-17 给出了轮缘间隙的速度三角形及速度剪切层的示意图,在腔内流体和横流的相对剪切下会导致面涡的形成,所形成的面涡的方向与横流的轴向流动方向是相反的。经典流动稳定性理论指出,面涡结构是无黏不稳定的,在任意的小扰动下会发生非定常演化,并卷起一系列的剪切涡结构,这便是所谓的 Kelvin - Helmholtz 不稳定性,并将这些剪切涡称为 K - H 涡。

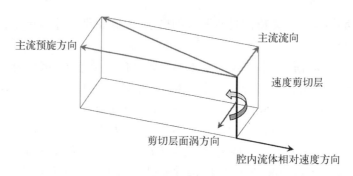

图 4-17　轮缘间隙速度三角形及速度剪切层示意图

　　图 4-18 展现了盘腔轮缘位置处的 Q 准则涡结构等值面的正视图及俯视图。将这些涡结构以及无量纲径向速度染色用以判断涡结构的旋向,可以看出这些涡结构的旋向与图 4-17 所示的面涡方向相同,说明这些离散的 K-H 涡结构是由速度剪切面涡层诱导产生的。

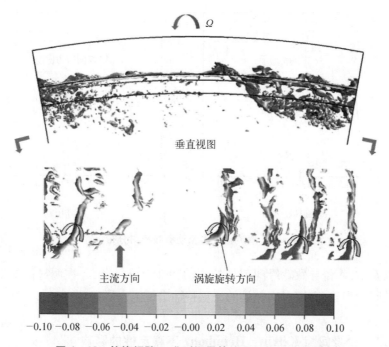

图 4-18　轮缘间隙 Q 准则涡量等值面正视图及俯视图

　　从正视图中可以看出,涡结构主要分布在轮缘间隙及盘腔端区,呈现明显的螺旋状。从俯视图可以看出,K-H 涡结构在轮缘间隙形成后将会随着主流向下游传递。在剪切涡的诱导下,轮缘间隙流场同时诱导产生径向向内和向外的迁移流动,因此在轮缘间隙呈现明显的入侵及出流双向流动。同时需要特别指出的是,横流剪切效应所主导的 K - H 不稳定性现象在横流盘腔流动中是恒存的。由于 K - H 涡结构总会诱导轮缘间隙处的入侵、出流双向流动,因此单纯增大封严气流量很难实现完全封严。

　　这一入侵、出流双向流动是横流影响下盘腔区别于简单盘腔的重要特征。图 4 - 19 展示了 $C_w = 2\,500$ 工况轮缘间隙处($r^* = 1$)的无量纲径向流速云图,可以看出由于封严气流流量较小,轮缘间隙相当一部分区域被外部横流入侵流动所占据。

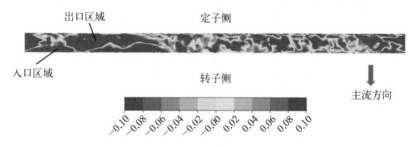

图 4 - 19　$C_w = 2\,500$ 工况轮缘间隙瞬时径向速度云图

　　下面讨论横流入侵对腔内流动特性的影响。在外部横流入侵的影响下,腔内流动与简单转-静系盘腔流动特性存在明显的差异。图 4 - 20 展示了均匀横流盘腔涡结构的综合机理解释,在盘腔低半径处,流动特性与简单盘腔相似,存在明显的刚性旋转核心和边界层 Gortler 涡结构。而在盘腔端区由于外部横流入侵,存在明显的 K - H 剪切现象,端区分布有大量的涡结构,因此其流动特性与简单转-静系盘腔存在明显的区别。将横流影响下的盘腔如图 4 - 20 中虚线所示分为高半径、低半径两部分,并各自独立进行讨论。

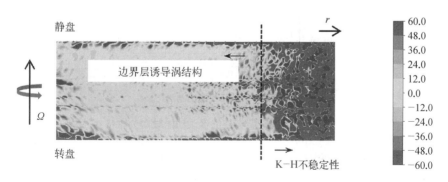

图 4 - 20　横流盘腔子午面 Q 准则涡量云图及机理解释

　　首先讨论盘腔低半径处的瞬时流动特性。图 4 - 21 展示了盘腔低半径处的各湍动能分量的轴向分布特性。可以看出横流盘腔低半径处湍动能分布特性与简单转-静系盘腔湍动能分布特性基本一致。由于盘腔低半径处依然维持 Batchelor 流动,因此在盘腔刚性旋转核心的控制下,速度的轴向梯度基本为 0,对应湍动能生成项也为 0,因此旋转核心内湍动能维持小量。而转、静盘边界层内由于具有明显的速度梯度,因此湍动能生成项较大,边界层内湍动能分布存在峰值。同时可以看出,静盘侧湍动能明显大于转盘侧湍动能,尤其体现在图 4-21(b)所示的周向湍动能项。这是外部入侵横流在压力梯度的作用下汇入静盘边界层导致的。由于入侵横流、盘腔流的流动参数具有较大差异,因此静盘边界层内掺混现象比转盘边界层更为剧烈,静盘边界层内的湍动能显著高于转盘边界层。

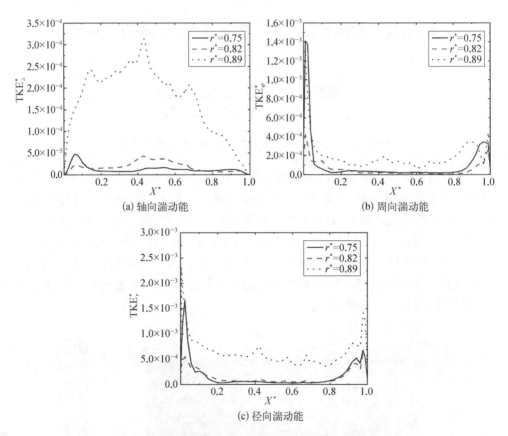

(a) 轴向湍动能　(b) 周向湍动能

(c) 径向湍动能

图 4-21　横流盘腔低半径位置湍动能轴向分布特性

图 4-22 展示了横流盘腔高半径位置($r^* = 0.96$)的各湍动能分量的轴向分布特性,可以看出盘腔端区湍动能分布特性与低半径位置处湍动能分布特性存在明显的差异。在端区旋转核心内存在明显的湍动能峰值,这一流动特性与简单转-静系盘腔明显不同。此外,从图 4-21 可以看出,盘腔低半径处的轴向湍动能相比径向、周向湍动能而言明显较小,说明在盘腔低半径整体呈现定常 Batchelor 流型,

流体整体呈现静盘向转盘侧的迁移,而轴向速度的脉动不显著。由图 4-22 可以
看出盘腔端区的轴向湍动能与周向、径向湍动能达到了相同的数量级,说明端区流
场在 K-H 不稳定性的作用下,轴向速度也存在明显的脉动和三维非定常特性。

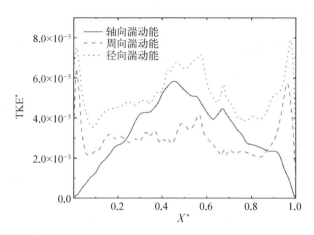

图 4-22 横流盘腔高半径位置($r^* = 0.96$)湍动能轴向分布特性

图 4-23 展示了外部横流入侵条件
下盘腔内 S3 流面的压力云图,可以看出
横流影响下腔内压力分布与简单盘腔压
力分布存在明显的差异。简单盘腔腔内
压力基本是周向均匀的,而由图 4-23 可
以看出,横流盘腔压力分布在高半径端区
存在明显的非均匀特性。这一非均匀压
力分布特性是由外部横流入侵造成的。
在 K-H 不稳定性的作用下,轮缘处呈现
入侵、出流双向流动特性,由于外部横流
压力较高而腔内压力较低,因此腔内压力
呈现高、低压交错分布的周向不均匀分布
特性。其中高压位置对应为外部入侵,低
压位置对应为盘腔出流。

值得注意的是,腔内的入侵和出流区
域并不是完全沿径向的,而是与当地径向

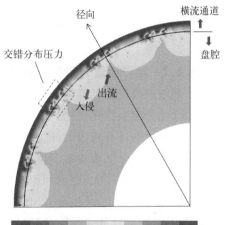

图 4-23 横流盘腔中部 S3 流面
压力云图($X^* = 0.5$)

方向呈一定的角度。如图 4-23 所示。可以看到,入侵气流和出流气流的偏转方
向是不一致的。这是由于不同方向的径向流动所受到的科里奥利力偏转方向不同
而导致的。图 4-24 展示了入侵和出流气流在腔内的受力分析图,可以看出在旋

转科里奥利力的作用下,出流气流的偏转方向是向右的,而入侵气流的偏转方向是向左的。因此图4-23压力云图中高、低压区域对应向左向右偏转,整体呈现螺线型、高/低压交错分布的大尺度流动结构。盘腔端区的大尺度流动结构将在4.5节进行详细讨论。

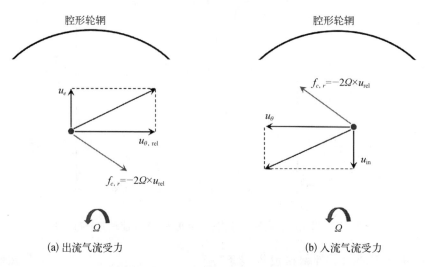

(a) 出流气流受力   (b) 入流气流受力

图4-24 入侵气流和出流气流受力分析

4.4.2 封严流量对传质特性的影响

下面讨论改变封严流量对盘腔轮缘间隙入侵、出流关系以及腔内剪切 K - H 不稳定性的影响。首先讨论封严气流对于时均流动特性的影响。图4-25展示了不同封严流量下计算域内的压力、旋转比和封严效率时均值的径向分布特性。可以看出腔内大部分区域参数变化规律与简单转-静系盘腔模型规律基本维持一致。随着封严气流流量增大,腔内环流结构被破坏,腔内旋转比降低,压差减小。

不同的地方在于,高半径处流动参数由于同时受到封严气流的封严作用和外部入侵的影响,变化规律与简单转-静系盘腔流动规律存在明显的区别。当封严气流流量增大时,外部横流入侵减少,如图4-25(c)所示,因此入侵气流对轮缘处气流的剪切携带作用也减小,因此轮缘处旋转比随着封严气流流量增大而减小。随着封严气流流量的增大,轮缘处由盘腔出流流动所主导,轮缘的节流作用显著。如图4-25(b)所示,节流压降随着封严流量增大而增大。

对于盘腔低半径处的流动特性,选取 $r^* = 0.75$ 位置进行代表性分析。图4-26展示了 $r^* = 0.75$ 位置不同封严气流流量工况处的湍动能分布特性。根据前面的分析,$r^* = 0.75$ 位置依然属于 Batchelor 流动,其流动特性与简单盘腔类似。由图4-26可以看出,转盘边界层内湍动能随着封严气流流量增大而增大,而静盘

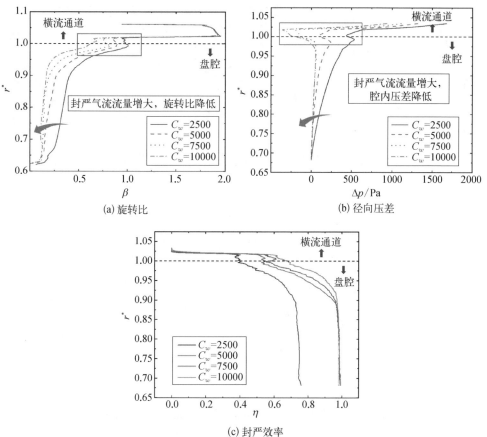

图 4-25　不同封严流量工况下横流盘腔内流动参数径向分布特性

边界层内湍动能随着封严气流流量增大而减小。这是由于封严气流增大了转盘边界层内的剪切效应,同时减少了外部横流入侵,因此转盘侧的横流不稳定性增强,湍流扰动更为剧烈,而静盘边界层受到外部入侵的扰动减少,流动更为稳定。同时随着封严气流流量的增大,封严气流造成的扰动不局限于转盘边界层内,从图中可以看到在旋转核心内同样有较大的湍动能分布。

　　图 4-27 展示了不同封严气流流量下盘腔内部的 Q 准则涡结构等值面图。从图中可以看出盘腔封严间隙基本被剪切涡结构所占据。为探究外部横流入侵的影响,将涡结构以封严效率着色,其中盘腔内蓝色区域为入侵所造成的低浓度区域。由图 4-27 可以看出,随着封严气流流量增大,K-H 剪切涡结构数量呈现一定的增长。这是由于腔内旋转比随着封严气流流量增大而减小,如图 4-25(a)所示,因此腔内流体和横流之间的速度差增大,横流和腔内流体的速度剪切效应得到了增强。

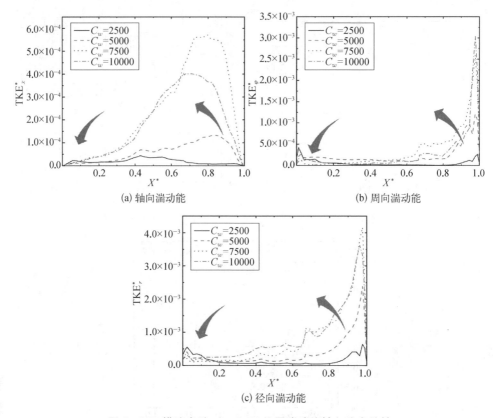

(a) 轴向湍动能　　　　　　　　　(b) 周向湍动能

(c) 径向湍动能

图 4 - 26　横流盘腔 $r^* = 0.75$ 位置湍动能轴向分布特性

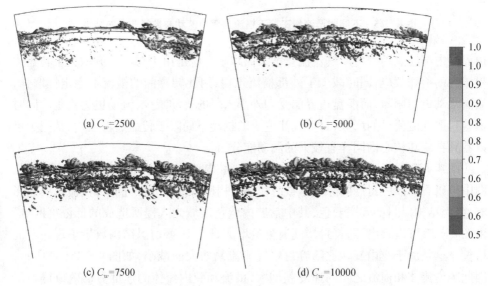

(a) $C_w = 2500$　　　　　　　　　(b) $C_w = 5000$

(c) $C_w = 7500$　　　　　　　　　(d) $C_w = 10000$

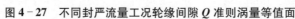

图 4 - 27　不同封严流量工况轮缘间隙 Q 准则涡量等值面

同时可以看到随着封严气流流量增大,剪切涡的径向位置得到了一定的抬升。如图 4-27(a)中所示,$C_w = 2\,500$ 工况剪切涡结构基本位于轮缘间隙和盘腔端区,而随着封严气流流量增大,剪切涡结构沿径向向外迁移,如图 4-27(d)所示剪切涡基本位于横流通道中。这是由于封严气流流量增大时,轮缘间隙的出流增强而入侵减弱,因此携带着剪切涡径向向外流动,使得剪切涡结构抬升。虽然不同封严气流流量下腔内均存在大量的剪切涡结构分布,但是随着封严气流流量增大,腔内的入侵区域越小,可以看到当封严气流流量达到 $C_w = 10\,000$ 时,腔内的剪切涡结构基本为红色,说明当前工况基本没有外部横流入侵。

这些 K-H 剪切涡结构极大地影响了轮缘间隙处的入侵、出流情况。图 4-28 展示了不同工况下轮缘间隙处的无量纲径向速度云图,其中红色区域代表径向速度大于 0,为盘腔出流,而蓝色区域代表径向速度小于 0,为横流入侵流动。可以看到在 K-H 涡的作用下,所有工况在轮缘间隙均存在入侵、出流交错分布的现象。并且随着封严气流流量增大,出流流动逐渐占据主导。

由图 4-28(d)可以看出,尽管封严气流流量已经达到了 10 000 的数量级,轮缘间隙依然存在明显的入侵区域。尽管在高封严流量工况下外部横流和腔内基本维持受力平衡状态,但是前文已经指出,横流盘腔恒存在 K-H 剪切不稳定性的作用,因此在高封严流量工况下依然存在入侵。K-H 不稳定性可以视为横流效应所导致的一种固有的非定常剪切入侵机制。在低封严流量工况时,入侵主要由压差主导,而在高封严流量工况时,入侵主要由非定常 K-H 不稳定性所主导。这种固有的非定常入侵机制很难通过增大封严流量实现抑制。

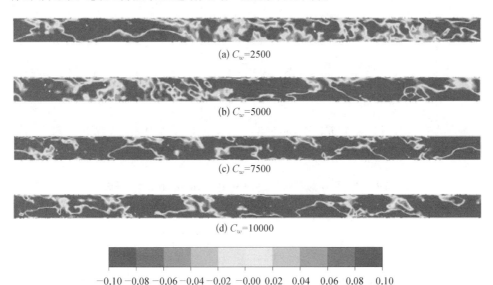

(a) $C_w = 2500$

(b) $C_w = 5000$

(c) $C_w = 7500$

(d) $C_w = 10000$

$-0.10\ -0.08\ -0.06\ -0.04\ -0.02\ -0.00\ 0.02\ 0.04\ 0.06\ 0.08\ 0.10$

图 4-28 不同封严流量工况轮缘间隙无量纲瞬时径向速度云图

此外,由图 4-27 可以看出 K-H 涡结构不仅存在于轮缘间隙,在盘腔端区同样有分布,因此 K-H 涡结构对腔内端区流动特性同样具有很大的影响。图 4-29 展示了不同封严气流流量工况 $r^* = 0.96$ 位置处的湍动能轴向分布特性。可以看到不同封严气流流量下,盘腔端区各湍动能分量值较大,同时在旋转核心内有明显的峰值,呈现明显的三维、非定常流动特性。此外值得注意的是,随着封严气流流量增大,相同径向位置处的湍动能并不是单调变化的。如图 4-29 所示,C_w = 7 500 工况湍动能明显大于 C_w = 10 000 工况下的湍动能。这是由于封严气流对涡结构具有抬升作用,不同工况下的 K-H 涡结构的径向位置不同,因此相同径向位置处的湍动能变化规律可能会出现不单调的情况。

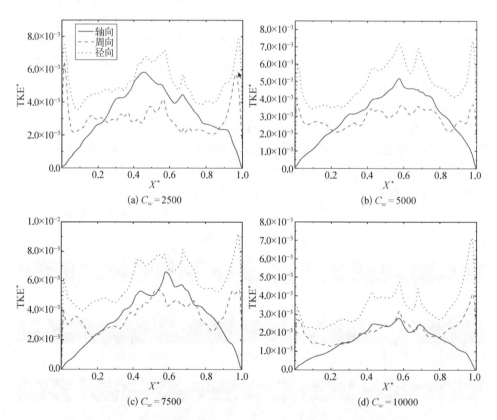

图 4-29 横流盘腔端区($r^* = 0.96$)湍动能轴向分布特性

4.5 腔内大尺度流动结构

通过 4.4 节的分析可以知道,盘腔端区存在明显的大尺度流动结构,它们在腔内以一定的转速旋转,对流场造成扰动,导致流场内存在明显的低频压力脉动。虽然这些大尺度流动结构已被许多的实验和数值模拟工作所验证,但是其形成机理、动力学特性、封严气流对其的影响机制等问题在公开文献中均没有进行完整深入的讨论。在 4.4 节中已对其形成机理展开了讨论,指出轮缘处的入侵、出流双向流动是大尺度流动结构形成的必要条件。本节对这些大尺度流动结构进行具体讨论,并探究封严气流流量对其的影响。

4.5.1　流动结构的分析方法

由于大尺度流动结构会对腔内造成扰动,通过监测流场的非定常数据即可获取流场中流动结构的信息。本节介绍流场非定常数据的分析方法,由于压力的响应速度较快,在实际流场监测中也较容易实现,因此一般使用压力数据来进行分析。流场中流动结构的分析方法的理论基础是泰勒冻结定理假设。泰勒冻结定理认为,当湍流脉动是平稳的时候,湍涡结构是被冻结的,湍涡结构的发展时间尺度大于观测尺度。基于泰勒冻结定理,转速及数量分析的原理如图 4 - 30 所示。

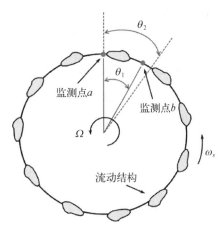

图 4 - 30　非定常流动结构相关性分析方法示意图[1]

假设腔内相邻两个湍流流动结构之间的夹角为 θ_2,为获取盘腔内流动结构的信息,在盘腔内部同一半径位置不同周向位置布置两个监测点 a 和 b,这两个监测点的周向夹角为 θ_1。在流体运动过程中,流动结构会依次通过这两个监测点,并在监测点位置造成扰动。因此这两个监测点所记录的压力脉动在波形上是一致的。但是由于周向位置上的差异,监测点 b 会提前受到流动结构的影响,因此监测到的压力波形在相位上 b 会超前于 a,将这个相位差记为 Δt_{θ_1}。流动结构的转速可以由式(4 - 8)求出:

$$\omega_s = \frac{\theta_1}{\Delta t_{\theta_1}} \qquad (4 - 8)$$

由于两个相邻流动结构之间的夹角为 θ_2,因此流动结构转过一个间距所需要的时间 Δt_{θ_2} 为

$$\Delta t_{\theta_2} = \frac{\theta_2}{\omega_s} \qquad (4 - 9)$$

Δt_{θ_2} 的倒数即为流动结构在这一监测点的通过频率 f。f 可以通过对压力脉动做快速傅里叶变换得出:

$$f = \frac{1}{\Delta t_{\theta_2}} \tag{4-10}$$

综合式(4-8)~式(4-10),盘腔内部的流动结构数目 N 为

$$N = \frac{360 f \Delta t_\alpha}{\alpha} \tag{4-11}$$

在上述流动结构的分析过程中涉及计算两个压力波形之间的相位差的问题。波形之间的相位差可以通过使用互相关系数进行求解。图4-31展示了通过互相关系数计算压力波形之间相位差的步骤:假设压力波形 a 和波形 b 的幅频特性完全一致,仅存在一个初始相位差 ΔT,两波形的初始互相关系数为 R_0。对其中一个波形,如波形 a 不断地进行时间平移,每次时移的间隔为 Δt,同时计算每次时移后两波形的互相关系数为 R_i。当波形 a 和 b 完全重合时,两波形的相位差为 0,同时波形的互相关系数达到最大值。记录波形重合时的时移次数 n,两波形之间的相位差 ΔT 即为 $n \Delta t$。

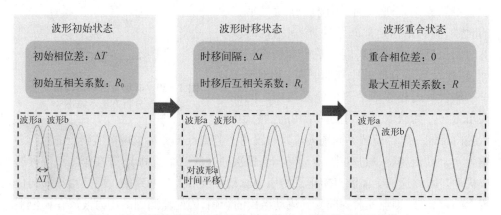

图4-31　使用互相关系数计算压力波形之间相位差的计算方法

4.5.2　流动结构的动力学特性

下面讨论不同封严流量下盘腔端区流动结构的动力学特性。图4-32展示了不同封严气流流量下盘腔中部 S3 流面封严效率云图。从图中可以看出,除 $C_w = 10\ 000$ 工况外,盘腔内均存在明显的入侵现象,并且在科氏力的偏转作用下形成了一系列的螺旋形结构。为获得这些螺旋形结构的流动信息,如图4-30所示在计算域内同一径向位置($r^* = 0.96$)布置了周向间隔为5°的 a、b 两个监测点。所有工况监测点所监测到的压力波形如图4-33所示。可以看出,两个监测点所记录的压力波形基本一致并存在一定的相位差,符合泰勒冻结定理假设。值得注意的是 $C_w = 10\ 000$ 工况,两个监测点所记录的压力波形基本重合,不存在相位区别,说

明 C_w = 10 000 工况盘腔内不存在高、低压交错分布的螺旋形结构。前面的分析已经指出，C_w = 10 000 工况下涡结构的位置存在一定的抬升，主要位于横流通道端区和轮缘间隙，因此在盘腔端区并不能监测到流动结构的信息。

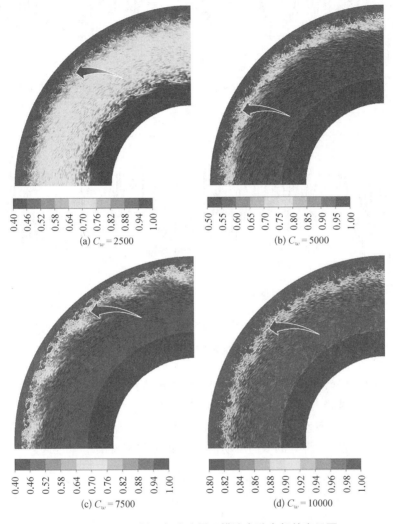

(a) C_w = 2500

(b) C_w = 5000

(c) C_w = 7500

(d) C_w = 10000

图 4-32　不同封严气流流量下横流盘腔内部效率云图

对不同算例所监测到的非定常压力波形进行 FFT 分析，可以求得压力脉动的主频率。同时对两个监测点所测得的压力波形进行相位差分析，可以获得两个压力波形之间的相位差 Δt_α。不同封严气流流量工况的 FFT 分析结果和相位差如图 4-34 所示。根据式（4-11），结合 FFT 分析所获得的压力波形主频 f 和相位差 Δt_α 即可求得不同封严气流流量工况下流动结构的转速及数量，如表 4-6 所示。

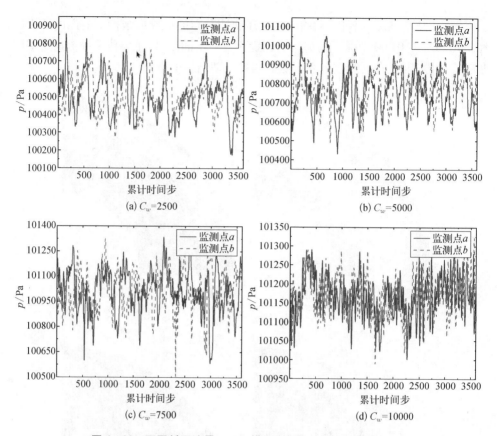

图 4 - 33 不同封严流量工况下横流盘腔内的非定常压力波形

可以看出,随着封严气流流量增大,盘腔内流动结构转速逐渐减小,当流量达到 $C_w = 10\,000$ 时,盘腔内不再存在类似的流动结构。这是由于封严气流削弱了腔内的旋转核心,阻滞了转盘动量的传递。同时,增大封严气流流量使得外部横流入侵减少,因此削弱了轮缘间隙处的双向流动,盘腔内的大尺度流动结构形成受到了抑制。

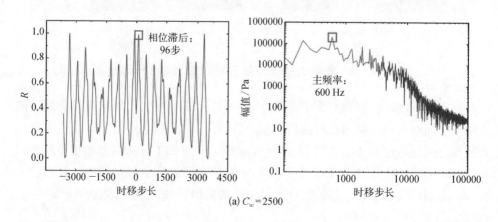

(a) $C_w = 2500$

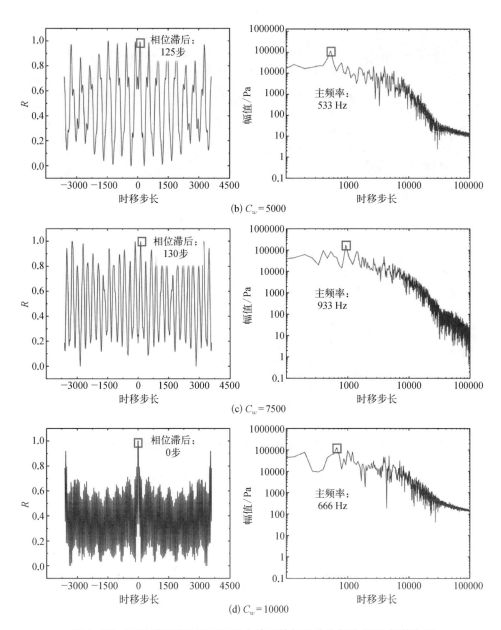

图 4-34　不同封严流量工况下压力波形的相位差分析及 FFT 频谱分析

图 4-35 展示了盘腔内部的 S3 流面压力云图,可以看出盘腔内存在明显的高低压交错分布的螺线型结构,同时螺线型结构的数量与表 4-6 所示的计算结果一致。这些大尺度流动结构增大了腔内的局部梯度,造成盘腔端区三维流动特性显著。在这些螺线型流动结构的影响下,盘腔端区流动呈现明显的非定常特征,同时加强了入侵气流和盘腔流之间的掺混。

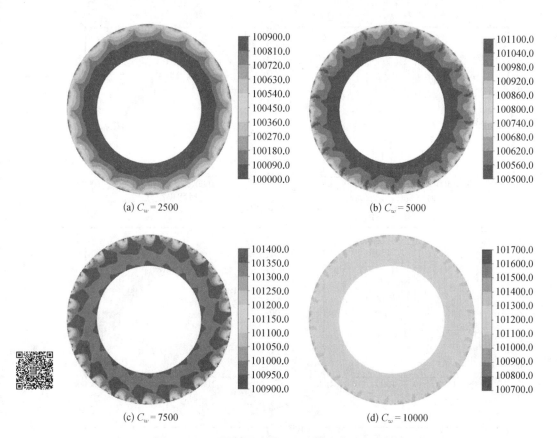

图 4 - 35   不同封严流量工况下横流盘腔 S3 流面压力云图

表 4 - 6   腔内转盘边界层流动结构转速及数量

封严气流流量	转速/(r/min)	数 量
$C_w = 2\,500$	2 083	17. 3
$C_w = 5\,000$	1 653	18. 2
$C_w = 7\,500$	1 538	36. 3
$C_w = 10\,000$	0	0

4.6 小   结

本章基于 URANS 和 WMLES 数值模拟,讨论了外部带有均匀预旋速度的横流对转-静系旋转盘腔内部流动的影响。

首先讨论了横流影响下盘腔内的平均流动特性。在均匀预旋横流的影响下,盘腔内部依然维持经典的 Batchelor 流型,且 RANS 和 WMLES 结果在大部分区域吻合较好。但是在盘腔端区,相比 RANS 结果,WMLES 预测结果出现了明显的旋转比升高的现象。这一现象是由于外部预旋横流入侵并对腔内流体做功所导致的。RANS 模拟不能正确预测外部横流入侵现象,导致预测的横流入侵程度明显低于 WMLES 结果。

基于 WMLES 模拟结果,讨论了横流通道和盘腔之间的入侵传质过程。由于横流和盘腔内流体的流动参数不同,因此当外部横流发生入侵时,在轮缘位置会形成明显的剪切层。这一剪切层会导致轮缘间隙存在明显的 Kelvin‒Helmholtz 不稳定性,并会发生非定常演化卷起一系列的 K‒H 涡结构。这些 K‒H 涡结构会在轮缘处诱导径向出流和入流流动,使得轮缘处流动特性十分复杂。

基于上述横流入侵特性,讨论了入侵横流对腔内流动的影响。在外部入侵的影响下,盘腔端区出现了明显的 K‒H 不稳定性剪切现象,导致旋转核心内存在明显的湍动能分布,呈现明显的三维流动特性和周向不均匀性。盘腔低半径区域受到外部入侵的影响较小,其流动特性与简单转-静系盘腔流动特性基本保持一致。随着径向通流流量增大,腔内旋转比减小,这导致腔内流体和外部横流的剪切效应增强。因此轮缘处的 K‒H 不稳定性随之增强,演化生成了更多的 K‒H 涡结构。这些 K‒H 涡结构在径向通流的影响下,径向位置得到了一定的抬升。这些 K‒H 涡结构极大地影响了外部横流入侵过程。随着封严流量增大,尽管外部横流入侵逐渐被抑制,但是由于流场中始终存在 K‒H 不稳定性的作用,大封严流量工况下依然存在明显的入侵现象,想要实现完全封严十分困难。在高封严流量工况下,尽管外部横流压力和腔内压力基本维持受力平衡,但是 K‒H 剪切不稳定性依然会导致入侵,因此可以将 K‒H 不稳定性视为一种固有的非定常入侵机制。

在轮缘入侵和出流双向流动的影响下,盘腔端区生成了明显的高/低压交错分布的大尺度流动结构。这些大尺度流动结构以一定的转速旋转,并造成非转子倍频的低频扰动。通过泰勒冻结假设以及相关性分析,可以获得这些大尺度流动结构的转速和数量,与 CFD 结果吻合良好。随着封严气流流量增大,轮缘处的入侵流动被抑制,相应的这些大尺度流动结构的形成也被抑制,且转速减小。这些大尺度流动结构增大了腔内的局部梯度,使得盘腔端区呈现明显的非定常、非均匀流动特性,因此加强了入侵气流在腔内的掺混过程。

横流盘腔模型是对真实涡轮盘腔模型的简化。横流盘腔流动特性的研究能够为真实涡轮盘腔的研究提供研究基础,具有承前启后的研究意义。

参考文献

[1]　Gao F, Chew J W, Marxen O. Inertial waves in turbine rim seal flows[J]. Physical Review Fluids, 2020, 5(2): 024802.

第5章
外部复杂横流盘腔流动机理及
燃气入侵后果评估

5.1 引　　论

在真实发动机空气系统涡轮盘腔、主流耦合流动中,除了外部主流导致的横流剪切效应以外,还存在涡轮叶片非均匀、非定常尾迹的影响。本章研究真实涡轮主流环境下盘腔的流动特性,所采用的研究模型与第 2 章所述的涡轮盘腔实验台保持一致。有关模型几何参数、网格、边界条件设置、数值验证等信息请参考 2.5 节。为研究真实条件下涡轮主流对盘腔流动特性以及燃气入侵特性的影响,本章基于已验证的 DES 数值模拟结果,考察了涡轮主流非均匀流场影响下盘腔转-静间隙燃气入侵特征,发现了涡轮主流通道涡诱导的非定常燃气入侵机制,阐明了盘腔轮缘处入侵燃气的三维掺混现象;随后探究了入侵燃气对涡轮盘腔内部的影响,发现了燃气入侵影响下涡轮盘腔内的"径向分区"现象;基于涡轮盘腔的径向分区现象,提出了基于旋转比梯度的燃气入侵深度的评估准则;基于一维扩散假设,拟合了静盘边界层内的封严效率关系式。

本章的安排如下:5.2 节从非均匀流动特性以及非定常流动结构的角度讨论了涡轮主流的流动特性;5.3 节讨论了涡轮主流对盘腔轮缘入侵、出流双向流动特性的影响;5.4 节讨论了外部主流入侵对盘腔内部流动特性的影响;基于流动特性的讨论,5.5 节提出了基于旋转比径向梯度的燃气入侵深度评估准则,并获得了基于传质方程的封严效率和入侵深度的关联式。

5.2 涡轮主流流动特性

为研究涡轮主流对盘腔内部流动的影响,首先需要对涡轮主流的复杂流动特性进行讨论。涡轮主流导叶和动叶之间的耦合作用使得轮缘间隙处的涡轮主流具有明显的非定常、非均匀的三维流动特性。这一复杂的非定常出口边界条件也是涡轮盘腔区别于前文简单转-静系盘腔、横流盘腔模型最重要的特点。

涡轮主流中主要存在两种明显的非定常流动现象：第一类是叶轮机械中的固有非定常现象，这是由转子和静子之间的相对运动以及叶栅流道内周向非均匀流动所引起的，因此也被称为级间流场干涉现象；第二类非定常现象来自流场中的随机性因素，在过渡态或者非设计工况下出现旋转失速、喘振等流动失稳现象。为使研究具有通用性，本书只针对第一类非定常现象进行讨论。

对于第一类转-静干涉非定常流动现象，主要的流场特性包括三方面：① 尾迹作用：叶片尾迹指的是叶片下游由于扰流作用形成的紊乱旋涡流动，叶片尾迹通常会在黏性的作用下向下游传播；② 势流效应：势流效应是一种无黏作用，向上游和下游均可传播，其强度随轴向距离呈现指数衰减；③ 端壁区域二次流动干扰：在叶片端壁角区会存在分离流动，分离流动产生的涡结构随主流进入叶栅通道，加强了主流通道的非均匀特性。

由于本章所研究的涡轮盘腔流动较为复杂，为便于描述流场特性，引入叶轮机械中的流面理论来描述涡轮盘腔内的空间几何位置。叶轮机械的流面理论最早由吴仲华教授在 20 世纪 50 年代提出，如图 5-1 所示，其中 S1 流面为 (θ, x) 面，即圆柱面。S2 流面为 (r, x) 面，即圆柱的回转面。此外，近年来还提出了 S3 流面的概念，S3 流面为 (θ, r) 面，即与轴向垂直的平面。S3 流面与 S1/S2 流面均保持正交，在图中未标识出。

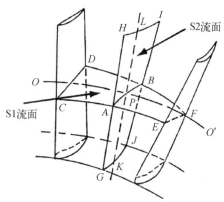

图 5-1　叶轮机械 S1/S2 流面示意图

5.2.1　涡轮主流非定常流动结构

下面首先讨论主流通道端壁处的非定常二次流动结构。图 5-2 展示了 Langston[1] 提出的涡轮流道中的典型的二次流动结构示意图。叶栅通道中主要的二次流结构有马蹄涡和通道涡结构，其中马蹄涡的形成位置在叶片前缘。由于在叶片前缘滞止点处径向压力梯度大于 0，靠近前缘部位的流体会减速。边界层外的高速流体会进入边界层取代其中的低速流体。同时，原先靠近端壁的流体在强逆压梯度下无法继续附着在端壁上，流动产生了分离。这两种流动现象的相互作用导致了马蹄涡的形成。马蹄涡在叶栅通道内分成两部分，靠近叶片压力面的马蹄涡分支在周向压力梯度的作用下被推向相邻叶片的吸力面，如图 5-2 所示。而通道涡主要形成位置在叶栅通道内。由于叶片通常是弯曲的，流体在弯曲叶片的导流作用下受到离心力的作用。在远离壁面区域，离心力与压力梯度相互平衡，而在边界层内由于黏性力的作用，流体速度减小，离心力与压力梯度之间的平衡关系

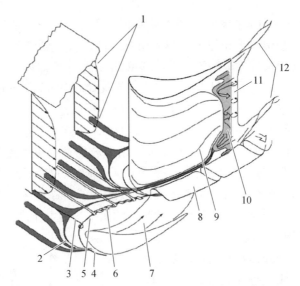

图 5 - 2　涡轮叶片流道中的二次流动结构[2]

1. 入口边界层;2. 入口边界层分隔线;3. 马蹄涡流,入口流;4. 马蹄涡流(吸力边);
5. 马蹄涡流(压力边);6. 入口边界层的卷起;7. 通道中的横流;8. 通道涡旋;
9. 吸侧边界层的运动;10. 回流分离;11. 漩涡在尾声中;12. 后缘涡流

被打破。因此,叶栅通道端壁面存在由压力面向吸力面的横流流动。在这一横流流动的主导下,叶栅通道内形成大尺度的通道涡结构。

图 5 - 3 展示了 $C_w = 2\,500$ 算例中主流通道内瞬时无量纲 Q 准则涡量等值面图,其中 Q 使用 $\pi^2\Omega^2$ 进行无量纲化,并将这些涡结构以马赫数 Ma 着色。盘腔轮

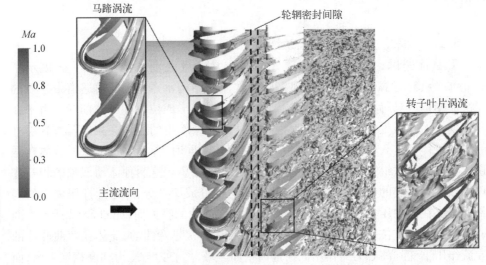

图 5 - 3　$C_w = 2\,500$ 算例主流瞬时无量纲 Q 准则涡量等值面($Q^* = 200$)

缘封严间隙在图中以虚线示意。从图中可以清晰看出：在导叶叶根存在明显的马蹄涡、通道涡结构。此外也可以清晰地观察到通道涡发生了由压力面向吸力面的迁移。在动叶通道中，由于动叶通道来流条件复杂，并且与前缘势流效应耦合，因此动叶通道内部的涡结构较为复杂。封严间隙由于存在主流/盘腔出流剪切、掺混，同时受到转-静干涉的影响，因此存在大量的三维涡结构。

5.2.2　涡轮主流非均匀流动特性

主流流场在导叶尾迹、动叶势流影响下压力呈现明显的非均匀分布特性。由于压差是流动的驱动力，因此主流的压力分布特性，尤其是转、静间隙处的压力分布特性极大地影响了盘腔轮缘入侵以及盘腔内部的流动。

图 5-4 展示了主流通道内 10%叶高位置（$r = 0.251$ m）S1 流面瞬时压力云图。从图中可以清晰地看出，流场内的压力在涡轮导叶和动叶的影响下，整体是周向不均匀的，存在明显的高、低压交错分布的现象。导叶通道出口和动叶通道入口两个典型位置由于受到叶片的影响较强，因此这两个位置的压力分布呈现较强的规律性，如图 5-5 所示。在叶片的强扰流作用下，导叶尾缘由于存在明显的压力面、吸力面速度剪切和边界层掺混，因此存在压力峰值。动叶前缘由于存在滞止效应，同样也存在高压区域，而叶栅通道内由于流动较为平稳，因此压力值较低。在当前考虑的叶型工况下，导叶尾迹波形的幅值大于动叶前缘压力波形的幅值。

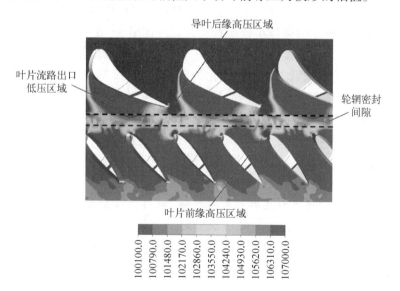

图 5-4　涡轮主流 10%叶高位置 S1 流面瞬时压力分布云图

由于导叶尾迹和动叶前缘势流的压力波形均能向转-静间隙传递，在转-静间隙可以看到压力波之间存在相互干涉作用。因此与导叶出口、动叶入口位置相比，

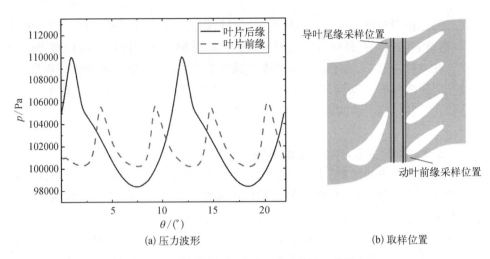

(a) 压力波形　　　　　　　　　　　　　(b) 取样位置

图 5-5　涡轮主流导叶尾缘及动叶前缘压力波形图

转-静间隙处的压力波形较为复杂。此外,由于转-静间隙处还存在主流、盘腔流之间的掺混作用,因此该区域非定常效应明显。如图5-4瞬时压力云图中黑色虚线框所示,轮缘间隙位置的高、低压区域分界面不清晰,不再呈现如图5-5所示的明显规律性,下面对转-静间隙处的流动特性进行综合讨论。

图5-6展示了转-静间隙内4个不同轴向位置处的压力时均值和瞬时值的对比图,4个轴向位置如图5-6(e)所示。其中对瞬时压力波形做了一定的滤波处理,忽略了压力波形中的高频小幅度扰动。同时在图5-6中给出了图5-5所示的导叶出口、动叶入口位置处的压力波形作为对比基准,如图中灰色线所示。

从压力波的形状来看,转-静间隙内的瞬时压力波形较为复杂,存在明显的波形干涉现象,但是依然可以观察到明显的峰值与谷值。如图5-6(a)、(b)所示,在靠近导叶出口的轴向位置,其压力分布特性与导叶尾迹的压力波形形状类似,存在两个明显的尖峰,体现了导叶尾迹向下游的传递。如图5-6(c)、(d)所示,封严间隙靠近动叶入口位置处的压力波形与动叶前缘势流压力波形类似,存在4个尖峰。这体现了动叶前缘势流向上游传播的特性。从压力波的幅值来看,通过对比转-静间隙处的压力波形与导叶尾缘、动叶前缘处的压力波形,可以看出压力波形在向上下游传递过程中存在一定的亏损,压力波形的幅值有所降低。这是由于流体的黏性造成的耗散效应,因此主流通道非均匀压力场沿轴向存在衰减。

此外,通过对比轮缘间隙压力时均值和瞬时值可以看出,靠近导叶出口侧的压力时均值与瞬时值之间差距较大,而靠近动叶入口处位置的压力时均值与瞬时值差距较小。这是由于盘腔计算域中流动参数是在旋转域中求解的,对导叶尾迹所导致的压力波形而言,导叶尾迹波形是行波,因此在时间平均过程中波形会被抹

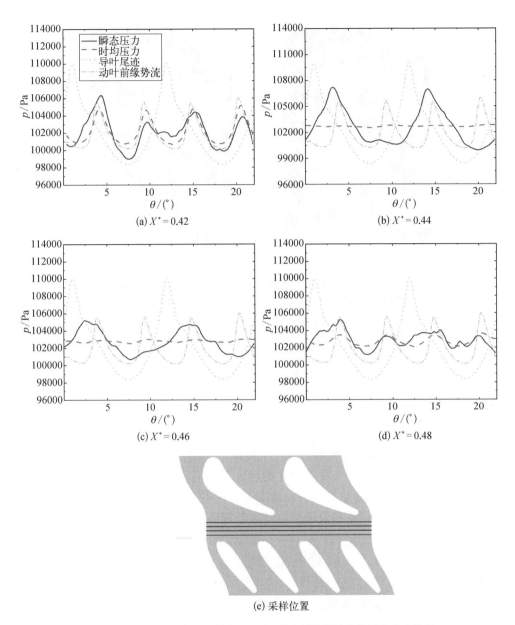

(a) $X^* = 0.42$　　　　　　　(b) $X^* = 0.44$

(c) $X^* = 0.46$　　　　　　　(d) $X^* = 0.48$

(e) 采样位置

图 5 - 6　封严间隙内不同轴向位置处瞬时和时均压力值周向分布特性

平。对于动叶前缘势流而言,由于动叶流道也是采用旋转域求解,动叶前缘势流波
形可以视为驻波,因此在时间平均过程中波形不会被抹平。

图 5 - 7 展示了 10% 叶高位置 S1 流面的瞬时和时均压力云图。由于旋转计算
域的设置问题,在图 5 - 7(b)时均压力云图中只能观察到动叶前缘势流向上游传
递的过程,在转 - 静计算域交界面出现了明显的非物理压力间断面。因此,轮缘间

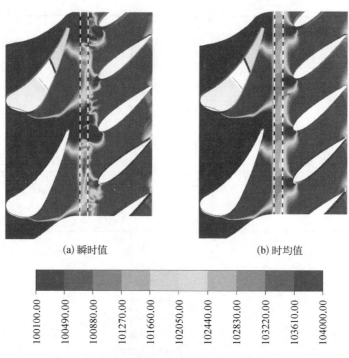

(a) 瞬时值   (b) 时均值

100100.00 100490.00 100880.00 101270.00 101660.00 102050.00 102440.00 102830.00 103220.00 103610.00 104000.00

图 5-7   10%叶高处 S1 流面瞬时、时均压力云图

隙流动具有较强的非定常特性,其瞬时流动的影响不能忽略,在进行轮缘间隙流动特性分析时,应考虑瞬时流动参数,而不能只考虑时均流动参数。

需要特别说明的是,S1 流面的瞬时压力分布特性与转子和静子之间的相对位置有关。如图 5-7(a)所示,随着动叶物理位置的周向迁移,导叶尾缘、动叶前缘压力波形之间的干涉关系也存在一定的变化。在本书的研究中主要讨论非均匀流场对入侵的影响,而不讨论相对干涉位置的影响。

5.3   涡轮主流对燃气入侵的影响

5.3.1   涡轮主流对入侵方式的影响

第4章中已经讨论论过,外部均匀预旋的横流效应会导致轮缘间隙出现剪切 K-H 不稳定性。在 K-H 不稳定性的作用下,轮缘间隙存在出流和入侵双向流动特性。但是在涡轮主流中,存在导叶和动叶的强烈扰流作用,使得外部主流横流流场不再是均匀的。这种非均匀特性将显著影响轮缘位置的流动特性。

下面讨论涡轮主流非均匀特性对盘腔转-静间隙处的出流、入侵以及掺混特征的影响。图 5-8 展示了 10%叶高位置 S1 流面的瞬时压力、瞬时径向速度云图对比。其中压力体现了流场流动的驱动力,径向速度体现了封严间隙入侵、出流关

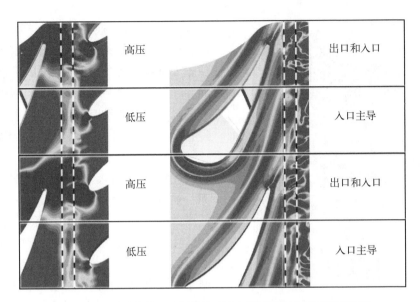

		高压		出口和入口
		低压		入口主导
		高压		出口和入口
		低压		入口主导

图 5－8　10%叶高处 S1 流面瞬时压力及瞬时径向速度云图对比

系。在径向速度云图中,红色部分表示径向速度大于 0,为出流流动,蓝色部分表示径向速度小于 0,为入侵流动。

传统的燃气入侵理论认为,轮缘间隙处的燃气入侵及盘腔出流是由主流通道和盘腔之间的压差所驱动的。当主流压力高于腔内压力时发生燃气入侵,当盘腔压力高于主流压力时发生腔内出流。然而从第 4 章的分析中可以看出,压差并不是入侵的唯一决定性因素,流动中的不稳定因素如剪切效应也会对入侵产生影响,实际入侵特征与传统理论存在一定的差距。

从图 5－8 中可以看出,在导叶尾迹的影响下,转-静间隙存在位于导叶尾缘处的两个高压区域以及位于叶栅通道出口处的两个低压区域。通过压力云图和径向速度云图对比发现,高压区域和入侵区域并不是对应的。在传统理论认为发生燃气入侵的高压区域,对应位置同时存在入侵和出流。而传统理论认为发生盘腔出流的低压区域,对应位置却表现为入侵流动。因此,涡轮主流影响下的轮缘间隙入侵、出流关系明显与传统理论存在明显的偏离,需要从流动机理出发探究偏离产生的根本原因。

下面从流场结构的角度出发,对涡轮主流影响下的入侵、出流机理进行分析。图 5－9 展示了叶栅通道内的涡结构,并以无量纲径向速度进行染色。可以看出,由于通道内部存在由压力面流向吸力面的二次流动,通道涡的旋转方向是指向下游方向。在通道涡的影响下,叶片的压力面附近诱导了径向向内的二次流动,而在叶片吸力面附近诱导了径向向外的二次流动。通道涡所诱导的径向二次流随着气流向下游传递,极大地影响了转-静间隙处的出流、入侵流动特性。由图 5－8 可以观察到,在叶

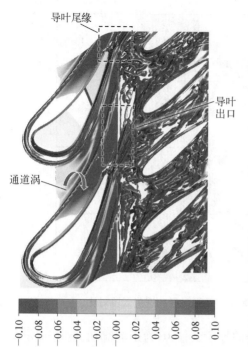

图 5 - 9   主流通道内的 Q 准则通道涡结构
（以无量纲径向速度染色）

栅通道出口下游,通道涡所诱导的径向向内流动基本不受影响,转-静间隙内对应位置处基本也维持径向向内的入侵流动。而导叶尾缘下游则没有维持通道涡所诱导的径向外流流动,对应位置同时存在入侵和出流流动,且分布形式较为混乱。

为什么在叶栅通道出口和导叶尾缘下游轮缘间隙的入侵/出流特征会不同呢? 这是由主流的非均匀压力分布特性导致的。图 5 - 10 给出了轮缘间隙内 10%叶高处和盘腔内 $r^* = 0.99$ 处的瞬时压力波形对比,从图中可以看出,叶栅通道出口处的低压区域与盘腔端区之间的压差较小,主流通道端壁处的通道涡结构在该位置处于受力平衡的状态。因此在该位置通道涡能够保持结构完整而不被破坏,通道涡所诱导的径向向内流动将不受影响地向下游传递。

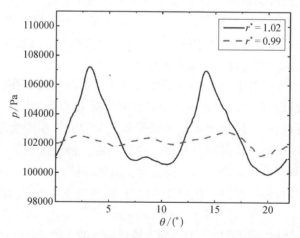

图 5 - 10   轮缘间隙 10%叶高及盘腔端区($r^* = 0.99$)瞬时压力波形对比

导叶尾缘处主流和盘腔端区之间存在明显的压差,在压差的强干扰作用下通道涡结构被破坏,对应位置流动不再由径向出流所主导,而是在压差的作用下产生径向向内的动量。因此,主流气体在压差的驱动下入侵盘腔。由于该区域原本由通道涡所诱导的径向出流所主导,而压差入侵导致导叶尾缘下游同时存在入侵和出流区域。

　　综上所述,在主流非均匀压力场的作用下,涡轮盘腔存在两种入侵机制,其中导叶尾缘下游的入侵是由导叶尾缘的高压区域所主导的,将其称为"压力驱动入侵",而通道出口下游的入侵是由主流通道内的通道涡结构所诱导产生的,将其称为"通道涡诱导入侵"。需要特别指出的是,与横流效应导致的 K-H 不稳定性类似,通道涡结构恒存在于涡轮主流中,因此仅增大封严流量很难完全抑制通道涡诱导入侵。而与 K-H 不稳定性诱导入侵不同的地方在于,K-H 不稳定性入侵仅在高封严流量工况下才起作用,而通道涡诱导入侵无论在什么封严流量工况下均起作用。

　　下面讨论两种入侵方式的特点。图 5-11 对比了盘腔间隙不同周向位置处的

(a) 压差驱动入侵S2流面
封严效率云图

(b) 通道涡诱导入侵S2流面
封严效率云图

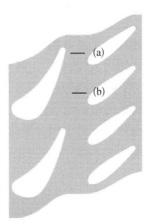

(c) S2流面相对位置

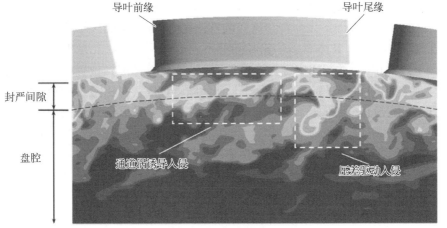

(d) 盘腔S3流面封严效率云图

图 5-11　盘腔内部 S2、S3 流面封严效率云图对比

S2 流面以及封严间隙中 S3 流面处的封严效率云图。其中图 5-11(a)、(b)分别绘出了位于导叶尾缘高压区和叶栅通道出口处的 S2 流面封严效率云图,S2 流面的相对位置如图 5-11(c)所示。对比图 5-11(a)、(b)可以看出,两种不同入侵方式影响下封严效率分布特性在轮缘间隙处具有较大的区别。由图 5-11(a)可知,导叶尾缘由于压差较大,入侵驱动力较强,因此入侵气流的径向动量较大,需要相当的距离其径向动量才会完全耗散。因此压差驱动影响下的燃气入侵的影响深度较深,可以看出封严效率低浓度区域由轮缘封严间隙延伸到盘腔内部。而从图 5-11(b)可知,由于叶栅出口与盘腔之间压差较小,入侵完全由通道涡主导,因此该区域呈现明显的完整通道涡结构。与导叶尾缘压差入侵相比,通道涡诱导的入侵的影响范围仅局限于封严间隙区域,而不会深入盘腔内。

图 5-11(d)展示了封严间隙中盘腔 S3 流面的封严效率分布云图,从另一个角度展示了通道涡入侵及压差入侵之间的区别。在导叶尾缘高压区域可以看到明显的压力入侵、盘腔出流现象,同时入侵、出流气流在科里奥利力的作用下发生偏转,形成了交错分布的高、低浓度区域。而在叶栅通道出口对应位置可以观察到大范围的通道涡诱导的入侵气流,这部分入侵燃气的径向动量在盘腔内很快耗散,并与腔内气流处于相对平衡状态,因此入侵深度相对较浅,仅限于轮缘封严间隙内,而不会流入盘腔内部。

5.3.2　三维特性对轮缘流动的影响

下面讨论轮缘间隙处的三维流动特性对燃气入侵、盘腔出流的影响。传统燃气入侵理论认为:盘腔的静盘边界层内燃气入侵由径向内流主导,而转盘边界层内燃气入侵由径向外流主导。因此,盘腔出流主要发生在转盘侧,而主流燃气入侵主要发生在静盘侧。然而从图 5-8 中的瞬时径向速度云图可以看出,轮缘间隙入侵和出流的分布规律并不完全符合这样的推论,大部分的出流区域位于轮缘间隙的静盘侧。图 5-12 具体展示了轮缘间隙不同轴向位置瞬时无量纲径向速度云图,其中图 5-12(a)的取样位置靠近静盘,图 5-12(b)的取样位置位于封严间隙正中间,而图 5-12(c)的取样位置位于封严间隙转盘侧。对比图 5-12(a)、(b)、(c)可以看出,静盘侧径向速度云图主要由盘腔出流(红色区域)主导,而转盘侧主要由主流入侵(蓝色区域)所主导。这一现象与传统理论的推论是完全相反的,可以从轮缘间隙处的三维流动特性和流体流动惯性两个角度进行解释。

图 5-13(a)展示了导叶尾缘处的三维流速三角形。由于叶片本身具有一定的弯度,因此叶栅通道出口气流同时具有周向和轴向速度分量。在压差和通道涡的共同作用下,主流气流还存在径向的入侵流动。因此,轮缘间隙处的流场具有显著的三维特征。此外,由于主流气流流量较大,轴向雷诺数较高,气流惯性较大,气流在流过轮缘间隙时依然存在保持轴向运动的趋势。在三维流动和惯性流动的共

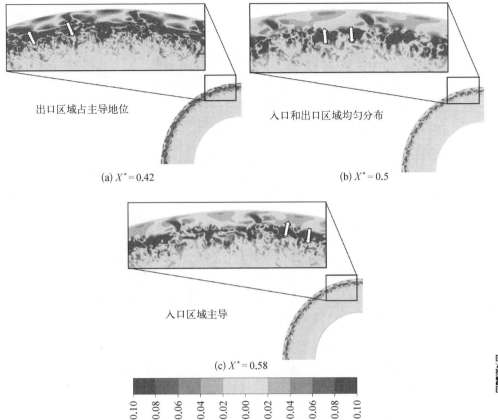

(a) $X^* = 0.42$ 　　出口区域占主导地位

(b) $X^* = 0.5$ 　　入口和出口区域均匀分布

(c) $X^* = 0.58$ 　　入口区域主导

图 5 - 12　封严间隙内不同轴向位置瞬时无量纲径向速度云图

同作用下,主流气流极易在封严间隙处发生流动分离,并形成如图 5 - 13(b)所示的分离涡结构。在轮缘间隙分离涡的作用下,入侵流动主要发生在转盘侧,而出流主要发生在静盘侧。图 5 - 13(c)展示了 $C_w = 2\ 500$ 工况下盘腔端区的流线图,由流线图可以看出轮缘间隙内存在明显的涡结构。

在涡轮主流的非定常、非均匀流场影响下,传统的定常燃气入侵理论已经不再适用。在涡轮主流中不仅存在由压差主导的燃气入侵,还存在由叶栅通道涡结构主导的燃气入侵。压差主导的燃气入侵主要发生在导叶尾缘的高压区域。在该区域主流与盘腔流之间存在较大压差,在压差的驱动下,主流燃气入侵深度较深。而通道涡结构诱导入侵是由通道涡旋向决定的,入侵位置主要位于叶栅通道出口。由于叶栅通道出口是主流中的低压区,因此在该区域主流与盘腔流之间压差较小,通道涡结构处于受力平衡状态,因此入侵深度较浅,仅限于封严间隙内。此外,入侵气流在三维流动特性和流体惯性的作用下,在封严间隙会发生入侵分离,形成分离涡结构,造成入侵区域主要位于转盘侧,而出流区域主要位于静盘侧。

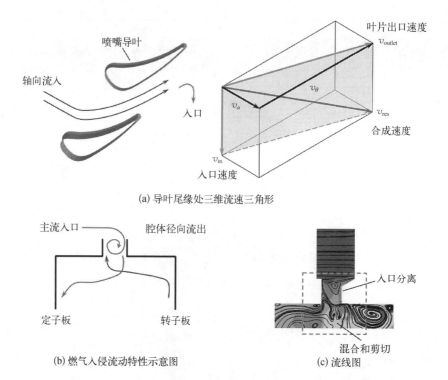

(a) 导叶尾缘处三维流速三角形

(b) 燃气入侵流动特性示意图   (c) 流线图

图 5 - 13   涡轮主流燃气入侵速度三角形及燃气入侵流线图

5.3.3   封严流量对燃气入侵特性的影响

下面讨论不同封严流量对轮缘间隙处入侵和出流流动的影响。由于主流压力是燃气入侵和出流的驱动力,首先讨论封严流量改变对轮缘间隙压力分布特性的影响。图 5 - 14 展示了不同封严流量工况下 10% 叶高处 S1 流面的瞬时压力云图。可以看出,随着封严流量增大,封严间隙的压力值也逐渐增大,同时高压区域的分布范围也随之扩大。

为定量描述封严气流对轮缘间隙压力分布特性的影响,图 5 - 15 展示了不同封严流量工况下主流端壁 3 个典型轴向位置处的周向压力分布特性:分别为导叶尾缘、动叶前缘和封严间隙正中。其中导叶尾缘和动叶前缘的位置如图 5 - 5(b) 所示,分别位于导叶出口 1 mm 处和动叶前缘 1 mm 处。封严间隙正中的位置与图 5 - 6(e) 所处的轴向位置一致。由图 5 - 15(a)、(b) 可以看出,封严气流对导叶尾迹、动叶前缘势流的主要影响区域为叶栅通道中部低压区域,随着封严气流流量增大,对应位置的压力也随之增大。而导叶尾迹、动叶前缘势流中的高压区域受到封严气流的影响较小,随着封严气流流量增大,对应位置处的压力值基本保持不变。封严间隙内的压力分布特性是由导叶尾迹、动叶前缘势流以及封严间隙处的出流、入流耦合决定的,因此压力分布较为复杂,不存在统一的分布规律。但

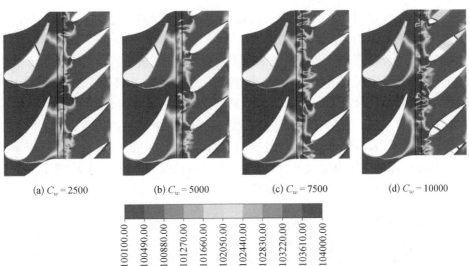

(a) $C_w = 2500$　　(b) $C_w = 5000$　　(c) $C_w = 7500$　　(d) $C_w = 10000$

图 5 - 14　不同封严流量工况下 10%叶高处 S1 流面瞬时压力云图

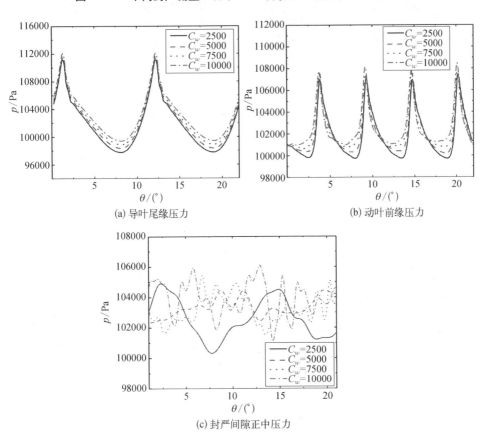

(a) 导叶尾缘压力　　　　　　　　　　　(b) 动叶前缘压力

(c) 封严间隙正中压力

图 5 - 15　不同封严流量工况下主流端壁 3 个典型轴向位置处的周向压力分布特性

是从整体分布特性而言,随着封严气流流量增大,封严间隙处的压力也随之升高,并且压力的周向不均匀性减小。

上述压力分布特性极大地影响了盘腔间隙的入侵、出流特性。图 5-16 展示了不同封严流量工况下主流流道 10%叶高处 S1 流面无量纲径向速度云图,其中白色线条所示意的区域为前一节中指出的通道涡主导的入侵区域。可以看出,当封严气流流量增大时,通道涡所导致的入侵区域减小,在叶栅通道出口出现了明显的出流区域,并且出流区域随着封严气流增大而增大。这是由于随着封严气流流量增大,轮缘间隙处的压力增大,破坏了通道涡结构的受力平衡。因此,通道涡主导的燃气入侵区域减小,出现明显的盘腔出流现象。

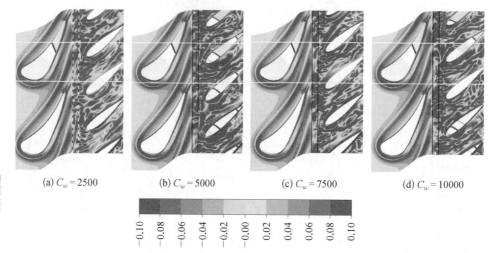

(a) $C_w = 2500$ (b) $C_w = 5000$ (c) $C_w = 7500$ (d) $C_w = 10000$

-0.10 -0.08 -0.06 -0.04 -0.02 -0.00 0.02 0.04 0.06 0.08 0.10

图 5-16 不同封严流量工况下主流流道 10%叶高处 S1 流面无量纲径向速度云图

图 5-17 展示了不同封严流量工况下的主流通道内的 Q 准则涡结构,并将这些涡结构以无量纲瞬时径向速度染色。从图中可以看出,当封严流量较低时,叶栅通道出口主要由通道涡所诱导的径向向内流动主导。而随着封严气流增大,通道涡结构所诱导的径向向内流场被破坏,呈现明显的出流特征。

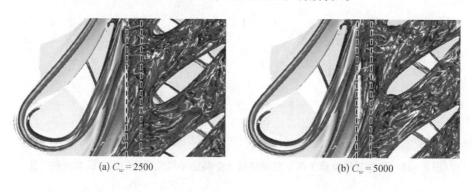

(a) $C_w = 2500$ (b) $C_w = 5000$

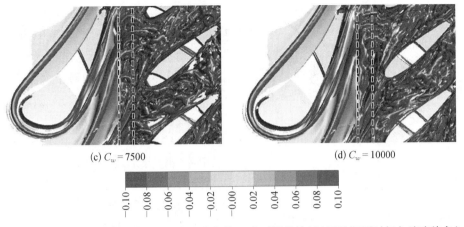

(c) $C_w = 7500$　　　　　　　　(d) $C_w = 10000$

-0.10 -0.08 -0.06 -0.04 -0.02 -0.00 0.02 0.04 0.06 0.08 0.10

图 5 - 17　不同封严流量工况下主流通道内的 Q 准则涡结构（以无量纲瞬时径向速度染色）

5.4　涡轮盘腔低维度理论模型研究进展

尽管目前流动数值模拟技术日臻成熟，并且在工程设计领域得到了广泛应用，但是大规模、高精度的数值模拟需要数小时乃至数天的时间才能收敛。在实际工程设计中通常需要多次迭代，若每次迭代参数均采用三维数值模拟的方法，将会极大地增大计算成本，降低设计效率。工程低维度模型在计算精度、计算速度和计算成本方面进行了很好的折中，建立工程低维度模型是解决这一问题的一种有效手段。工程低维度模型通常从高维度模型中提取，通过降维或简化复杂度的方法实现。工程低维度模型广泛应用于流体力学、结构力学、电子学等领域。在流体力学中，工程低维度模型通常基于 Navier - Stokes 方程的降维或简化，可用于预测流场中气动力、速度、压力、噪声等流动参数。针对涡轮盘腔的燃气入侵现象，许多学者也提出了一些工程低维度模型。下面对双孔模型、湍流输运模型等常见的描述燃气入侵的低维度模型进行总结。

5.4.1　双孔模型

在前文关于最小封严流量的讨论中，已知将轮缘封严结构类比为节流孔的"孔模型"的雏形。而简单的孔模型只能考虑入流或者出流的单向流动，而轮缘封严结构处同时存在入流和出流，因此简单孔模型在评估燃气入侵程度时应用效果并不好。

Owen 等基于简单孔模型的构想，将燃气入侵过程等效为如图 5 - 18 所示的孔板入流和出流过程，轮缘封严结构被视为一个没有厚度的流阻元件。假设燃气入侵和出流的过程互不干扰，气流各自通过流阻元件不同的部分，对应的面积分别表示为 $\delta_{A,i}$ 和 $\delta_{A,e}$。将所有的微元面积加起来即为封严流阻元件的总面积 A。

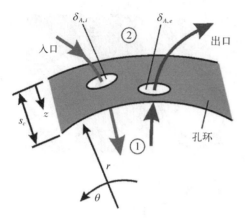

图 5-18 简化双孔模型原理示意图

$\delta_{A, i}$. 入侵面积；$\delta_{A, e}$. 出流面积；s_c. 封严间隙；
①. 盘腔内流道；②. 主流流道

在推导双孔模型理论时用到了三个基本假设：① 气流在封严间隙中的流动保持角动量守恒，即 ru_θ 为常数；② 对于出流气体，$u_{r, i} \ll u_{r, e}$，而对于入流气体，$u_{r, i} \gg u_{r, e}$；③ 流动为稳态、无黏的。因此燃气入侵过程的控制方程可以简化为式（5-1）的形式。如图 5-18 所示，对入侵、出流气体分别从①到②进行积分，可以得到入侵速度和出流速度的表达式，如式（5-2）和式（5-3）所示。采用转盘转速对其进行无量纲化，无量纲形式如式（5-4）和式（5-5）所示。其中，u_r 为径向速度，θ 为周向角度，b 为盘腔半径，$u_{r, e}$ 为封严处出流速度，$u_{r, i}$ 为封严处入流速度，Ω 为角速度。

$$- \frac{1}{\rho} \frac{\mathrm{d}p}{\mathrm{d}r} = u_r \frac{\partial u_r}{\partial r} - \frac{\partial \theta^2}{r} \tag{5-1}$$

$$u_{r, e} = \sqrt{2\left(\frac{p_1 - p_2}{\rho} + u_{\theta, 1}^2\left(1 - \frac{r_1^2}{r_2^2}\right)\right)} \tag{5-2}$$

$$u_{r, i} = \sqrt{2\left(\frac{p_2 - p_1}{\rho} + u_{\theta, 2}^2\left(\frac{r_1^2}{r_2^2} - 1\right)\right)} \tag{5-3}$$

$$\frac{u_{r, e}}{\Omega b} = \sqrt{\frac{p_1 - p_2}{\frac{1}{2}\rho\Omega^2 b^2} + \beta_1^2\left(1 - \frac{r_1^2}{r_2^2}\right)} \tag{5-4}$$

$$\frac{u_{r, i}}{\Omega b} = \sqrt{\frac{p_2 - p_1}{\frac{1}{2}\rho\Omega^2 b^2} + \beta_2^2\left(\frac{r_1^2}{r_2^2} - 1\right)} \tag{5-5}$$

式（5-4）和式（5-5）都是基于等熵、稳定流动假设，然而在实际流动过程中还存在着许多不可逆耗散因素，因此需要引入流阻系数 C_d 将这些不可逆因素考虑进去。在双孔模型中考虑入流流动和出流流动之间存在较大的区别，因此分别引入入侵流阻系数 $C_{d, i}$ 和出流流阻系数 $C_{d, e}$ 来描述这些损失对流动的影响。此外为使方程形式简单，引入压力系数 C_p 和环量系数 C_β，其定义如式（5-6）、式（5-7）和式（5-8）所示。因此，入侵和出流的速度表达式可以改写为式（5-9）和式（5-10）的形式。

$$C_p = \frac{p_2 - p_1}{\frac{1}{2}\rho\Omega^2 b^2} \qquad (5-6)$$

$$C_{\beta 1} = \beta_1^2 \left(1 - \frac{r_1^2}{r_2^2} \right) \qquad (5-7)$$

$$C_{\beta 2} = \beta_2^2 \left(\frac{r_1^2}{r_2^2} - 1 \right) \qquad (5-8)$$

$$\frac{u_{r,e}}{\Omega b} = C_{d,e}\sqrt{C_{\beta 1} - C_p} \qquad (5-9)$$

$$\frac{u_{r,i}}{\Omega b} = C_{d,i}\sqrt{C_p - C_{\beta 2}} \qquad (5-10)$$

由式(5-9)和式(5-10)可以看出,轮缘间隙的出流流量、入流流量主要和轮缘间隙内外压差以及气流的旋转比有关。对上述两式沿轮缘间隙进行积分,即可得到入流流量 m_i 和出流流量 m_e,如式(5-11)和式(5-12)所示。

$$m_e = \rho\int u_{r,e}\,\mathrm{d}A_e \qquad (5-11)$$

$$m_i = \rho\int u_{r,i}\,\mathrm{d}A_i \qquad (5-12)$$

其中,$A_e + A_i = 2\pi s_c b$。此外,入侵流量 m_i、出流流量 m_e 和叠加径向通流流量 m_0 需要满足质量守恒条件,即满足:

$$m_0 = m_e - m_i \qquad (5-13)$$

基于式(5-9)和式(5-10)可以得到双孔模型中最小封严流量的表达式。当轮缘处入流流量为 0 时,即无燃气入侵,此时 $C_p = C_{\beta 2}$。将 $C_p = C_{\beta 2}$ 代入式(5-9)可得出流流量的表达式,如式(5-14)所示。该条件的物理意义是腔内的径向压差和离心力平衡,因而径向速度为 0。

$$\frac{u_{r,e}}{\Omega b} = C_{d,e}\sqrt{C_{\beta_1} - C_{\beta_2}} \qquad (5-14)$$

定义无量纲流量系数 Φ,如式(5-15)所示,此时无量纲流量的表达式与无量纲流速相同。因此,最小无量纲封严流量 $\Phi_{\min}$ 可以写成式(5-16)的形式。采用最小无量纲封严流量 $\Phi_{\min}$ 对入流流量和出流流量进行无量纲化,同时假设 $\beta_2 = 0$,则无量纲化后的入流流量和出流流量可以表示为式(5-17)和式(5-18)的形式。

$$\Phi = \frac{m}{2\pi\rho G\Omega b^2} \qquad (5-15)$$

$$\Phi_{\min} = \frac{m_{\min}}{2\pi\rho G\Omega b^2} = C_{d,e}\sqrt{C_{\beta 1} - C_{\beta 2}} \qquad (5-16)$$

$$\Theta_e = \frac{m_e}{m_{\min}} = \frac{1 - \Gamma_p}{(1 - \Gamma_p)^{\frac{1}{2}} + \Gamma_c \Gamma_p^{\frac{1}{2}}} \qquad (5-17)$$

$$\Theta_i = \frac{m_i}{m_{\min}} = \frac{1 - \Gamma_p(1 + \Gamma_c^2)}{(1 - \Gamma_p)^{\frac{1}{2}} + \Gamma_c \Gamma_p^{\frac{1}{2}}} \qquad (5-18)$$

式中,$\Gamma_p = C_p/C_{\beta 1}$,$\Gamma_c = C_{d,i}/C_{d,e}$。基于式(5-17)和式(5-18),联立质量守恒方程(5-13),可以得到封严效率的表达式,如式(5-19)所示。

$$\eta = 1 - \frac{m_i}{m_e} = \frac{1 - \Gamma_p(1 + \Gamma_c^2)}{(1 - \Gamma_p)} \qquad (5-19)$$

基于上述双孔模型,巴斯大学等机构开展了一系列的应用研究。Sangan[3]针对双孔模型进行了一系列的实验验证,实验结果表明使用无量纲流量 Φ 作为封严效率 η 的拟合参数具有良好的拟合效果。Zhou 等[4]采用最大似然估计对 Γ_c 和 $\Phi_{\min}$ 两个位置参数进行了统计预测,并且取得了良好的预测效果。Owen 等[5]针对外部诱导的燃气入侵,考虑外部压力不均匀性的影响,通过采用"锯齿状"的压力分布假设,计算得到了外部诱导入侵条件下腔内封严效率的表达式。

5.4.2 湍流输运模型

Owen 等[5]提出的双孔模型虽然能够考虑轮缘间隙处的入侵、出流双向流动,但是由于其对流动的无黏假设,一部分现象如非定常效应、主流与封严流的相互作用等效应,依旧无法使用双孔模型解释。

Graber 等[6]最早提出了可以将轮缘处的入侵过程视为湍流扩散的构想,在他们的模型中考虑了封严间隙处流体微团的热平衡过程,通过计算可以给出轮缘间隙处的温度分布。在此基础上,Savov 等[7]提出了湍流输运模型,此模型将主流和封严流的入流和出流现象等效成湍流扩散过程。

图 5-19 展示了 Savov 等提出的燃气入侵机理图。Savov 等[7]对燃气入侵过程进行了一定的假设,图 5-20 中红线代表入侵主流,蓝线代表腔内的封严气流。Savov 等提出,在一个叶栅距的起始段,主流和封严流并不发生掺混,因而其流线不发生交叉。而经过一段距离后,主流和封严流气流发生明显的掺混现象,即流线出现了交叉。Savov 等类比湍流混合长理论,将主流和封严气流之间不发生掺混的这段距离定义为等效掺混长度 l_m,当观测尺度 l 大于等效掺混长度 l_m 时,主流和封严流才发生掺混,否则不发生掺混。此外,Savov 等认为主流和封严流的相互掺混只发生在高半径区域,并将该区域称为间隙环流区(gap recirculation zone)。

基于上述流动假设,Savov 等提出了如图 5-20 所示的湍流输运模型。如图

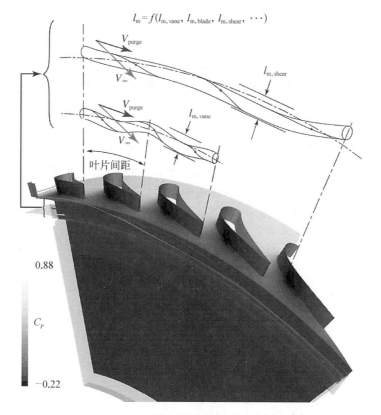

图 5-19　Savov 等提出的燃气入侵机理图[7]

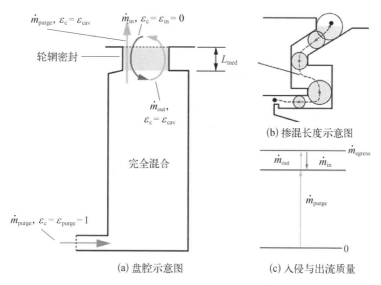

图 5-20　湍流输运模型示意图[7]

5-20(a)所示,取由盘腔封严流入口、盘腔封严间隙以及盘腔边界包围的流体域为控制体。盘腔封严流入口处只存在封严气流入流 $\dot{m}_{\text{purge}}$,盘腔封严间隙处存在主流的入侵 $\dot{m}_{\text{in}}$ 以及封严气流的出流 $\dot{m}_{\text{out}}$。将盘腔封严流入口处封严气流 $\dot{m}_{\text{purge}}$ 的封严效率 $\varepsilon_{\text{purge}}$ 定义为1;盘腔封严间隙处主流入侵 $\dot{m}_{\text{in}}$ 的封严效率 ε_{in} 定义为0。而腔内气流经过充分掺混,其保持均匀的封严效率,为介于0和1之间的某一个定值 ε_{cav}。

根据连续性方程以及不可压缩流体质量守恒定理,可以列出式(5-20)和式(5-21)。由式(5-20)可以得到 $\dot{m}_{\text{out}} = \dot{m}_{\text{in}}$。将 $\varepsilon_{\text{purge}} = 1$ 和 $\varepsilon_{\text{in}} = 1$ 代入式(5-21),可得盘腔内封严效率的表达式如式(5-22)所示,其中 $\dot{m}_{\text{purge}}$ 是给定的封严气流流量,而外部入侵气流 $\dot{m}_{\text{in}}$ 的具体数值是未知量,需要建立合适的模型来进行求解。

$$\dot{m}_{\text{egress}} = \dot{m}_{\text{purge}} + \dot{m}_{\text{out}} = \dot{m}_{\text{purge}} + \dot{m}_{\text{in}} \tag{5-20}$$

$$(\dot{m}_{\text{purge}} + \dot{m}_{\text{out}})\varepsilon_{\text{cav}} = \dot{m}_{\text{purge}}\varepsilon_{\text{purge}} + \dot{m}_{\text{in}}\varepsilon_{\text{in}} \tag{5-21}$$

$$\varepsilon_{\text{cav}} = \cfrac{1}{1 + \cfrac{\dot{m}_{\text{in}}}{\dot{m}_{\text{purge}}}} \tag{5-22}$$

对于入侵气流 $\dot{m}_{\text{in}}$,可以将燃气入侵假想为湍流扩散过程,则 $\dot{m}_{\text{in}}$ 可以由式(5-23)所示的一维扩散过程的控制方程所描述,其中 ρ_{in} 为入侵气流的密度,D^* 为等效湍流扩散系数,A^* 为等效扩散特征面积,$\nabla\varepsilon_{\text{c}}$ 为封严效率梯度。Savov 等[7]针对上述各项做出了一系列假设:

(1) $\nabla\varepsilon_{\text{c}}$ 为封严效率梯度,可以使用封严处的效率差分和封严结构高度 L_{med} 的比值来近似,如式(5-24)所示。

(2) A^* 为封严间隙处的等效扩散面积,其大小与封严间隙法平面面积 A_{n} 同阶,且正比于通过封严间隙的气体流速 V_{seal}。图5-21展示了轮缘间隙处的速度三角形,根据图5-20中的几何关系可以得出式(5-25),其中 $\Phi = V_{\text{n}}/\omega r_{\text{seal}}$。

(3) D^* 为湍流扩散系数,当流动为完全发展湍流时,所有的动量传递、热量传递都由湍流扩散主导,因此 D^* 和湍流黏性系数 ν^* 相等。根据湍流混合长度理论,$\nu^* = l_{\text{m}}V_{\text{t}}$,其中 l_{m} 为湍流混合长度,V_{t} 为特征速度,取为 $kr_{\text{seal}}\omega$,因此 $D^* = l_{\text{m}}kr_{\text{seal}}\omega$。

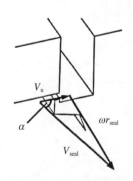

图5-21　轮缘间隙处的速度三角形

$$\dot{m}_{\text{in}} = -\rho_{\text{in}}D^*A^*\nabla\varepsilon_{\text{c}} \tag{5-23}$$

$$\nabla \varepsilon_c = -\frac{\varepsilon_{\text{in}} - \eta}{L_{\text{med}}} = \frac{\varepsilon_{\text{cav}}}{L_{\text{med}}} \qquad (5-24)$$

$$\frac{A^*}{A_{\text{n}}} \sim \frac{V_{\text{seal}}}{V_{\text{n}}} = \frac{\omega r_b}{\cos(90 - \alpha) V_{\text{n}}} \sim \frac{1}{\varPhi} \qquad (5-25)$$

综上所述,盘腔内部的封严效率可以表示为式(5-26)的形式。对于不同的封严结构,存在有不同的经验常数 k。Savov 等[8]使用该模型对公开文献中的实验数据进行了拟合,并取得了良好的拟合效果,如图 5-22 所示。

$$\eta = \frac{1}{1 + k\left(\dfrac{l_{\text{m}}}{L_{\text{med}}}\right)\dfrac{1}{\varPhi^2}\eta} \qquad (5-26)$$

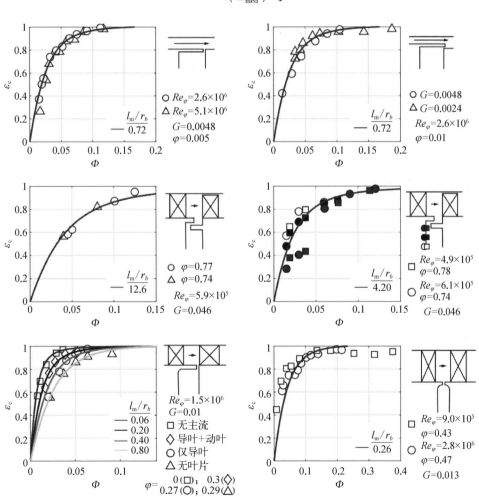

图 5-22　**Savov 湍流输运模型拟合参数与公开文献中的实验数据对比**[8]

5.5 入侵燃气对盘腔内部流动特性的影响

5.5.1 入侵导致的盘腔端区非定常流动

从 5.3 节的分析可以看出,在压差和通道涡结构的影响下,盘腔存在明显的压差诱导和通道涡诱导燃气入侵现象。燃气入侵会对盘腔流场造成强烈扰动,是流场非定常效应的重要诱因之一。

图 5-23 展示了盘腔子午面各流速分量瞬态云图,可以直观地观察到在燃气入侵的影响下,盘腔高半径处与低半径处的流速分布特性存在明显差异。在盘腔端区,各流速分量的分布较为混乱,云图分界面不清晰,非均匀特性明显。而在低半径位置处的流速分布较为规律,存在明显、清晰的流速分界面。由图 5-23(c) 可以看出,在低半径位置仍然存在明显的旋转核心结构,与简单转-静系盘腔流动特性基本一致。然而,高半径处旋转核心的二维流动特性被破坏,存在明显的掺混现象。这一特性说明燃气入侵对盘腔流动特性具有显著的影响,导致流场在高半径位置呈现明显的三维、非定常流动特性。不过,这种影响在径向方向上存在一定的限度,入侵导致的非定常现象仅出现在盘腔的端区位置。这一特性可以结合流速分布进行具体验证和说明。图 5-24~图 5-26 展示了腔内四个典型径向位置的时均和瞬时速度轴向分布特性,径向位置如图 5-23 中虚线位置所示。从时均值来看,整个涡轮盘腔内依然存在大尺度旋转核心。从瞬时值来看,盘腔低半径位置($r^* = 0.75$、$r^* = 0.82$)速度时均值和瞬时值基本重合,说明流场较为平稳,不存在明显的非定常流动现象。而高半径位置处($r^* = 0.89$、$r^* = 0.96$)时均值与瞬时值存在显著的偏离,具有明显的非定常、三维流动特征。

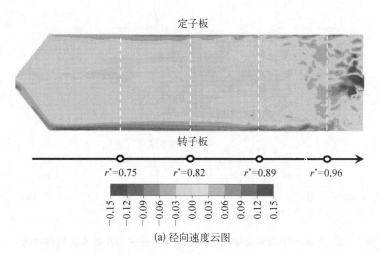

(a) 径向速度云图

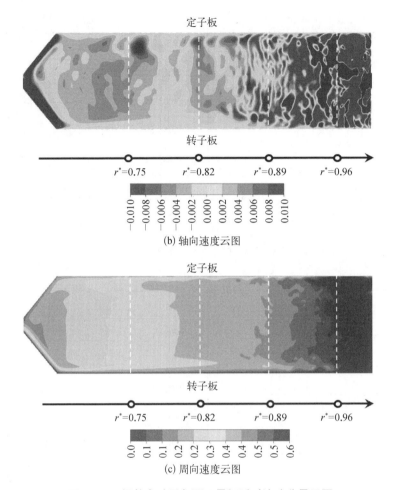

(b) 轴向速度云图

(c) 周向速度云图

图 5-23　涡轮盘腔子午面无量纲瞬时流速分量云图

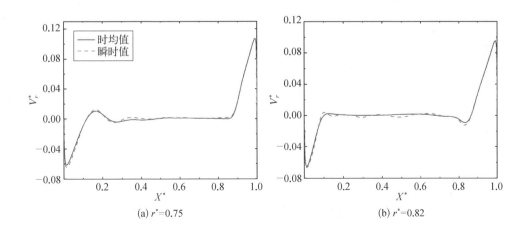

(a) $r^*=0.75$　　　　　　　　　　(b) $r^*=0.82$

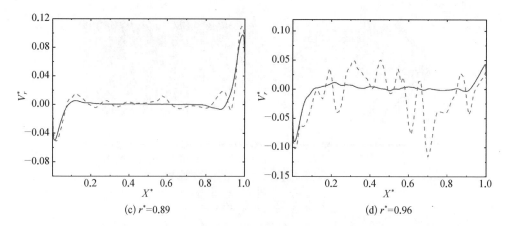

(c) r^*=0.89

(d) r^*=0.96

图 5-24   涡轮盘腔无量纲径向速度轴向分布特性对比

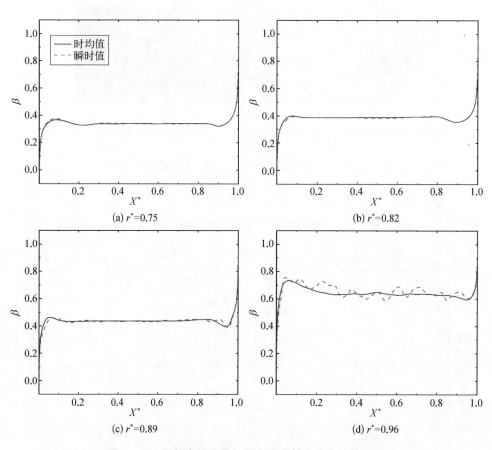

(a) r^*=0.75

(b) r^*=0.82

(c) r^*=0.89

(d) r^*=0.96

图 5-25   涡轮盘腔无量纲周向速度轴向分布特性对比

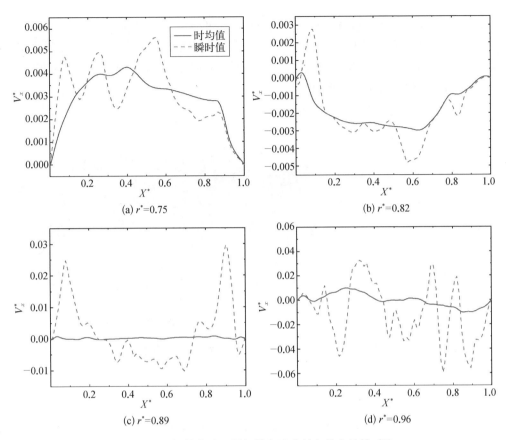

图 5-26 涡轮盘腔无量纲轴向速度轴向分布特性对比

与经典 Batchelor 流型对比,高半径处旋转核心内的瞬时径向速度不为 0,说明在旋转核心内存在非定常径向迁移。此外可以看到高半径处瞬时周向和轴向速度均存在明显的非均匀特性,呈现明显的高/低交错的分布特性,说明涡轮盘腔内同样存在与第 4 章中类似的大尺度流动结构。

由于低半径处的流动特性与简单转-静系盘腔保持一致,因此对其不进行展开讨论。下面对入侵燃气影响下盘腔端区非均匀、非定常流动现象进行具体的探究。由于压力是流动的驱动力,首先讨论腔内的压力分布特性。图 5-27 展示了旋转核心内 $X^* = 0.5$ 典型位置处的 S3 流面压力云图和对应周向位置处主流 10% 叶高处 S1 流面压力云图对比。前文已经指出,外部主流在导叶的强扰流作用下,压力呈现周向不均匀的分布特性。由图 5-27(a)可以看出,盘腔端区同样存在类似的高/低压交错的周向不均匀特性。图 5-27(b)展示了相同周向位置的主流压力云图和盘腔压力云图对比。从图中可以看出,盘腔内的高、低压区域与主流通道是一一对应的。因此可以认为腔内的非均匀压力场是主流通道内非均匀压力波形通过燃气入侵向腔内传播所导致的。在盘腔端区周向不均匀压力场的作用下,端区旋转核心内的流体微团不仅受到径向压力梯度和离心力的作用,同时还会受到非定常压差力的作用。因此盘腔端区的流体微团的瞬时速度会随空间位置、时间变化,呈现明显的非均匀、非定常现象。

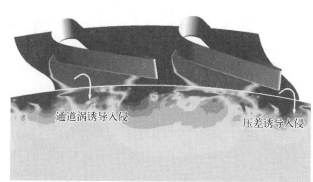

(a) 旋转核心压力云图　　　　(b) 旋转核心与10%叶高S1流面压力云图对比

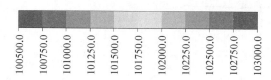

图 5 - 27　旋转核心内 S3 流面压力云图与主流 10%叶高处 S1 流面压力云图对比

5.5.2　入侵导致的盘腔径向分区

通过对简单转-静系盘腔流动特性的分析已经认识到,盘腔内存在明显的轴向分区特性,即沿轴向分别存在静盘边界层、旋转核心以及转盘边界层。通过 5.4.1 节的分析,可以看出外部主流燃气入侵导致涡轮盘腔端区与其余位置的流动特性有明显的区别,因此可以认为涡轮盘腔内由于燃气入侵导致存在明显的径向分区现象。下面对涡轮盘腔内的径向分区现象进行进一步讨论。

图 5 - 28 展示了入侵燃气的速度三角形及受力情况,可以看出流体微团在周向旋转和径向迁移的叠加运动下,所受的科里奥利力对于径向向内流动起到了阻力的作用。入侵气流的

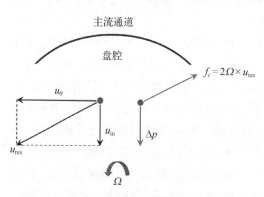

图 5 - 28　涡轮盘腔入侵燃气速度三角形及受力状况分析

径向动量在向内运动过程中逐渐耗散,直到径向动量完全耗散为 0。因此入侵燃气对腔内的影响存在一定的限度。当入侵燃气的径向动量大于 0 时,腔内存在明显的入侵燃气和盘腔流之间的掺混、剪切现象。燃气入侵导致盘腔高半径处的旋转核心流动结构被破坏,如图 5 – 24(c)、(d)所示,涡轮盘腔端区的旋转核心存在明显的径向入侵速度。而当入侵燃气的径向动量完全耗散时,该位置以下的气流基本不受到入侵燃气的影响,并维持刚性旋转核心运动,因此盘腔的下半部分流动特性与简单转-静系盘腔的流动特性保持一致。

图 5 – 29 展示了 $X^* = 0.5$ 位置 S3 流面 Q 准则涡量云图和封严效率云图。Q 准则涡量分布体现了流场的主要流动结构。如图 5 – 29(a)所示,盘腔在端区处存在较高的涡量分布,其余绝大部分区域涡量均维持较小的值。这是由于盘腔低半径气流依然维持 Batchelor 式刚性强迫涡运动,强迫涡结构的涡量为 0。而盘腔高半径处由于外部主流入侵,存在明显的剪切及掺混现象,因此该区域呈现明显的高涡量分布。与横流盘腔类似,外部入侵在涡轮盘腔内同样会导致图 5 – 27 所示的高/低压交错分布的大尺度流动结构。这些流动结构的特性已经在横流盘腔讨论中进行了详细阐述,在此不再赘述。

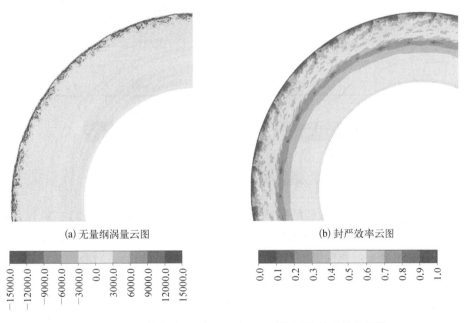

(a) 无量纲涡量云图　　　　　　　　　　(b) 封严效率云图

图 5 – 29　涡轮盘腔 S3 流面($X^* = 0.5$)涡量及封严效率云图

封严效率体现了外部入侵燃气、封严气流在腔内的掺混情况。从图 5 – 29(b)可以看出,在外部主流入侵的影响下,盘腔端区存在明显的低浓度区域。然而值得注意的是,在盘腔中部存在一个明显的高浓度区域,封严效率沿径向并不是单调变化的。这一现象说明该位置有封严气流的集中分布,需要考察对应位置的流场细节信息。

图 5-30 展示了涡轮盘腔子午面封严效率云图及流线图,可以看出盘腔上半部分在入侵燃气的影响下,由径向迁移所主导,Batchelor 旋转核心仅在盘腔下半部分形成。通过前面简单转-静系盘腔流动特性的讨论可知,在离心力的作用下,盘腔低半径入口引入的封严气流将汇入转盘边界层,并紧贴转盘壁面形成径向出流。由图 5-30 可以看出,在盘腔入口,封严气流紧贴着转盘壁面流动,具有较好的贴壁性。然而当气流运动到盘腔中部位置时($r^* = 0.8$),由于入侵燃气的径向内流流动与封严气流的径向出流流动方向相反,导致封严气流在该位置出现明显的剪切耗散现象。在剪切作用下,封严气流的径向动量被耗散,因此不再贴壁径向向外流动,而是沿轴向扩散进入旋转核心,出现明显的分离现象。这一现象导致盘腔中部存在封严气流的聚集分布,形成了高封严效率区域。

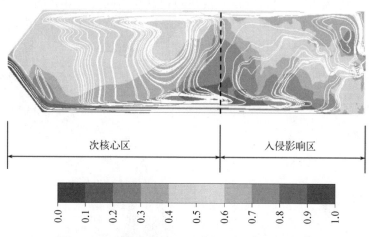

次核心区　　　　入侵影响区

0.0　0.1　0.2　0.3　0.4　0.5　0.6　0.7　0.8　0.9　1.0

图 5-30　涡轮盘腔子午面封严效率云图及流线图

综上所述,根据燃气入侵的影响深度可以将涡轮盘腔分为如图 5-30 所示的两个部分,上半部分主要受到入侵燃气的影响,因此将其称为"入侵影响区"。而下半部分为不受入侵燃气影响的旋转核心,由于和简单转-静系盘腔的旋转核心相比占据的区域有所减小,为方便描述,将简单转-静系盘腔内形成的旋转核心称为"原始旋转核心",将入侵影响后缩小的旋转核心称为"次核心区"。

5.6　燃气入侵后果评估

现代航空发动机/燃气轮机设计均朝着优化二次空气系统封严用气量方向发展,以提高主流通流的热效率。由 5.3 节和 5.5 节的分析可以看出,即使提供足够的封严气流量,K-H 不稳定性以及通道涡结构依然会造成轮缘处存在一定的入侵,外部入侵不能完全避免。因此,即使是基于最保守的、以完全封严为设计目标的传统空气系统设计体系依然面临着如何评估燃气入侵后果的问题。此外,保守的设计体系使得空气系统的冷气、封严气设计流量较大,不符合现代航空发动机低耗、节能的设计理念。因此,如何更为科学地评估燃气入侵的后果以及入侵可接受程度、优化空气系统设计体系是现代航空发动机空气系统领域新的挑战。

5.6.1　入侵深度评估准则

在 5.5 节中已经详细探讨了主流条件下盘腔内部的流动特性,同时也注意到封严气流的贴壁性在入侵主流的作用下会被破坏,在转盘壁面发生分离并向静盘轴向迁移,从而在腔内形成"入侵影响区"和"次核心区"的径向分区现象。

图 5-31 展示了入侵气流在腔内流动的简化图及封严效率云图,基于盘腔内的 Batchelor 流型轴向分区和燃气入侵径向分区流动特性,可对入侵燃气在腔内的传质过程进行简化。入侵燃气在主/盘腔流压差、通道涡和 K-H 不稳定性的作用下入侵涡轮盘腔,根据 Batchelor 流型的流动特性,入侵燃气主要分为两部分:一部分被卷吸进入静盘边界层并沿静盘壁面径向向内流动,另一部分气流则直接与盘腔内的原始旋转核心进行质量和动量交换。由于静盘边界层流动由径向内流主导,因此静盘边界层内的传质过程较为简单,可以简化为一维扩散过程。

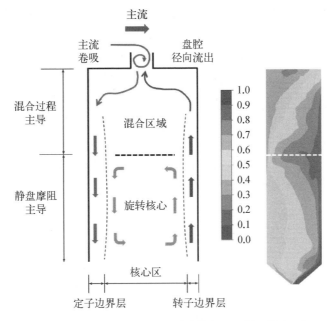

图 5-31　入侵气流在腔内流动的简化图及封严效率云图

原始旋转核心则由周向旋转运动所主导,入侵气流在径向入流的过程中受到原始核心流体的阻滞作用,导致入侵气流的旋转比逐渐降低,这一过程主要发生在盘腔端区,即"入侵影响区"。在入侵影响区存在明显的三维流动以及掺混效应。当入侵气流的旋转比所产生的离心力与科里奥利力平衡时,入侵气流达到受力平衡状态,这时入侵气流将汇入原始旋转核心一起做刚性旋转运动,即形成涡轮盘腔内的"次核心区"。

下面考虑"入侵影响区"和"次核心区"的流动特点,并基于流动特性提出入侵深度的评估准则。对于"次核心区",由于流动受到入侵气流的影响较小,因此流动特性与前文所讨论的简单转-静系盘腔模型类似。次核心区的旋转比径向梯度是由转盘转矩以及静盘摩阻所主导的。在前文中已经给出了简单转-静系盘腔旋转比径向梯度的控制方程,可以看出简单转-静系盘腔旋转比的径向梯度并不是常数,存在一定的非线性特性。而对于"入侵影响区",旋转比径向梯度则是由入侵燃气和腔内流体的掺混剪切过程所主导的,不再符合简单转-静系盘腔的分布规律。因此旋转比的径向分布在"入侵影响区"和"次核心区"分界面位置存在拐点,即旋转比的二阶导数为0。

基于旋转比的径向分布特性,可以提出如下的燃气入侵深度评估准则:当旋转比的二阶导数为0时,说明该径向位置位于"入侵影响区"和"次核心区"的交界面位置,该径向位置即为入侵深度。需要指出的是,由简单转-静系盘腔内的旋转比控制方程可知,由于受到径向通流的影响,简单转-静系盘腔内的旋转比并不是线性分布的,因此在"次核心区"旋转比同样存在拐点。在使用入侵深度判别准则时,通常选取盘腔端区 $r^* = 1$ 为沿径向向内第一个拐点位置。

图5-32展示了 $C_w = 2\,500$ 工况下旋转比及旋转比二阶导数的径向分布特性。

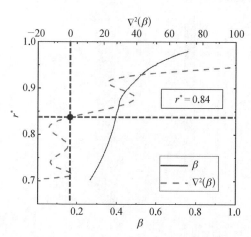

图5-32　$C_w = 2\,500$ 工况下旋转比及旋转比二阶导数的径向分布特性

从图中可以看出,在 $r^* = 0.84$ 位置存在明显的二阶导数为0的位置,即认为该径向位置为入侵深度。当 $r^* > 0.84$ 时,旋转比出现了明显增大的趋势,这是由于腔内气流受到入侵燃气的携带而导致加速。同时图5-31中也标出了 $r^* = 0.84$ 的位置,如云图中的白色虚线所示,与盘腔中部的高封严效率区域位置相对应。而当 $r^* < 0.84$ 时,可以看到"次核心区"的旋转比分布同样存在一定的非线性特性,二阶导数也存在拐点分布。图5-33展示了不同径向通流流量下基于上述判别准则给

出的燃气入侵深度。可以看出,随着封严流量增大,燃气入侵的影响范围逐渐
减小。

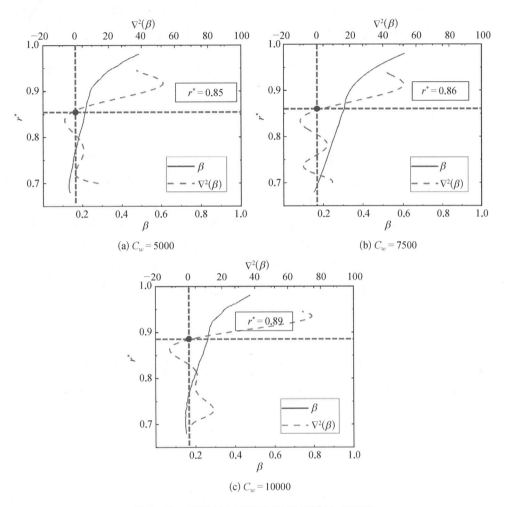

(a) $C_w = 5000$　　　　　　　　　(b) $C_w = 7500$

(c) $C_w = 10000$

图 5－33　不同径向通流流量下的燃气入侵深度

5.6.2　静盘边界层封严效率关系式

由于"入侵影响区"存在明显的三维流动特性,因此其封严效率分布特性较为
复杂,很难用简单的关系式来表示,为燃气入侵的后果评估带来困难。但是由之前
的分析可以看出,入侵气流一部分汇入静盘边界层,且静盘边界层内主要由径向向
内流动所主导,因此可以等效为一维扩散过程。

柱坐标系内的一维、稳态条件下的介质扩散控制方程可以写为式(5－27)的形
式,其中,D_T 为湍流扩散系数,η 为入侵气流的浓度。对式(5－27)由 r_a 到 r_b 积分

可得浓度沿径向的分布规律如式(5-28)所示。该浓度分布形式较为简单,具有实际工程应用价值。此外,由于静盘边界层对盘腔其余部位具有热缓冲效应,因此静盘边界层内的浓度分布给出了腔内的最危险工况,若以静盘边界层浓度作为燃气入侵后果评估标准,在工程设计中能够给出一定的设计裕度。

$$\frac{\mathrm{d}}{\mathrm{d}r}\left(rD_T\frac{\mathrm{d}(\eta)}{\mathrm{d}r}\right) = 0 \qquad (5-27)$$

$$\eta_b = \frac{C}{D_T}\ln\left(\frac{r_b}{r_a}\right) + \eta_a \qquad (5-28)$$

可以看出,在一维扩散假设条件下,浓度沿径向基本呈现对数规律分布。其中待定参数为湍流扩散系数 D_T,代表着传质阻力的影响。对于轮缘封严盘腔而言,D_T 受到多种因素的影响,因此需要采用实验或者可信的 CFD 数据进行拟合。

为了便于获得工程实用的简单拟合关系,将封严效率沿径向分布规律写成简单的代数形式,如式(5-29)所示,在拟合关系中,由于传质方向是由端区开始的,因此式(5-27)中的 r 在实际拟合中取为 $1-r^*$。由式(5-29)可以看出,参数 A 的取值与湍流扩散系数有关,参数 B 的取值与初始掺混浓度有关。由于径向通流流量会抑制燃气入侵,因此两个参数均受到径向通流流量的影响。

$$\eta = A\ln(1-r^*) + B \qquad (5-29)$$

对不同封严流量工况下静盘边界层封严效率进行拟合。拟合结果如图5-34所示。可以看出,静盘边界层内封严效率拟合效果较好,与实验测量值和 DES 模拟值均吻合较好。

但是上述拟合关系式在实际工程使用中并不方便,因为在不同封严流量下所得到的拟合关系式不同,且拟合参数不存在统一的变化规律。因此为实现工程应用,还需要对静盘边界层内浓度分布进行讨论。由图5-34可以看出,静盘边界层内封严效率基本满足对数关系,而由对数函数性质可知,当 $1-r^* > 0.1$ 时,封严效率的变化很小,基本保持为常数。基于上述分布特性,提出如图5-35所示的串联低维度模型,将 $r^* > 0.9$ 的盘腔端区视为一维扩散元件,其分布规律由形如式(5-29)的拟合关系式给出,而将 $r^* < 0.9$ 的剩余部分视为零维集总参数元件,认为其内部封严效率已经充分掺混,为某一固定常数。

根据 Savov 等[7]提出的湍流输运模型,将盘腔视为零维系统后腔内的封严效率 η 可以表示成式(5-30)的形式,具体推导过程已在前文中进行了回顾,在此不再赘述。根据 Owen[5, 9]的双孔模型,入侵流量 $\dot{m}_{\mathrm{in}}$ 可以表示成式(5-31)的形式,其中 C_d 为轮缘间隙的流阻系数。将式(5-31)代入式(5-30)可得封严效率 η 的综合表达式如式(5-32)所示。由于封严气流对主流气动特性的影响较小,因此,

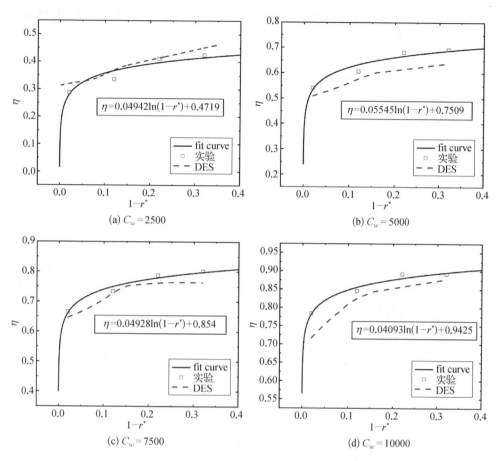

图 5 – 34　不同封严流量工况下静盘边界层封严效率拟合效果

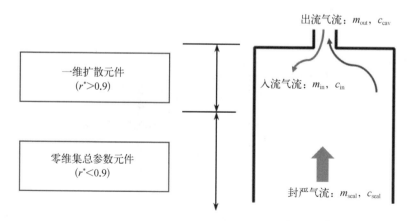

图 5 – 35　静盘边界层封严效率串联低维度模型示意图

式(5-32)中的 $\sqrt{C_p - C_\beta}$ 基本维持不变。由此可以看出,封严效率只与封严间隙的流阻系数 C_d 和封严流量 C_w 有关。

$$\eta = \cfrac{1}{1 + \cfrac{\dot{m}_{\min}}{\dot{m}_{\mathrm{purge}}}} \tag{5-30}$$

$$m_{\mathrm{in}} = \rho \int u_{r,\,\mathrm{in}} \mathrm{d}A_{\mathrm{in}} = C_d \sqrt{C_p - C_\beta} \tag{5-31}$$

$$\eta^{-1} = 1 + \frac{C_d \sqrt{C_p - C_\beta}}{C_w} \tag{5-32}$$

由于封严间隙流阻系数 C_d 为未知参数,而封严流量 C_w 为给定值,为简化问题,目前仅研究 η 和 C_w 之间的单因素关系。对式(5-32)两边同时取对数,可以得到 $\ln(\eta_{r^*=0.9}) = f[\ln(C_w)]$。将 $r^* = 0.9$ 位置处的封严效率 $\eta_{r^*=0.9}$ 与封严流量 C_w 取对数后绘制图5-36,可以看出封严效率和封严流量的对数值之间基本呈现线性关系。基于上述线性关系,可以对不同封严流量工况进行外插,得到不同工况下的 $r^* = 0.9$ 位置处的封严效率。

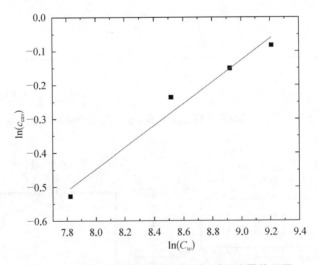

图5-36 $r^* = 0.9$ 位置封严效率与封严流量关系图

5.7   小   结

本章基于 DES 数值模拟,研究了涡轮盘腔内部流动特性,并基于涡轮盘腔流动特性,提出了燃气入侵深度评估准则和静盘边界层封严效率拟合关系式。

　　由于涡轮盘腔的外部流动特性较为复杂,本章首先讨论了涡轮主流的非定常、非均匀流动特性。涡轮主流内存在明显的二次流涡结构,其中以马蹄涡、通道涡占据主导地位。此外,在涡轮导叶尾迹、动叶前缘势流的作用下,涡轮主流存在明显的非均匀特性以及转-静干涉效应。

　　基于涡轮主流流动特性,讨论了涡轮主流对燃气入侵特性的影响。传统燃气入侵理论认为压差是入侵的主要驱动力。然而对比轮缘压力、径向速度分布特性发现,叶栅出口低压区存在明显的入侵现象,这一现象与传统理论出现了明显的偏差。基于上述反常现象,提出了涡轮盘腔"压差-通道涡"双重诱导入侵机制。在涡轮主流的非定常、非均匀流场影响下,传统的定常燃气入侵理论已经不再适用。在涡轮主流中不仅存在由压差主导的燃气入侵,还存在由叶栅通道涡结构主导的燃气入侵。压差主导的燃气入侵主要发生在导叶尾缘的高压区域。在该区域主流与盘腔流之间存在较大压差,在压差的驱动下,主流燃气入侵深度较深。而通道涡结构诱导入侵是由通道涡旋向决定的,入侵位置主要位于叶栅通道出口。由于叶栅通道出口是主流中的低压区,因此在该区域主流与盘腔流之间压差较小,通道涡结构处于受力平衡状态,因此入侵深度较浅,仅限于封严间隙内。与横流盘腔中的 K-H 不稳定性类似,通道涡结构是涡轮主流的固有特性,通道涡诱导入侵现象在涡轮盘腔中是恒存在的,因此很难依靠单纯增大封严流量实现完全封严。此外,入侵气流在三维流动特性和流体惯性的作用下,在封严间隙会发生入侵分离,形成分离涡结构,造成入侵区域主要位于转盘侧,而出流区域主要位于静盘侧。

　　随着封严流量增大,封严间隙处的压力也随之增大,同时封严间隙的周向不均匀性减小。封严间隙压力的变化导致轮缘间隙通道涡受力平衡被破坏,通道涡结构所诱导的入侵特性也被破坏,呈现明显的出流特征。

　　随后讨论了外部入侵气流对腔内流动的影响。与横流盘腔类似,外部入侵造成盘腔端区流动特性与简单转-静系盘腔流动特性出现明显的区别。由于外部主流存在明显的非均匀特性,在外部主流入侵的过程中,主流的压力不均匀性会随之传递到盘腔端区,造成盘腔端区的流动参数分布同样出现明显的非均匀、非定常现象。此外,外部入侵影响范围在径向存在一定的限度,仅影响盘腔端区,对盘腔低半径流动特性基本不产生影响。基于上述流动特性,可以将涡轮盘腔分两部分,上半部分主要受到入侵燃气的影响,称为"入侵影响区"。而下半部分基本不受入侵燃气影响,称为"次核心区"。由于入侵影响区主要由入侵燃气的径向内流主导,造成封严气流的贴壁性减弱,在转盘壁面发生分离并轴向迁移进入旋转核心,因此在盘腔中部可以观察到封严气流的集中分布。

　　基于上述径向分区特性,提出了燃气入侵深度评估准则和静盘边界层封严效率拟合关系式。由于入侵影响区主要受到外部入侵燃气的携带作用,而次核心区主要由转盘转矩和静盘摩阻做功所主导,因此不同区域的旋转比分布特性存在明显区别。根据这一特性提出了基于旋转比径向分布的入侵深度判别准则,将旋转比径向分布曲线径向向内第一个拐点位置判断为燃气入侵深度。随着封严流量增大,燃气入侵的影响范围逐渐减小。随后,将静盘边界层内的燃气入侵过程等效为一维扩散过程,并采用扩散方程对静盘边界层内封严效率径向分布进行了拟合,拟合效果良好。基于扩散特性,将静盘边界层内 $r^* > 0.9$ 部分视为一维扩散区域,将 $r^* < 0.9$ 部分视为零维集总参数区域,并结合湍流扩散模型和双孔模型得到了 $r^* = 0.9$ 位置处的封严效率和无量纲封严流量之间的拟合关系,基本呈现简单线性变化。基于该线性关系,可以对不同封严流量工况进行外插,得到不同工况下的 $r^* = 0.9$ 位置处的封严效率。

参考文献

[1] Langston L S. Crossflows in a turbine cascade passage[J]. Journal of Engineering for Power, 1980, 102(4): 866 – 874.

[2] Vogt H-F, Zippel M. Sekundärströmungen in turbinengittern mit geraden und gekrümmten schaufeln; visualisierung im ebenen wasserkanal[J]. Forschung im Ingenieurwesen, 1996, 62: 247 – 253.

[3] Sangan C M. Measurement of ingress through gas turbine rim seals[D]. Bath: University of Bath, 2011.

[4] Zhou K, Wood S N, Owen J M. Statistical and theoretical models of ingestion through turbine rim seals[J]. Journal of Turbomachinery, 2012, 135(2): 021014.

[5] Owen J M. Prediction of ingestion through turbine rim seals—Part II: Externally induced and combined ingress[J]. Journal of Turbomachinery, 2011, 133(3): 031006.

[6] Graber D J, Daniels W A, Johnson B V. Disk pumping test[EB/OL]. http://api.semanticscholar. org/CorpusID: 107780794[2022 – 01 – 01].

[7] Savov S S, Atkins N R. A rim seal ingress model based on turbulent transport[C]. Charlotte: Turbo Expo: Power for Land, Sea, and Air, 2017.

[8] Savov S S, Atkins N R, Uchida S. A comparison of single and double lip rim seal geometries [J]. Journal of Engineering for Gas Turbines and Power, 2017, 139(11): 112601.

[9] Owen J M. Prediction of ingestion through turbine rim seals—Part I: Rotationally induced ingress[J]. Journal of Turbomachinery, 2011, 133(3): 031005.

第6章
不同轮缘封严结构的封严特性和流动机理

6.1 引　　论

第3章~第5章分别用简单盘腔、横流盘腔和涡轮盘腔三个层次的研究模型,对涡轮盘腔封严流和主流耦合流动进行了解耦研究,分别分析了三个不同层次影响因素叠加下盘腔内的流动特性,目的是对涡轮盘腔和主流复杂耦合流动特性进行系统且深入的探究。在理解涡轮盘腔轮缘密封流动机理的基础上,本章聚焦轮缘封严的结构形式,分别对不同典型轮缘封严结构进行详细研究,阐述了由简单到相对复杂的不同封严结构的封严特性和非定常流动机理,揭示了复杂封严结构使封严效率提高的原因。

6.2　简单轴向轮缘封严结构

本节的研究对象为最简单的轴向轮缘封严模型,模型的几何结构和尺寸参数分别如图6-1和表6-1所示。

通过保持主流参数不变,改变转速(共三种,$N = 3\ 000\ \mathrm{r/min}$,$N = 4\ 000\ \mathrm{r/min}$,$N = 5\ 000\ \mathrm{r/min}$,对应 $Re_\varphi = 1.22 \times 10^6$,$Re_\varphi = 1.63 \times 10^6$,$Re_\varphi = 2.03 \times 10^6$)和封严气流量(共三种,$m = 0.011\ 236\ 5\ \mathrm{kg/s}$,$m = 0.022\ 473\ \mathrm{kg/s}$,$m = 0.044\ 946\ \mathrm{kg/s}$,对应 $C_w = 2\ 500$,$C_w = 5\ 000$,$C_w = 10\ 000$),得到本节计算的五个工况,都进行 RANS 和 URANS 数值模拟计算,在目前计算的最高转速工况下($Re_\varphi = 2.03 \times 10^6$),无量纲最小封严流量为 $C_w = 10\ 264$,这可以作为本节计算中无量纲封严流量选取的依据。本节计算工况的主流边界条件(所有

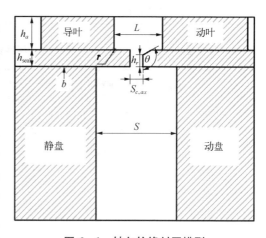

图6-1　轴向轮缘封严模型

工况均一致)见表6-2,其他边界条件见表6-3。

表6-1　轴向轮缘封严结构的几何参数和尺寸

几 何 参 数	尺 寸
主流通道高度 h_a/mm	10
导叶与动叶的轴向间距 L/mm	15
叶根倒角半径 r/mm	1
封严唇厚度 h_{seal}/mm	5
轮缘封严内径 b/mm	245
静盘与动盘的轴向间距 S/mm	25
轮缘封严轴向间隙 $S_{c,ax}$/mm	4
转子侧封严唇边高度 h_r/mm	3.5
转子侧封严唇倒角 θ/(°)	120

表6-2　主流边界条件

参 数	数 值
主流质量流量/(kg/s)	1.642 08
入口静温/K	298
主流轴向雷诺数 Re_w	1.37×10^6
出口静压/Pa	101 325

表6-3　其他边界条件

工况	转速/(r/min)	旋转雷诺数	封严气质量流量/(kg/s)	无量纲封严流量 C_w	封严流参数 Φ	湍流参数 λ_T
1	3 000	1.22×10^6	0.022 473	5 000	0.004 08	0.067 6
2	4 000	1.63×10^6	0.022 473	5 000	0.003 05	0.053 6
3	5 000	2.03×10^6	0.022 473	5 000	0.002 45	0.045 0
4	4 000	1.63×10^6	0.011 236 5	2 500	0.001 53	0.026 8
5	4 000	1.63×10^6	0.044 946	10 000	0.006 10	0.107 0

6.2.1　非定常流动机理

首先,针对工况 2,对比定常与非定常计算结果,说明不同计算方法的区别,揭示轮缘封严流动和燃气入侵的非定常特性。在定常计算收敛后,以其作为初场,进行非定常计算。非定常计算收敛后,统计 800 个时间步(即 40 个动叶旋转周期)的数据进行时均处理。

6.2.1.1　主流通道的压力分布

为研究外流诱导的燃气入侵,针对工况 2,绘制了主流通道中 S1 流面上定常、非定常瞬时和时均的静压分布云图,如图 6-2 所示。S1 流面的径向高度是主流端壁径向向上 0.5 mm($r = 250.5$ mm)。为便于比较,选择非定常瞬时结果的时刻为 0T,此时转、静子相对位置与定常结果相同。

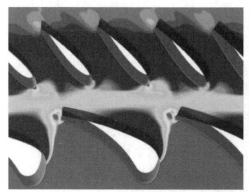

(a) 定常值

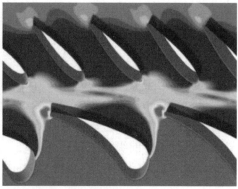

(b) 0T 时刻瞬时值

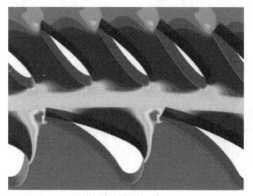

(c) 非定常时均值

图 6-2　主流端壁上定常和非定常静压分布

在导叶尾缘,流动会因为导叶尾迹中对涡结构等复杂涡系结构的产生而速度降低,压力升高;而在动叶前缘,流动会因为滞止效应而降低速度,压力增大。导叶尾缘和动叶前缘的高压区是造成主流通道中压力周向不均匀的两个重要因素。

　　在图 6－2 中,轴向轮缘封严模型在导叶尾缘和动叶前缘均存在明显的高压区。非定常瞬时[图 6－2(b)]和时均[图 6－2(c)]的导叶尾缘压力大小和分布相差不大,且均高于定常计算[图 6－2(a)]的压力值。已有研究结果[1]表明,非定常计算得到的主流通道压力值与实验结果更吻合,与真实情况更接近。这主要是因为定常计算无法捕捉到导叶尾缘的脱落涡等非定常流动结构,且无法考虑转-静干涉作用对导叶尾缘压力分布的影响,因此定常计算会低估导叶尾缘的压力值。

　　对于轴向轮缘封严模型,因为存在盘腔和封严流,因此主流通道中的流动不仅受转、静子干涉作用的影响,还受到封严冷气出流、高温燃气入流及这两股流体与主流流体的交互作用的影响。这一作用使得动叶前缘的压力分布变得更不均匀,表现为定常值[图 6－2(a)]和非定常瞬时值[图 6－2(b)]中,与导叶尾缘相对应的动叶前缘压力明显比另一动叶对应位置处的压力大很多。此外,定常与非定常计算相比,压力的大小和分布均有较大差异,说明主流端壁上的压力分布有较明显的非定常效应,非定常计算得到的瞬时压力分布最接近真实情况,定常值和非定常时均值因为转-静交界面处理方法和转-静域设置的原因,导致计算结果与真实情况有较大偏差。

　　主流通道中压力的周向峰谷值之差是用于定量计算外流诱导燃气入侵深度的必要参数。Teuber 等[2]提到,燃气入侵程度主要是由主流通道中周向压力的峰、谷值差决定的。为了定量描述主流通道中压力周向的不均匀程度,在主流端壁上,从导叶尾缘到动叶前缘,每间隔 1 mm 取一条线,编号 1－13,如图 6－3 所示。上、下游的虚线分别表示导叶域和盘腔域之间的转-静交界面、盘腔域和动叶域之间的转-转交界面。

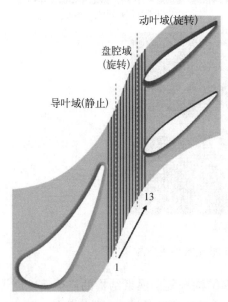

动叶域(旋转)

盘腔域
(旋转)

导叶域(静止)

13

1

图 6－3　主流端壁上沿轴向从导叶尾缘到动叶前缘的不同观测位置

　　由式(6－1)计算线 1－13 上的无量纲压力系数 C_p 值,其中 P_{ave} 取对应线上的静压算术平均值。每条线上最大、最小的 C_p 值之差 ΔC_p 由式(6－2)计算。轴向轮缘封严模型的主流端壁上,定常、非定常六个不同时刻和非定常时均的 ΔC_p 值沿轴向的变化分别如图 6－4 所示。图中横坐标为无量纲轴向位置,对应图 6－3 中的线 1－13。非定常计算的六个典型时刻($0T, 0.2T, 0.4T, 0.6T, 0.8T, 1T$)在一个导叶通过周期($0\sim1T$)内。

$$C_p = \frac{P - P_{ave}}{0.5\rho\Omega^2 b^2} \qquad (6-1)$$

$$\Delta C_p = C_{p,\,max} - C_{p,\,min} \qquad (6-2)$$

对于轴向轮缘封严模型,主流端壁上的

ΔC_p 值沿轴向均先降低再升高,说明导叶尾缘和动叶前缘的压力周向不均匀程度最高,导叶与动叶中间的压力周向不均匀程度相对较低。因此,导叶尾缘和动叶前缘的高压区,是导致主流端壁压力周向不均匀的两个最重要因素。此外在导叶域(静止域)内,ΔC_p 的非定常瞬时值和时均值差别大,时均值近似多个时刻瞬时值的算术平均。而在动叶域(旋转域)内,非定常时均值小于定常值和各非定常瞬时值,过转-静交界面(图 6-4 中蓝色虚线所示),ΔC_p 的时均值显著降低。这是由"旋转域中的时均处理方法"导致的,在交界面下游,导叶尾缘压力不均匀分布对当地压力的影响已被抹平。在 $X=4$ 处,距离动叶前缘较远,动叶前缘的压力不均匀分布对这一位置的影响也很小,因此这里的 ΔC_p 值最低。随着轴向位置向下游移动,距离动叶前缘越来越近,ΔC_p 值逐渐增大。但因为导叶尾缘的压力分布对主流端壁上的压力周向不均匀的影响更大,因此转-静交界面下游($X=4\sim13$)的时均 ΔC_p 值(导叶尾缘压力不均匀被抹平)均小于定常值和非定常瞬时值(导叶尾缘压力不均匀影响仍然存在)。在主流端壁上对应轮缘间隙的位置($X=4\sim8$,其中 $X=6$ 对应轮缘间隙正中),ΔC_p 的非定常瞬时值最高可达定常值的 $4\sim5$ 倍。说明定常计算会严重低估周向压力不均匀程度,进而可能低估燃气入侵,高估封严效率。

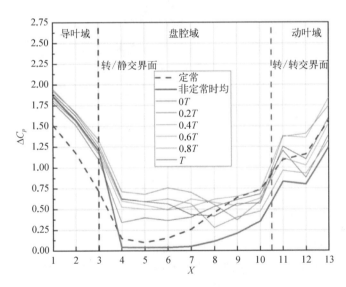

图 6-4　轴向轮缘封严模型端壁上的周向压力波动幅值

在分析了主流端壁上周向压差沿流向的变化规律后,为深入研究主流端壁上压力沿周向的分布图谱,又选取了导叶尾缘下游 3 mm、导叶与动叶正中和动叶前缘上游 1.5 mm 三个典型位置(图 6-5 中红、绿、蓝色圆点所示),分析这三处的无量纲压力系数 C_p 值沿周向的变化规律,如图 6-6 所示。

在导叶尾缘下游 3 mm 处(对应图 6-4 中的 $X=2$ 位置),无量纲静压系数 C_p

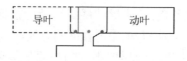

图 6-5　导叶尾缘、导叶与动叶正中和动叶前缘的观测位置

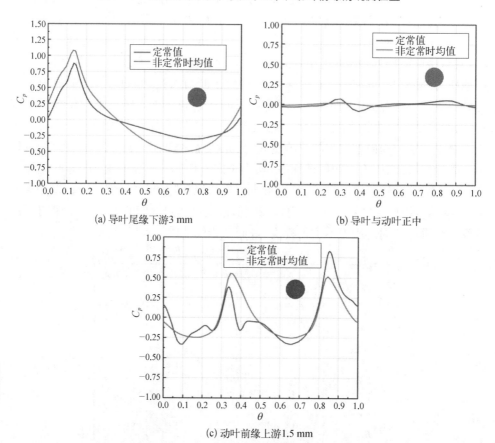

(a) 导叶尾缘下游3 mm

(b) 导叶与动叶正中

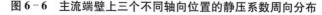

(c) 动叶前缘上游1.5 mm

图 6-6　主流端壁上三个不同轴向位置的静压系数周向分布

呈近似正弦型分布,存在一个峰值和一个谷值,对应于图 6-2 中导叶尾缘的高压区和两导叶间的低压区。定常值与非定常时均值相比,C_p 的波峰波谷相位一致,但数值存在一定差异,非定常时均的 C_p 曲线峰谷值之差 ΔC_p 比定常值高 34.19%。

在导叶与动叶正中的轴向位置(对应图 6-4 中的 $X = 6$ 位置),因为旋转域中时均已经完全抹平了导叶尾缘压力分布的影响,流场复杂,出流与入侵掺混强烈,削弱了动叶前缘滞止效应的影响,因此时均 C_p 近似一条直线,压力沿周向较为均匀。这与图 6-2(c)中导叶与动叶间的压力分布规律一致。

在动叶前缘上游 1.5 mm 处(对应图 6-4 中的 $X = 12$ 位置),这一位置在旋转域中且距离动叶前缘很近,故时均的 C_p 曲线存在两个明显且规律的峰值。定常 C_p

曲线的两个峰值在数值大小上存在一定的差异,这是因为转、静子的相对位置固定,使导叶尾缘高压区对下游相邻动叶前缘压力的影响有强有弱,而时均处理方法将这一差别抹平。

6.2.1.2　主流通道中非定常压力脉动的频谱分析

在非定常计算域中需重点关注的位置(如存在大压力梯度、流动分离等)布置有监测点,可统计每个时间步的压力、速度、封严效率等物理量的变化。选择图6-5中的三个典型轴向位置(监测点的周向位置在这一扇区模型的正中),对这些位置的非定常压力进行快速傅里叶变换(FFT)和频谱分析,如图6-7所示。

在主流通道中,流动主要受转、静子的干涉作用,因此压力脉动频率全部是叶片通过频率及其倍频。在导叶尾缘下游,可以监测到动叶扫掠频率($f/f_d = 66$,与动叶数目一致)。导叶与动叶正中和动叶前缘,可以监测到相对坐标系下的导叶通过频率($f/f_d = 33$,与导叶数目一致)及其二倍、三倍频率,其中只有导叶通过频率的幅值较高,其他倍频的幅值均很低。与导叶通过频率相比,动叶通过频率的幅值低很多,说明动叶旋转对导叶尾缘压力分布非定常效应的影响较小。

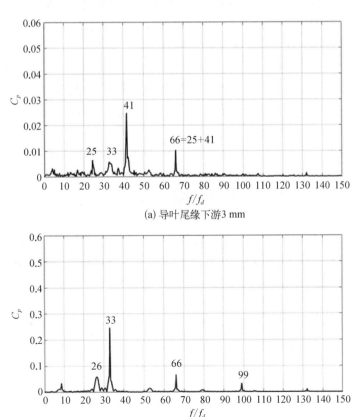

(a) 导叶尾缘下游3 mm

(b) 导叶与动叶正中

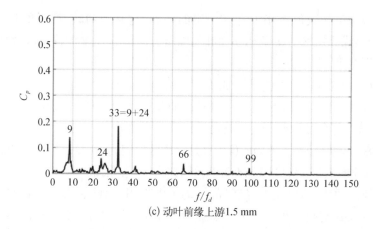

(c) 动叶前缘上游1.5 mm

图 6 - 7　主流端壁上三个不同轴向位置的非定常压力波动的频谱分析

在轴向轮缘封严模型中,除能捕捉到叶片通过频率外,还能捕捉到明显的低频信号,且这些低频信号的幅值可能比叶片通过频率的幅值高,如图 6 - 7(a)中的f/f_d = 41。叶片通过频率可认为是这些较低频率的线性组合,Horwood 等[1]在针对单层径向轮缘封严的非定常 CFD 研究中也得到过类似结论。这些低频信号可能与轮缘间隙处的低速大尺度非定常流动结构有关。

6.2.1.3　轮缘和盘腔内的封严效率与流场结构

为进一步研究轮缘间隙处的燃气入侵和冷气出流情况,选择主流端壁径向向下 0.5 mm(r = 249.5 mm)的 S1 流面,绘制了径向速度云图和由示踪粒子浓度定义的封严效率云图,如图 6 - 8 所示。

在径向速度云图中,正值表示向外出流,负值表示向内入流。对于定常计算,在轮缘间隙中,可以观察到明显的入流和出流区域。入流区域的位置对应图 6 - 2(a)中导叶尾缘的高压区,出流区域的位置对应相邻导叶间的低压区,且入流、出流区域分别对应着低封严效率区和高封严效率区。

对于非定常计算,瞬时的入流区域的周向范围增大,出流区域减小,但出流速度增大。说明由主流通道中的高压区诱导的燃气入侵在周向有所迁移。此时部分出流区域仍对应着低封严效率区,说明可能存在主流高温燃气的入侵再出流,反映了非定常计算得到的流场更复杂,流体掺混更强烈。

对于非定常时均值,每个动叶前缘存在一个入流区域,对应图 6 - 8(f)中动叶前缘由势流效应导致的高压区,此处的封严效率较低。但整体上,时均封严效率均不高,且沿周向差别不大,与真实情况存在较大偏差。

为深入研究轮缘和盘腔内的封严效率与流场结构,选择扇区模型(包含一个导叶通道和两个动叶通道,其无量纲的周向范围记为0~θ)内等间距的三个子午面(① 0.18θ,② 0.5θ,③ 0.82θ),绘制子午面上的封严效率云图和流线图,如图 6 - 9 所示。

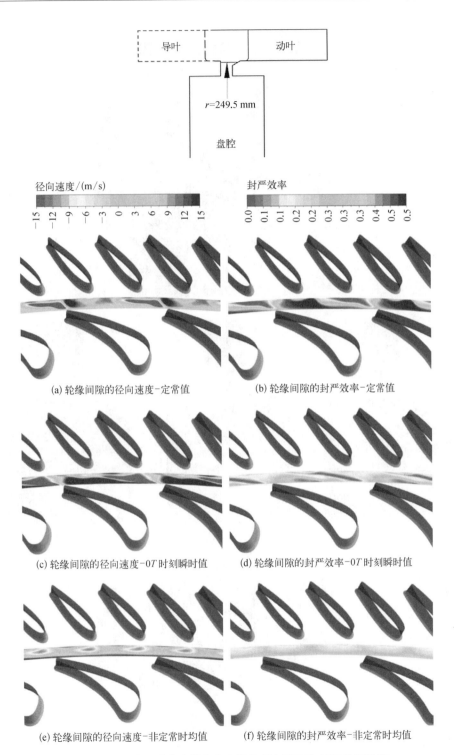

图 6-8　轮缘间隙中定常和非定常的径向速度和封严效率分布

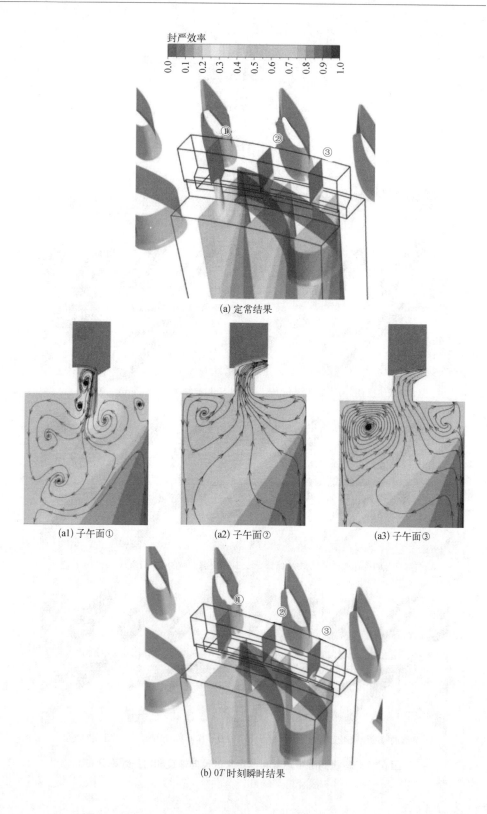

封严效率

(a) 定常结果

(a1) 子午面①　　　　(a2) 子午面②　　　　(a3) 子午面③

(b) 0T时刻瞬时结果

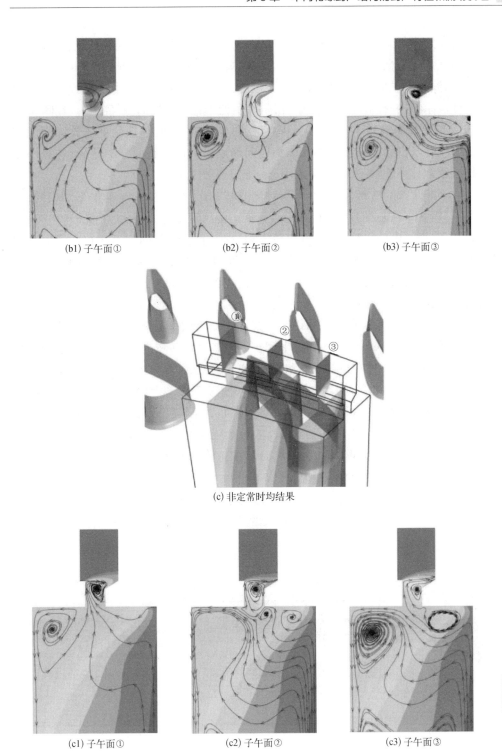

(b1) 子午面①　　　　　　　(b2) 子午面②　　　　　　　(b3) 子午面③

(c) 非定常时均结果

(c1) 子午面①　　　　　　　(c2) 子午面②　　　　　　　(c3) 子午面③

图 6-9　子午面上定常和非定常的封严效率云图和流线图

对于定常结果,在图 6-9(a1)子午面①上,导叶尾缘正对动叶前缘,存在最严重的燃气入侵现象,对应图 6-8(a)中的入流位置和图 6-8(b)中的低封严效率区,且高温燃气主要沿盘侧入侵。入侵的高温燃气在盘腔高半径位置处诱导出大尺度涡系结构,提高了当地的压力,阻碍了低半径位置处的冷气出流。在图 6-9(a2)子午面②和(a3)子午面③上,则存在明显的冷气出流,这两处的轮缘间隙完全被出流冷气占据。说明封严效率和径向速度沿周向存在明显的差异,这进一步反映了定常计算中转-静交界面采用冻结转子法的特点。

对于非定常瞬时结果,因为所选时刻的转、静子相对位置与定常结果相同,故在图 6-9(b1)子午面①上也存在燃气入侵。但与定常计算相比,在图 6-9(b2)子午面②和(b3)子午面③上的冷气出流大幅减少,且在子午面②上存在入侵燃气的再出流。这也是图 6-8(d)中出流(径向速度向外)区域的封严效率低的原因。与定常计算相比,盘腔内的封严效率(尤其是动盘侧)有明显的降低,说明定常计算高估了盘腔内的封严效率。

对于非定常时均结果,子午面①、②、③上的封严效率差别不大,且均高于定常结果和非定常瞬时结果。由图 6-4 和图 6-6 可知,在旋转域内,特别是主流通道中轮缘间隙上方的位置,时均的 ΔC_p 值和 C_p 值均是最低的,时均压力很低且沿周向非常均匀,这是导致非定常时均计算低估了燃气入侵,高估了盘腔内的封严效率的原因。

选择轮缘间隙正中($X = 3$ mm)的 S3 流面,绘制三个不同时刻的封严效率云图,如图 6-10 所示。图中蓝色竖线表示导叶尾缘对应的位置。三个时刻之间两两间隔三个时间步长(即 2.727×10^{-5} s)。在初始时刻 $0T$,燃气入侵区域的周向位置正对导叶尾缘,对应图 6-9(b1)子午面①。随时间推进,燃气入侵的周向位置不断变化,入侵区域的周向迁移速度略低于动叶旋转速度。在不同时刻,轮缘间隙中的低封严效率区的周向范围存在较大的差别,具有明显的非定常效应。

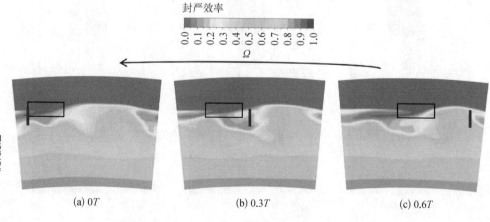

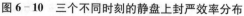

(a) $0T$　　　　　　(b) $0.3T$　　　　　　(c) $0.6T$

图 6-10　三个不同时刻的静盘上封严效率分布

对比定常和非定常数值模拟结果不难发现,定常计算无法捕捉到轮缘间隙处的非定常流动特性,它们对盘腔内非均匀剪切湍流输运过程的预测是完全不同的。这一非定常效应的一个重要诱导因素是 Kelvin - Helmholtz 不稳定现象(K - H 不稳定性)。

已有研究表明,K - H 不稳定性与燃气入侵密切相关[3, 4]。为深入研究轮缘间隙中的 K - H 不稳定现象,在轮缘间隙中选择从上游到下游的三个不同轴向位置截面,绘制封严效率云图和流线图。这三个轴向位置分别位于上封严唇下游 0.1 mm($X = 1.1$ mm),轮缘间隙正中($X = 3$ mm)和下封严唇上游 0.1 mm($X = 4.9$ mm),如图 6 - 11(a) 所示。

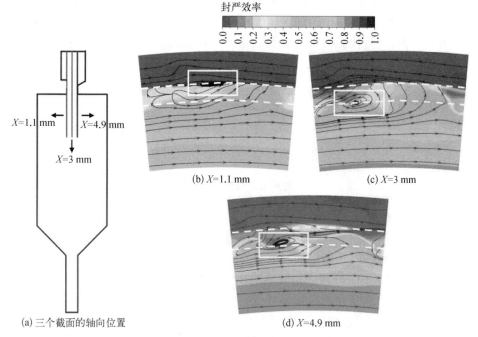

图 6 - 11　轮缘间隙中三个不同轴向位置上的封严效率云图和流线图

由于主流和盘腔内流体周向速度的差异,会产生 Kelvin - Helmholtz 不稳定性,从而在轮缘间隙中诱导出大涡结构,如图 6 - 11 中白色线框所示。K - H 涡结构对应着低封严效率区,说明这一流动结构与燃气入侵直接相关。大尺度涡结构随轴向位置向下游移动而逐渐发展,且径向位置下移,在靠近动盘侧,这一涡结构尺度最大,对应于高温燃气沿动盘的入侵。这一不稳定流动结构,可能是诱导图 6 - 7 中主流端壁上产生非定常压力低频信号的原因。

6.2.2　重要参数对轮缘间隙处非定常流动特性的影响

轮缘封严处的流动存在明显的三维、非定常、不稳定特性,且这一非稳定流动特性是诱导轮缘处产生大尺度流动结构的重要原因[3,4]。封严气流量和转速是轮缘封严研究中的两个重要参数,它们都对封严效率及盘腔内的流动形态有重要的影响。目前,封严气流量和转速对轮缘间隙及盘腔内的流动非稳定性的影响尚不明确。因此,有必要针对轮缘封严结构中关键位置的非定常压力波动进行频谱分析,以获得其非稳定性流动规律。

6.2.2.1　转速对轮缘间隙处非定常流动特性的影响

在三个不同转速($N = 3\,000\,\text{r/min}$,$N = 4\,000\,\text{r/min}$,$N = 5\,000\,\text{r/min}$,对应 $Re_\varphi = 1.22 \times 10^6$,$Re_\varphi = 1.63 \times 10^6$,$Re_\varphi = 2.03 \times 10^6$)的工况下(表 6-3 中工况 1、2、3),选取图 6-12 中的五个监测点(分别位于导叶尾缘下游 3 mm,导叶与动叶正中,动叶前缘上游 1.5 mm,轮缘间隙正中,盘腔出口),在非定常计算中统计各个监测点的压力波动值,进行快速傅里叶变换,如图 6-13 所示。

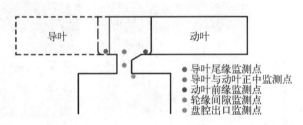

图 6-12　监测点位置

由图 6-13 可知,五个监测点均捕捉到导叶通过频率($f/f_d = 33$),在主流通道中的监测点还存在动叶通过频率($f/f_d = 66$),且叶片通过频率的幅值随转速的增加而降低。在低转速时,转速增加对流动的稳定作用更加明显,表现为 Re_φ 从 1.22×10^6 增大到 1.63×10^6,叶片通过频率的幅值有明显降低。

在低转速时,除叶片通过频率外,还存在多个低频和高频信号,且这些信号的频率可能高于叶片通过频率。而当转速增大,至 $Re_\varphi = 2.03 \times 10^6$ 时,在五个监测点都只能监测到叶片通过频率及其倍频,进一步说明了转速增加会使轮缘封严流动趋于稳定。叶片通过频率的幅值与到叶片的距离有关,例如,随着监测点径向位置向下移动[图 6-13 中(b2)→(d2)→(e2)],相对坐标系下的导叶通过频率($f/f_d = 33$)的幅值降低,这是由监测点逐渐远离导叶导致的。

6.2.2.2　封严气流量对轮缘间隙处非定常流动特性的影响

封严气流量对轮缘封严的非定常流动特性有重要影响。封严气流量的大小通常用无量纲封严流量 C_w 表示,其由式(6-3)定义。在三个不同封严气流量($C_w = 2\,500$,$C_w = 5\,000$,$C_w = 10\,000$)的工况下(表 6-3 中工况 2、4、5),针对图 6-12 中五个监测点的非定常压力波动,进行快速傅里叶变换,如图 6-14 所示。

$$C_w = \frac{m}{\mu b} \qquad (6-3)$$

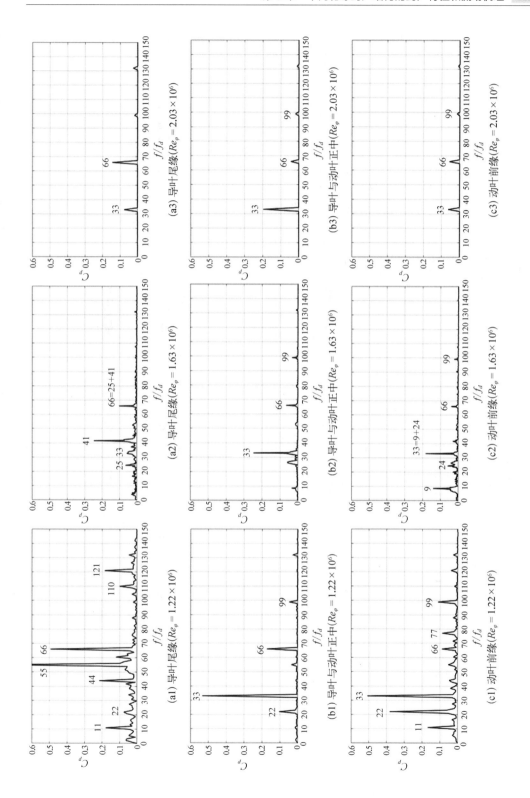

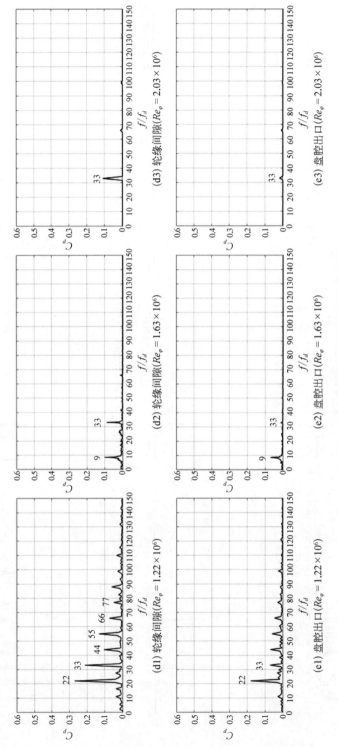

图6-13　不同转速下的非定常压力频谱分析

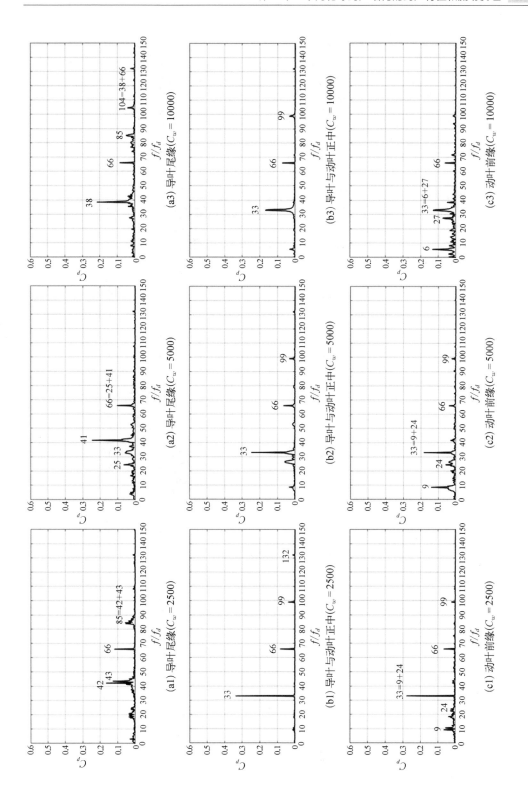

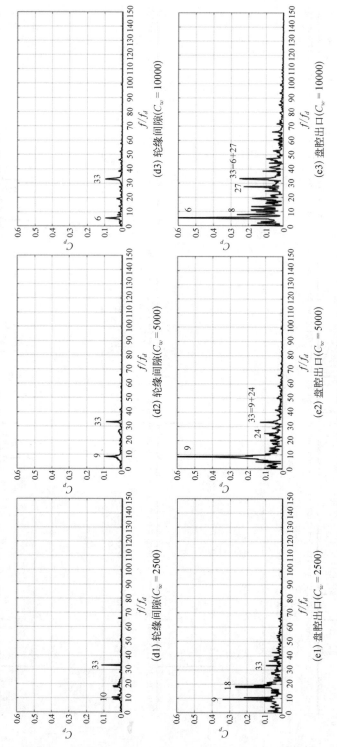

图 6−14 不同封严气流量下的非定常压力频谱分析

五个监测点同样均存在明显的叶片通过频率。当改变封严气流量时,五个监测点的频率大小和幅值均发生较明显的变化。在轮缘间隙中,随着封严气流量的增大,低频信号的峰值频率降低($f/f_d = 10 \rightarrow 9 \rightarrow 6$),且幅值增大。随封严气流量的增大,轮缘间隙处的出流冷气和主流燃气的剪切作用增强,非定常效应增强,同时,封严气流量的增大还会使盘腔内的压力升高,因此,低频信号的幅值增大,同时封严效率提高。这里的低频信号可认为与轮缘间隙中的非稳定流动现象有关,表现为轮缘间隙中诱导出的大尺度涡系结构(图 6-11 白色方框内)。在盘腔出口处,随封严气流量的增大,低频信号数量增加,幅值增大,非定常效应增强。

6.2.3　重要参数对盘腔内流动特性的影响

固定转速不变($N = 4\,000\,\text{r/min}$, $Re_\varphi = 1.63 \times 10^6$),针对三种封严气流量($C_w = 2\,500$,$C_w = 5\,000$,$C_w = 10\,000$),绘制了非定常 0T 时刻静盘上的封严效率沿径向的分布,如图 6-15 所示。每个工况的转、静子相对位置一致,且每个径向位置上的值都做了周向平均。

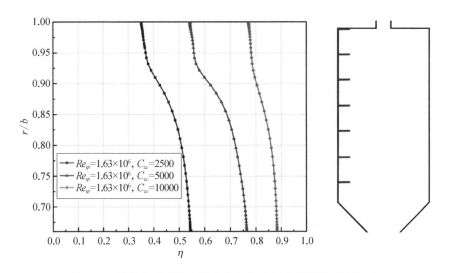

图 6-15　静盘上封严效率沿径向的变化(不同封严气流量工况)

主流燃气经轮缘间隙侵入盘腔,因此径向位置越高,静盘上的封严效率越低。静盘上的封严效率随封严气流量的增大而增大,无量纲封严流量由 $C_w = 2\,500$ 提高到 $C_w = 5\,000$,静盘上沿径向的平均封严效率提高了 36%;无量纲封严流量由 $C_w = 5\,000$ 提高到 $C_w = 10\,000$,静盘上沿径向的平均封严效率提高了 16%。这是由于封严气流量增大,对入侵燃气的抑制效果增强,使燃气入侵减弱,封严效率提高。

针对上述三个工况,绘制了非定常 $0T$ 时刻盘腔内的旋转比沿径向的分布,旋转比的取值位置为盘腔内沿轴向的 1/4 处,如图 6-16 所示。盘腔内的旋转比随径向位置的升高而增大,且低半径处($r/b \leqslant 0.90$),旋转比沿径向的变化小;高半径处($r/b > 0.90$),旋转比沿径向的变化大。旋转比随封严气流量的增大而减小,无量纲封严流量由 $C_w = 2\,500$ 提高到 $C_w = 5\,000$,盘腔内沿径向的平均旋转比减小了 20.30%;无量纲封严流量由 $C_w = 5\,000$ 提高到 $C_w = 10\,000$,盘腔内沿径向的平均旋转比减小了 16%。这是由于在相同的转速下,封严气流量越大,腔内流体的惯性越大,转盘越难以将腔内流体带动到较高的旋转速度,使得周向速度分量减小,旋转比降低。由描述旋转盘腔内流动的简化径向平衡方程(6-4)可知,旋转比与径向压力梯度正相关,旋转比的降低使径向压力梯度减小,因此燃气入侵减弱,封严效率升高。说明轴向轮缘封严盘腔内的流动仍然满足无黏径向平衡方程。

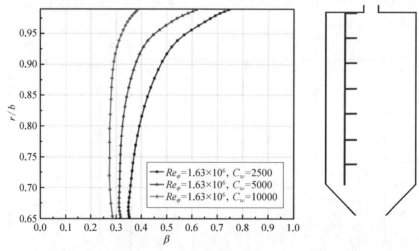

图 6-16　盘腔内旋转比沿径向的变化(不同封严气流量工况)

$$\frac{1}{\rho}\frac{\mathrm{d}p}{\mathrm{d}r} = \frac{V_\varphi^2}{r} \tag{6-4}$$

动盘转速的大小也会影响封严效率的高低。动盘旋转是诱导燃气入侵仅次于主流压力周向不均匀的一个重要因素。盘腔内黏性流体受转盘的带动而旋转,产生向心加速度,从而产生径向压力梯度。转速越大,这一径向压力梯度越大,会诱导更强烈的燃气入侵现象。同时,转速越大,旋转盘的泵效应越强烈,冷气出流增大,由质量守恒定律可知,会有更多的高温燃气沿静盘侧固壁表面侵入盘腔。这两个效应共同组成了旋转诱导(rotationally induced, RI)的燃气入侵现象。

固定封严气流量不变($C_w = 5\,000$),针对三种转速($N = 3\,000\,\text{r/min}$,$N = 4\,000\,\text{r/min}$,$N = 5\,000\,\text{r/min}$,分别对应 $Re_\varphi = 1.22 \times 10^6$,$Re_\varphi = 1.63 \times 10^6$,$Re_\varphi = 2.03 \times 10^6$),绘制了非定常 $0T$ 时刻静盘上的封严效率沿径向的分布,如图6-17所示。每个工况的转、静子相对位置均一致,且每个径向位置上的值都做了周向平均。

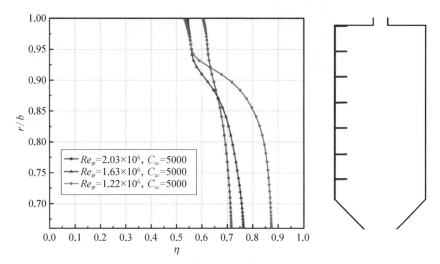

图6-17 静盘上封严效率沿径向的变化($C_w = 5\,000$,不同转速工况)

在盘腔内低半径位置处($r/b \leqslant 0.90$),封严效率随转速的增大而减小,说明低半径处的封严效率主要受旋转的影响,且沿径向的变化不大,可认为入侵燃气与封严冷气已完全掺混,与经典的 Batchelor 流型中静盘边界层内的流动情况吻合;在高半径处,封严效率随转速的增大而增大,说明高半径处的燃气入侵不只受旋转的影响,其主要影响机制与盘腔内低半径处完全不同。

下面针对高半径处封严效率随转速的变化机制进行深入研究。

针对三个不同转速的工况,绘制了扇区模型中间子午面(子午面②)上的封严效率云图和流线图,如图6-18所示。

在盘腔内高半径处,存在入侵燃气和出流冷气的掺混,流动规律较为复杂,存在一个明显的混合区(mixing region),如图6-18中白色线框所示。由转盘泵效应夹带的封严冷气会对高半径处的入侵燃气产生"稀释"作用[5]。相比较而言,当转速相对较低时,转盘的泵效应较弱,转盘对封严冷气的夹带作用较弱,表现在转盘只能将冷气夹带到较低的径向位置,此时冷气对高半径处入侵燃气的稀释作用较

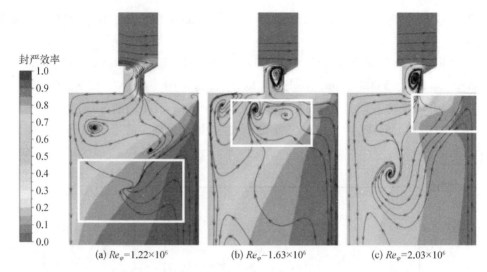

图 6‑18　子午面②上的封严效率云图和流线图（$C_w = 5\,000$，不同转速工况）

弱，因此高半径处的封严效率较低。随转速的增大，转盘的泵效应增强，冷气受转盘夹带而到达的径向位置升高，冷气对入侵燃气的稀释作用增强，因此高半径处的封严效率增大。

　　因为高转速时动盘侧的冷气出流更明显，相应地，静盘侧的燃气入侵也更明显，且贴近静盘侧的入侵燃气未受到高半径处混合区的稀释作用，而深入到较低半径处。因此，在低半径处，高转速的工况封严效率较低。

　　为证明上述结论，选择 $r/b = 0.90$ 代表低半径处，$r/b = 0.98$ 代表高半径处，计算三个转速下，盘腔内这两个 S1 流面上的面平均封严效率，如图 6‑19 所示。

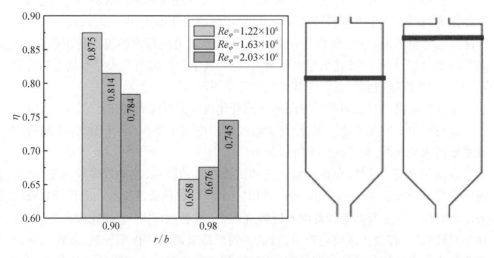

图 6‑19　盘腔内低、高半径处封严效率随转速的变化

可以看到,在低半径处($r/b = 0.90$),随转速的升高,封严效率降低,Re_φ 由 1.22×10^6 增大到 1.63×10^6 再增大到 2.03×10^6,封严效率依次减小了 6.97% 和 3.69%;而在高半径处($r/b = 0.98$),随转速的升高,封严效率升高,Re_φ 由 1.22×10^6 增大到 1.63×10^6 再增大到 2.03×10^6,封严效率依次增大了 2.74% 和 10.21%。

为深入研究盘腔高半径处封严效率的影响机制,绘制了导叶尾缘下游 3 mm 处的端壁上(对应图 6 - 12 中红色圆点位置)沿周向的无量纲压力系数峰谷值之差 ΔC_p 值,如图 6 - 20 所示。ΔC_p 值随转速的增大而减小,Re_φ 由 1.22×10^6 增大到 1.63×10^6 再增大到 2.03×10^6,ΔC_p 值依次降低了 4.98% 和 3.00%。因为转速的增大使主流通道的流场趋于均匀,主流压力不均匀性减弱,故减弱了主流高温燃气入侵,使得高半径处的封严效率提高。

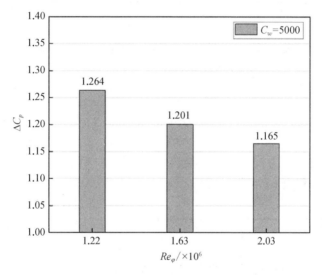

图 6 - 20　导叶尾缘下游 3 mm 端壁上的周向
压力波动幅值(不同转速工况)

针对上述三个工况,绘制了非定常 $0T$ 时刻盘腔内旋转比沿径向的分布,旋转比取值位置为盘腔内的轴向 1/4 处,如图 6 - 21 所示。盘腔内无黏核心区的旋转比沿径向变化,在高、低半径处存在不同的分布规律,与静盘上封严效率沿径向的变化趋势类似。总体上,高旋转比的区域对应着低封严效率区,满足无黏径向平衡方程(6 - 4)。

因此,在盘腔内低半径处和高半径处,燃气入侵的主要作用机理不同。低半径处主要受动盘旋转的影响,封严效率与转速负相关;高半径处主要受外流压力和盘腔内高半径处"混合区"的影响,封严效率与转速正相关,与主流端壁上压力的周向不均匀程度(ΔC_p 值)负相关。

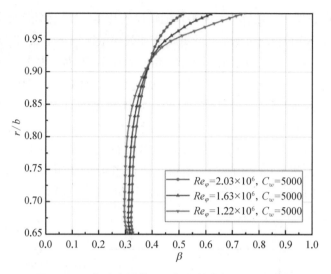

图 6-21　盘腔内旋转比沿径向的变化（$C_w = 5\,000$，
不同转速工况）

6.3　单层轮缘封严结构

本节的研究对象为较复杂的单层轮缘封严模型，模型的几何结构和尺寸参数分别如图 6-22 和表 6-4 所示。

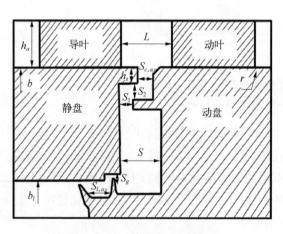

图 6-22　单层轮缘封严模型

针对这一计算模型，主流部分的边界条件为进口给定总压和总温，并且进气的方向为轴向进气，出口给定平均静压。在本节所有的计算工况中，转子的转速和主流的边界条件均保持不变，具体数值见表 6-5。计算模型的壁面（包括主流的机匣面、轮毂面和叶片，盘腔的转静壁面）都设置为光滑、绝热、无滑移壁面。改变封严气流量（共 3 种，IR = 0.4%，IR = 1.0%，IR = 1.5%，对应的无量纲封严流量为 $C_w = 2\,000$，$C_w = 5\,000$，$C_w = 7\,500$）得到 3 个计算工况，见表 6-6。对所有的计算工况分别进行定常和非定常数值计算。

表6-4　单层轮缘封严结构的几何参数和尺寸

几 何 参 数	尺 寸
主流通道高度 h_a/mm	10
导叶与动叶的轴向间距 L/mm	17.25
静子侧封严唇高度 h_s/mm	3.5
导叶和动叶的叶根倒角半径 r/mm	1
轮缘封严内径 b/mm	215
静盘与动盘的轴向间距 S/mm	12.4
轮缘封严轴向间隙 $S_{c,ax}$/mm	4.4
台阶篦齿之间的轴向距离 $S_{l,ax}$/mm	4.2
台阶下篦齿的篦齿环内径 b_l/mm	182.44
篦齿间隙 S_g/mm	0.35

表6-5　主流边界条件

参 数	数 值
主流进口总压/kPa	160
主流进口总温/K	328.15
转子转速/(r/min)	3 000
出口静压/Pa	101 325
主流轴向雷诺数	1.39×10^6

表6-6　计算工况

工况编号	封严气总流量/(kg/s)	无量纲封严流量 C_w	占主流流量的百分比 IR
1	0.006 888	2 000	0.4%
2	0.017 22	5 000	1.0%
3	0.025 83	7 500	1.5%

6.3.1　封严气流量对轮缘间隙处燃气入侵和封严特性的影响

6.3.1.1　轮缘间隙处的压力分布
轮缘间隙处的内外压差是决定在间隙处发生燃气入侵或是冷气出流的最重要

因素。Teuber 等[2]提出,轮缘间隙出口处压力在周向上是不均匀分布的,具体呈近似正弦型分布规律,周向压力的波峰和波谷的差值决定燃气入侵的程度。事实上,造成主流通道沿周向压力不均匀分布的原因是:一方面气流流经导叶尾缘后发生流动分离,会在尾迹中产生涡结构而导致导叶尾缘附近速度降低,压力增大;另一方面气流流到动叶前缘,会因滞止效应导致动叶前缘速度降低,压力增大。

为定量研究封严气流流量对主流诱导燃气入侵程度的影响,选取轮缘间隙出口上游 1.5 mm、腔内静盘壁面 $r/b = 0.975$ 两个典型位置,用无量纲压力系数描述这两处的压力沿周向的分布规律。无量纲压力系数 C_p 由式(6-5)计算,其中 P_{ave} 为对应位置周向上压力的算数平均值。盘腔内外相同周向位置的压差 ΔC_p 由式(6-6)计算,其中 $C_{p,out}$ 是腔外对应位置的压力系数,$C_{p,in}$ 是腔内对应位置的压力系数。

$$C_p = \frac{P - P_{ave}}{0.5\rho\Omega^2 b^2} \tag{6-5}$$

$$\Delta C_p = C_{p,out} - C_{p,in} \tag{6-6}$$

单层轮缘封严模型在 0T 时刻(T 为一个导叶通过的周期)三种不同封严气流量条件下 C_p 沿周向的变化如图 6-23 所示。图中横坐标代表无量纲周向位置,从 0 到 1 的方向与转子旋转的方向相同,导叶尾缘的周向位置在 0.8 左右。

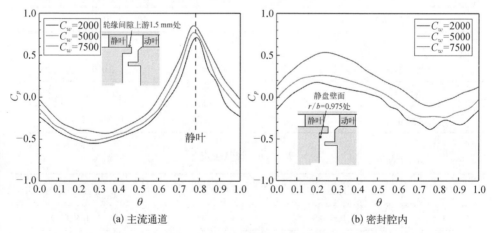

(a) 主流通道   (b) 密封腔内

图 6-23   轮缘间隙附近两个典型位置沿周向的压力分布

在图 6-23(a)中,轮缘间隙上游 1.5 mm 处的端壁压力系数 C_p 近似正弦分布,且不随密封流量 C_w 的变化而改变。压力峰值对应于叶片尾缘附近的高压区,压力谷值对应于相邻叶片之间的低压区。这与 Cheng 等[6]在一项关于高展弦比叶片的相关研究中得到的趋势相同。整周压力系数 C_p 在 $C_w = 2\,000 \sim 7\,500$ 范围内随封严气流量增大而增大。在图 6-23(b)中,静盘壁面 $r/b = 0.975$ 的压力系数 C_p 的周向分布趋势与主流通道中的相反。但是,从 $C_w = 2\,000 \sim 7\,500$,整个周向的压力系数 C_p 随着封严气流量的增加而增大。说明封严气流量的增加,使轮缘间隙处的周向压力波动更剧烈,在间隙内外压差作用下燃气入侵和封严气出流的效果更为明显。

在分析了轮缘间隙处压力沿周向的分布图谱之后,为定量描述间隙处主流压差诱导的燃气入侵现象,把间隙处可能发生燃气入侵或封严气出流的区域用轮缘间隙内外的压力系数差值表示,如图 6-24 所示。其中,间隙出口的压力系数与腔内的系数之差大于零的范围为可能发生燃气入侵的区域,差值小于零的范围为可能发生封严气出流的区域。

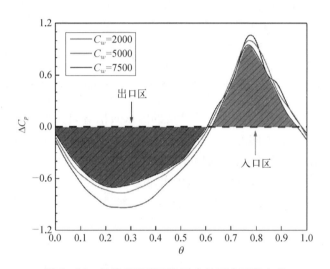

图 6-24　轮缘间隙出口和腔内的压力系数之差

由图 6-24 可知,最严重的主流燃气入侵发生在靠近叶片尾缘的区域,这是由导叶尾缘的局部高压导致的。随着封严气流量 C_w 从 2\,000 增大到 7\,500,燃气入侵程度减小($\Delta C_p > 0$ 的区域减小),封严气出流程度增大($\Delta C_p < 0$ 的区域增大)。

6.3.1.2　轮缘间隙处的封严效率分布

为了进一步研究在主流诱导燃气入侵的作用下,封严气流量对轮缘间隙处燃气入侵和封严气出流的分布规律影响,在主流端壁径向向下 1 mm($r = 214\,\text{mm}$)的等半径面上(图 6-25 中的红线标记)绘制封严效率云图和径向速度云图,如图 6-26 所示,选择 $0T$ 时刻(T 为一个导叶通道通过的周期)的瞬时结果进行比较。

图 6-25　轮缘间隙处的监测位置

由图 6-26 可以看出,低封严效率区域集中在导叶尾缘的下游部分,较高的封严效率区域集中在导叶吸力面下游与动叶前缘的重叠部分。当封严气流量 C_w 从

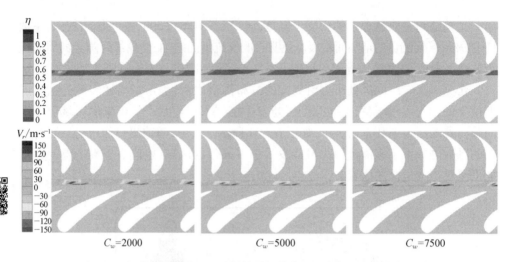

图 6 - 26　轮缘间隙处 $0T$ 时刻的封严效率云图和径向速度分布云图

2 000 增加到 7 500 时,封严效率大于 0.2 的区域面积增加。在径向速度云图中,径向速度为正表示出流,径向速度为负表示入流。入流区域集中在导叶尾缘和动叶前缘的交汇区域,出流区域集中在导叶尾缘的下游区域。随着封严气流量 C_w 的增大,入流区域面积减小,出流区域面积增大,尤其是在 C_w = 7 500 时,两相邻导叶在轮缘间隙的周向范围内几乎被出流区域占据。然而,入流和出流区域的分布趋势不随封严气流量 C_w 的增加而发生变化,这在吴康的博士论文[7]中得到证实。请注意,部分出流区域对应着低封严效率区域,这可能是由于入侵的主流燃气通过间隙流入密封腔内与封严气发生掺混,掺混后的气体再从间隙流出所造成。说明轮缘间隙处的流场非常复杂,主流燃气与封严冷气的混合比较强烈。

6.3.1.3　轮缘间隙处的非定常压力频谱分析

前文研究已经表明,在间隙内外的压差和转盘的"泵吸效应"作用下,主流燃气和封严气在间隙处发生强烈掺混。这一非稳定的流动过程会诱导出与时间相关的大尺度流动结构[3],进而会对间隙处的入流和出流产生显著影响。封严气流量是影响轮缘间隙处封严效率和流场结构的重要参数之一。因此,有必要揭示封严气流量对间隙处非稳定流动特性的影响规律。

针对三种不同的封严气流量,选取轮缘间隙处的三个监测点(轮缘间隙出口上游 1.5 mm,轮缘间隙出口下游 1.5 mm,轮缘间隙正中)进行非定常压力脉动频谱分析,在非定常计算中统计各监测点压力的变化并进行快速傅里叶变换,如图 6 - 27 所示。图中的纵坐标是无量纲压力系数 C_p,用来表示压力的变化情况;横坐标是用转子旋转频率 f_d 进行无量纲化,用来表示压力脉动频率与转子旋转频率的关系。

在图 6 - 27 中,在主流通道和轮缘间隙的三个监测点上都可以看到频率 f/f_d = 42。由于主流通道中的流动受到转子和静子干涉效应的影响,该频率的幅值在主

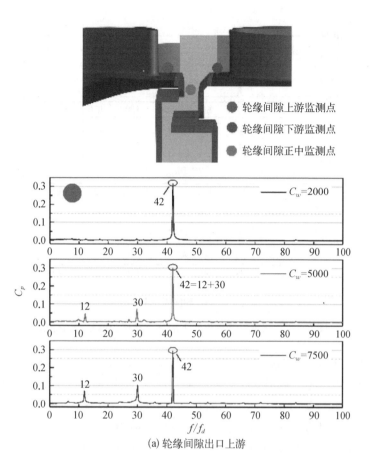

(a) 轮缘间隙出口上游

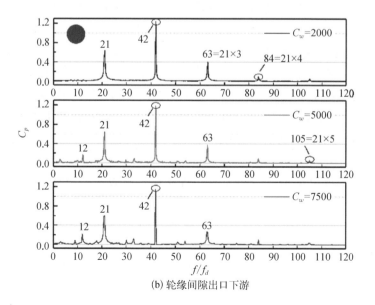

(b) 轮缘间隙出口下游

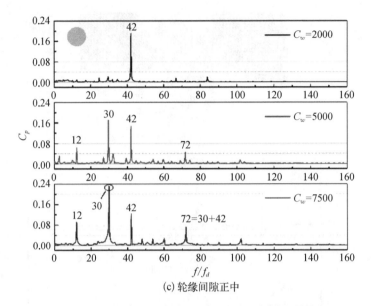

(c) 轮缘间隙正中

图 6-27　三种封严气流量下的非定常压力脉动频谱分析

流通道较大而在轮缘间隙较小,并随封严气流量 C_w 的增大而略有减小。在图 6-27(a)中,叶片通过频率 f/f_d = 42 占主导地位,该频率可以用低频信号 f/f_d = 12 和 f/f_d = 30 的线性组合来表示。在图 6-27(b)中,可以观察到叶片通过频率的倍频 f/f_d = 42,三倍频 f/f_d = 63,四倍频 f/f_d = 84,五倍频 f/f_d = 105,它们的幅值大小随着封严气流量 C_w 的增加而减小。在图 6-27(c)中,在封严气流量 C_w = 5 000 和 7 500 的频谱中,轮缘间隙处的低频信号 f/f_d = 12 和 f/f_d = 30 占主导地位,并且它们的幅值大小随着封严气流量 C_w 从 5 000 增加到 7 500 而增加。这些低频频率与一些随时间变化的流动结构有关,并且随着封严气流量的增大,混合过程更加强烈,从而诱导更多的大尺度非定常流动结构。此外,频率 f/f_d = 72 由低频 f/f_d = 30 和叶片通过频率 f/f_d = 42 的线性组合得到: 72 = 30 + 42,这与 Horwood 等[1]的研究结论不谋而合,Horwood 在开展轮缘封严模型的非定常数值计算中得出: 动叶扫过的频率可用某些捕捉到的低频信号线性表示。

6.3.2　封严气流量对盘腔内流动特性和封严效率的影响

6.3.2.1　封严气流量对盘腔内流动特性的影响

封严气流量对腔内的流动特性有重要的影响。针对三种不同的封严气流量,绘制了 $0T$ 时刻距静盘壁面 1.5 mm 平面上的静压 P、封严效率 η、旋转比 β 沿径向的瞬时分布点线图,如图 6-28 所示。图中的纵坐标表示静盘端壁的半径 b 与不同径向高度 r 的无量纲化。每个半径位置上的压力值均通过周向平均得到。旋转

比 β 是某位置切向速度 V_{φ} 和当地线速度的比值,旋转比反映了气流的旋转对腔内流动的影响,其定义见式(6-7)。用来描述腔内气体流动的径向平衡方程见式(6-4)。

$$\beta = V_{\varphi}/\Omega r \qquad\qquad (6-7)$$

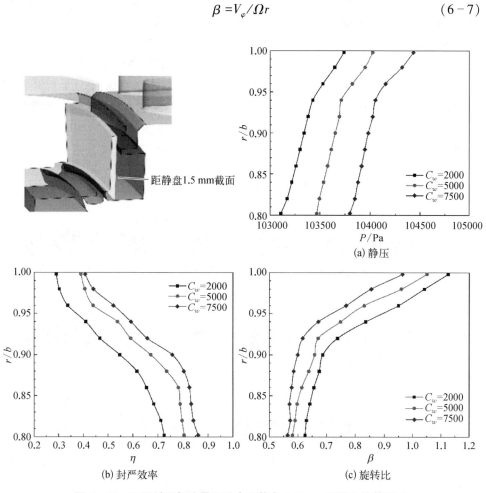

图 6-28 不同封严气流量下腔内距静盘 1.5 mm 平面上的静压 P、
封严效率 η、旋转比 β 分布

当封严气流量 C_w 从 2 000 增加到 7 500 时,静压 P 和封严效率 η 增大,而旋转比 β 减小。造成这种趋势的原因是随着封严气流量的增加,在转盘转速不变的情况下使腔内气流的惯性增大,转盘难以将腔内的气流维持在相同的速度水平,使气流的切向速度减小,旋转比降低。根据公式(6-4)可知,腔内径向压力梯度与旋转比的变化成正相关。旋转比沿径向的变化正好与图 6-28(a)中压力的径向变化趋势相同,即在 $r/b > 0.94$ 的范围内变化大,在 $r/b < 0.94$ 的范围内变化小。随着

径向位置的降低,旋转比减小使得径向压力梯度减小,燃气入侵的程度逐渐减弱,封严效率逐渐增大。

6.3.2.2 封严气流量对盘腔内流场结构和封严效率的影响

图6‑29展示了腔内距静盘1.5 mm平面上在导叶通过周期 T 的三个不同时刻的封严效率云图和流线图。黄线的周向位置与导叶尾缘相对应。燃气入侵最严重的区域正好对应红色线圈所示的初始时刻的导叶尾缘,随着时间的推移,燃气入侵的周向迁移速度低于叶片的旋转速度。在封严流和主流燃气发生混合的区域附近存在一些非定常的涡旋结构,这可能是由于不同流体间的周向速度差诱导的Kelvin‑Helmholtz 不稳定性造成的。随着封严气流量 C_w 的增大,Kelvin‑Helmholtz 涡的径向位置被抬升,腔内低半径处的封严效率提高。这些旋涡结构在不同时刻的周向位置不同,表现出明显的非定常流动特征。

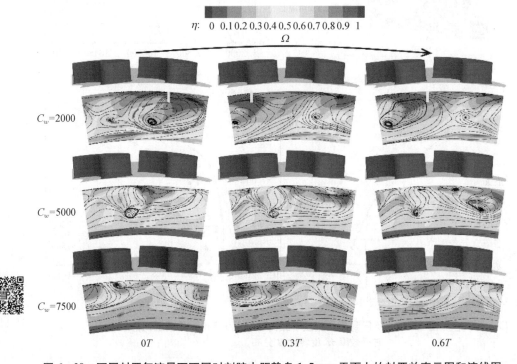

图6‑29 不同封严气流量下不同时刻腔内距静盘1.5 mm平面上的封严效率云图和流线图

6.4 鱼嘴式轮缘封严结构

本节的研究对象为更复杂的鱼嘴式轮缘封严模型,模型的几何参数和尺寸分别如图6‑30和表6‑7所示。

针对该计算模型,设置主流边界条件如表 6－8 所示。在本节所有计算中,主流边界条件均保持不变。计算模型的设置(壁面的处理方式、转-静交界面和旋转周期面的设置类型)和计算方法与 6.3 节相同。选择封严气流量和动盘转速这两个变量,分别改变封严气流量(共 3 种,IR ＝ 0.6%,IR ＝ 1.2%,IR ＝ 1.8%,对应的无量纲封严气流量分别为 C_w ＝ 3 000, C_w ＝ 6 000, C_w ＝

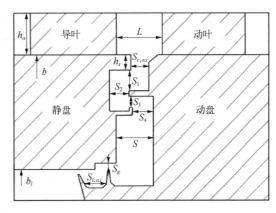

图 6－30　鱼嘴式轮缘封严模型

9 000)和转盘转速(共 3 种,N ＝ 3 000 r/min,N ＝ 5 000 r/min,N ＝ 7 000 r/min,对应的旋转雷诺数分别为 Re_φ ＝ 1.09 × 10^6,Re_φ ＝ 1.81 × 10^6,Re_φ ＝ 2.53 × 10^6)得到本章计算的 5 个工况,如表 6－9 所示。针对这 5 个工况分别进行定常和非定常数值计算。

表 6－7　鱼嘴式轮缘封严结构的几何参数和尺寸

几 何 参 数	尺 寸
主流通道高度 h_a/mm	10
导叶与动叶的轴向间距 L/mm	16.7
静盘侧上封严唇高度 h_s/mm	3.7
静盘上封严唇和动盘封严唇的径向间距 S_1/mm	5.0
静盘壁面和动盘封严唇的轴向间距 S_2/mm	6.0
动盘封严唇和静盘下封严唇的径向间距 S_3/mm	2.7
静盘下封严唇和动盘壁面的轴向间距 S_4/mm	5.3
轮缘封严内径 b/mm	215
静盘与动盘的轴向间距 S/mm	9.3
轮缘封严轴向间隙 $S_{c, ax}$/mm	5.7
台阶篦齿之间的轴向距离 $S_{l, ax}$/mm	5.1
台阶下篦齿的篦齿环内径 b_1/mm	182.44
篦齿间隙 S_g/mm	0.35

表 6 - 8 主流边界条件

参　　　数	数　　　值
主流进口总压/kPa	270
主流进口总温/K	328.15
出口静压/Pa	101 325
主流轴向雷诺数	1.87×10^6

表 6 - 9 计算工况

工况编号	封严气总流量/(kg/s)	无量纲封严流量 C_w	占主流流量的百分比 IR	转速/(r/min)	旋转雷诺数 Re_φ
1	0.013 240 5	3 000	0.6%	3 000	1.09×10^6
2	0.026 481	6 000	1.2%	3 000	1.09×10^6
3	0.039 721 5	9 000	1.8%	3 000	1.09×10^6
4	0.026 481	6 000	1.2%	5 000	1.81×10^6
5	0.026 481	6 000	1.2%	7 000	2.53×10^6

6.4.1　封严气流量和转速对轮缘间隙燃气入侵的影响

6.4.1.1　轮缘间隙处的封严效率分布

为研究不同工况下轮缘间隙处燃气入侵和封严冷气出流规律,选择轮缘间隙主流端壁径向向下 1 mm 的等半径流面($r = 214$ mm),在不同封严气流量和不同转速工况下,做径向速度云图和封严效率云图,分别如图 6 - 31 和图 6 - 32 所示。

在图 6 - 31 中,径向速度为正表示气体径向外流出盘腔,径向速度为负表示气体径向内流入盘腔。由径向速度云图可知,高温燃气入侵盘腔的区域主要集中在导叶尾缘及其下游直至另一动叶前缘,对应导叶尾缘局部高压区和另一动叶前缘局部高压区之间区域。封严冷气出流区域主要集中在导叶吸力面和其上游另一动叶前缘之间的叶栅中间通道,对应两相邻动叶之间流道的低压区。

由封严效率云图可知,入侵区域和低封严效率区对应,出流区域和高封严效率区对应。对比径向速度云图发现,与径向速度负值区域比较,封严效率云图中低封严效率区周向分布范围更大,小部分低封严效率区和冷气出流区域对应。这是因为:燃气入侵盘腔和封严气掺混后再从轮缘间隙流出。这是轮缘间隙处发生的燃

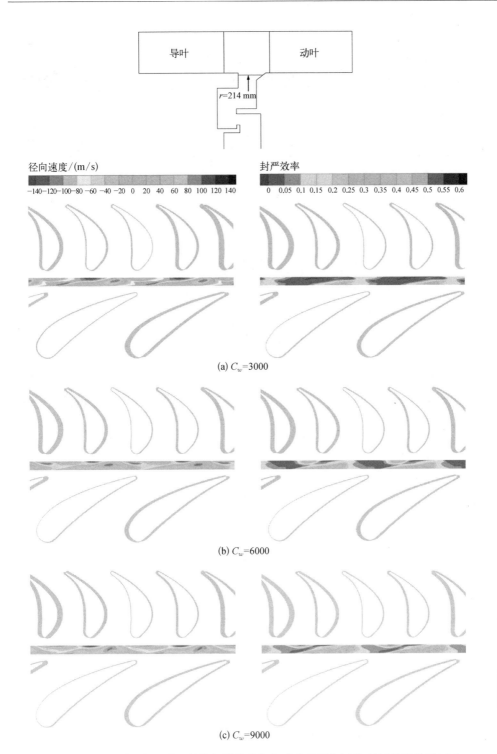

(a) C_w=3000

(b) C_w=6000

(c) C_w=9000

图 6–31　不同封严气流量下轮缘间隙处的径向速度云图（左）和封严效率云图（右）

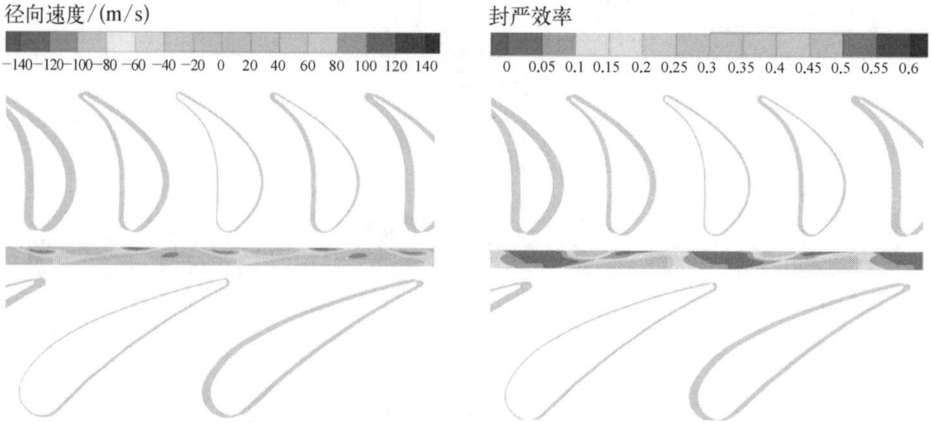

径向速度/(m/s)

−140 −120 −100 −80 −60 −40 −20 0 20 40 60 80 100 120 140

封严效率

0   0.05 0.1 0.15 0.2 0.25 0.3 0.35 0.4 0.45 0.5 0.55 0.6

(a) $Re_\varphi = 1.09 \times 10^6$

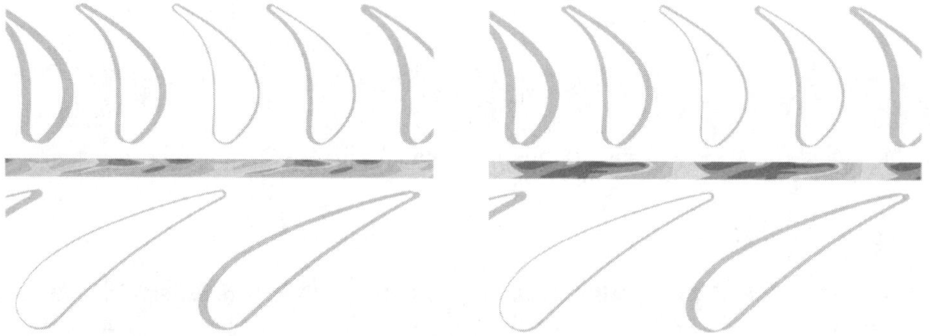

(b) $Re_\varphi = 1.81 \times 10^6$

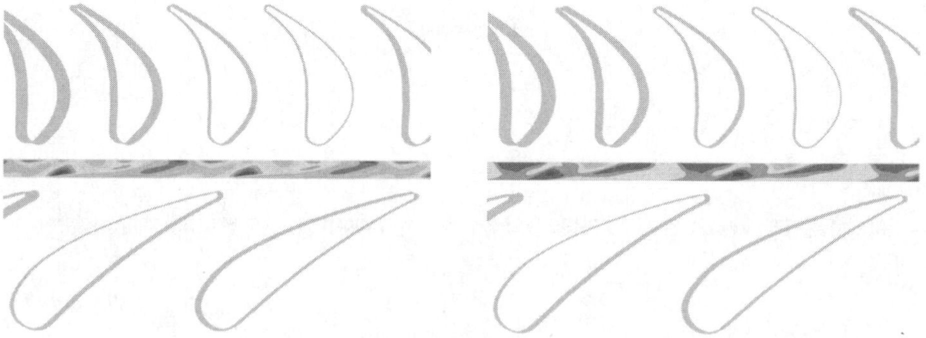

(c) $Re_\varphi = 2.53 \times 10^6$

图 6−32　不同转速下轮缘间隙处的径向速度云图(左)和封严效率云图(右)

气入侵再出流现象。由此可知,径向速度分布云图中的径向速度的正负体现的是高温燃气和封严冷气掺混后的气体的流动方向,而非单一的高温燃气或封严冷气在轮缘间隙处的入流出流现象。

逐渐增大封严气流量,轮缘间隙处径向内流区域的径向速度逐渐降低,径向内流区域的面积逐渐减小。这说明封严气流量从 $C_w = 3\,000$ 增加到 $C_w = 9\,000$ 的过程中有效抑制了燃气入侵。封严气流量的变化导致间隙处入流和出流区域面积大小发生改变,但是不会改变其分布趋势。在 6.3 节关于单层轮缘封严模型研究中得到过相同的结论。封严气流量增大,低封严效率区域的周向范围明显减小,另一动叶前缘上游位置处的封严效率逐渐增加。在不同封严气流量工况下均存在燃气入侵再出流现象。随着封严气流量的增加,有更多封严冷气在腔内和燃气发生掺混后从轮缘间隙处流出,提高了该区域的封严效率。

由图 6-32 中的轮缘间隙径向速度云图可知,在不同转速工况下,燃气入侵区域主要在导叶尾缘及其下游直至另一动叶前缘,出流区域主要集中在相邻导叶之间的叶栅中间通道。入流和出流区域没有随转速的变化而发生明显的周向迁移,与图 6-31 中不同封严气流量工况下的入流出流区域无明显差别。观察封严效率云图可知,低封严效率区主要集中在导叶尾缘及其下游直到另一动叶前缘,高封严效率区主要集中在相邻导叶之间的叶栅中间通道。对比径向速度云图可以发现,与径向速度云图中径向速度负值区域相比,封严效率云图中发生燃气入侵的低封严效率区在周向分布上范围更大。这与变封严气流量工况下的分布规律相同,都是由高温主流燃气入侵再出流现象所引起的。

随着转速的增加,从径向速度分布云图可以看出,燃气入侵和封严冷气出流面积没有发生明显变化,而入流速度和出流速度的绝对值均逐渐增大。这是因为转速增加引起转盘附近流体受到的离心力增大,流体出流速度随之增大。轮缘间隙的出流流量也随出流速度增大而增大。为了平衡盘腔内流体质量守恒,燃气入侵流量随之增大,入流速度因此增大。由封严效率分布云图可知,转速增大使得轮缘间隙低封严效率区域的周向分布范围增加,间隙处的最高封严效率值有所下降。综合径向速度和封严效率两方面来看,转速增大加剧了燃气入侵程度。

6.4.1.2　轮缘间隙处的非定常压力频谱分析

选取轮缘间隙附近的三个压力监测点位置,对三个位置的非定常压力进行频谱分析。不同封严气流量和不同转速工况下的频谱分析结果分别如图 6-33 和图 6-34 所示。图中的纵坐标为无量纲压力系数 C_p,横坐标为无量纲化频率系数 f/f_d(f_d 为转子旋转频率)。

观察图 6-33 可知,在绝大多数情况下,各监测点位置能明显监测到叶片通过频率($f/f_d = 21$,和导叶数目一致;$f/f_d = 42$,和动叶数目一致)及其倍频。由于轮缘

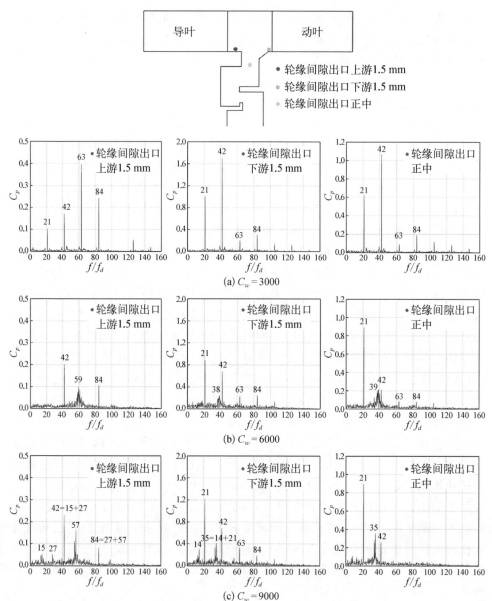

图 6-33　不同封严气流量下非定常压力脉动频谱分析

间隙附近的流动会受到转-静干涉的影响,动叶前缘和导叶尾缘局部高压区相互作用,从而使流动呈现出复杂的非定常特性。因此叶片通过频率幅值较高,倍频幅值较低。在 $C_w = 6\,000$ 和 $C_w = 9\,000$ 工况下,三个监测点位置均出现和导叶通过频率及其倍频无关的低频信号。大多数位置均能明显捕捉到较动叶通过频率低的压力脉动信号,例如图 6-33(c)中的 $f/f_d = 15$,$f/f_d = 27$。可以得到与 6.3 节相同的结

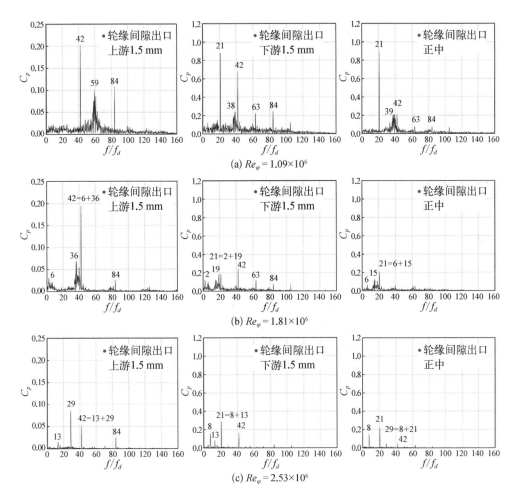

图 6‑34　不同转速下非定常压力脉动频谱分析

论,即动叶通过频率可以被认为是一些低频信号的线性组合(42 = 15 + 27),这些低频信号和轮缘间隙大尺度流动结构有关。

在 $C_w = 6\,000$ 和 $C_w = 9\,000$ 工况下,随着封严气流量的增加,相同位置处监测到的低频信号的频率降低,幅值增大[如图 6‑33(c)中 $f/f_d = 39 \rightarrow 35$]。这可以解释为:一是封严气流量增加导致高温主流和封严冷气间的剪切作用增强,非定常效应增强,而非定常涡结构和黏性剪切作用相关;二是封严气流量增加导致间隙处压力增大。因此低频信号频率降低,幅值增大。在轮缘间隙出口上游和下游,还伴随有低频信号数目的增加。

观察图 6‑34 可知,在不同转速工况下,压力频谱图存在和不同封严气流量工况下相似的规律。在不同位置都存在叶片通过频率和与叶片通过频率无关的低频信号。在 $Re_\varphi = 1.81 \times 10^6$ 和 $Re_\varphi = 2.53 \times 10^6$ 工况下,三个监测点位置均出现较动叶通过频率低的压力脉动信号,并且存在两个低频信号频率之和恰好等于导叶或动叶通过频率的情况[如图 6 - 34(c)中 $f/f_d = 42 = 13 + 29$]。随转速增加,叶片通过频率的幅值逐渐降低。这是因为,增加转速使轮缘间隙附近的流动更加趋于稳定。

6.4.2 封严气流量和转速对盘腔内封严效率和流场结构的影响

6.4.2.1 对盘腔内封严效率的影响

在鱼嘴式轮缘封严模型中,整个盘腔被静盘封严唇分成两部分,缓冲腔是径向高度位于静盘两封严唇之间的高径位腔室,下封严腔是径向高度低于缓冲腔的低径位腔室,如图 6 - 35 所示。固定转速不变($Re_\varphi = 1.09 \times 10^6$),针对三种不同封严气流量($C_w = 3\,000$、$C_w = 6\,000$、$C_w = 9\,000$),绘制盘腔内距静盘 1 mm 截面上的封严效率和旋转比沿径向的分布曲线,分别如图 6 - 36 和图 6 - 37 所示。

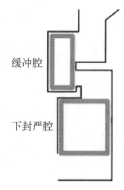

观察图 6 - 36 可知,在相同径向位置处,封严气流量越大,封严效率越高。和下封严腔相比,缓冲腔封严效率明显更低。由腔内距静盘 1 mm 位置沿径向的平均封严效率发现,封严气流量 C_w 从 3 000 增加到 6 000 时,缓冲腔内的封严效率

图 6 - 35   缓冲腔和下封严腔位置示意图

增加了 0.241,下封严腔内的封严效率增加了 0.141;当封严气流量 C_w 从 6 000 增加到 9 000 时,缓冲腔内的封严效率增加了 0.102,下封严腔内的封严效率增加了 0.052。增大封严气流量对缓冲腔内封严效率的提高效果更加明显,是因为缓冲腔内封严效率更低。封严气流量增大,整个盘腔内的压力增大,燃气入侵盘腔受到的

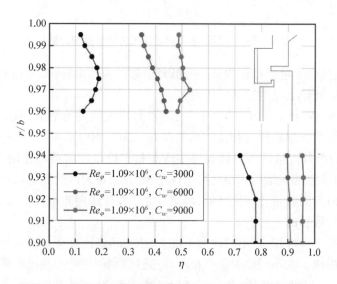

图 6 - 36   不同封严气流量下盘腔内封严效率沿径向的变化

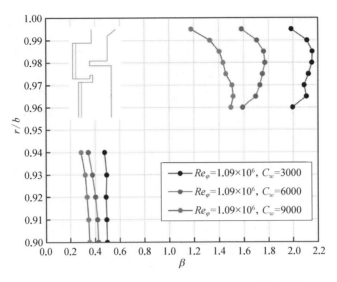

图 6-37　不同封严气流量下盘腔内旋转比沿径向的变化

阻力随之增大,燃气入侵得到抑制,封严效率从而提高。

由图 6-37 可以看出,无论在缓冲腔还是下封严腔,旋转比都随封严气流量增加而下降。由腔内距静盘 1 mm 位置沿径向的平均旋转比发现,当封严气流量 C_w 从 3 000 增加到 6 000 时,缓冲腔内的旋转比下降了 0.391,下封严腔内的旋转比下降了 0.096;当封严气流量 C_w 从 6 000 增加到 9 000 时,缓冲腔内的旋转比下降了 0.284,下封严腔内的旋转比下降了 0.066。缓冲腔内的旋转比明显高于下封严腔内的旋转比,这是因为带有较高周向速度的高温燃气沿轮缘间隙入侵盘腔,而缓冲腔内高温燃气占比相较于下封严腔明显更多。由气流的径向平衡方程式(6-4)可知,旋转比降低导致腔内径向压力梯度下降,因此燃气入侵的动力下降,燃气入侵减弱,封严效率增加。

固定封严气流量不变($C_w = 6\,000$),针对三种不同转速工况($Re_\varphi = 1.09 \times 10^6$,$Re_\varphi = 1.81 \times 10^6$,$Re_\varphi = 2.53 \times 10^6$),绘制腔内距静盘壁面 1 mm 截面上的封严效率和旋转比沿径向的变化曲线,分别如图 6-38 和图 6-39 所示。各径向高度上的数值均通过周向平均得到。

由图 6-38 可知,封严效率随转速增大而下降。由腔内距静盘 1 mm 位置沿径向的平均封严效率发现,当转速从 $Re_\varphi = 1.09 \times 10^6$ 增加到 $Re_\varphi = 1.81 \times 10^6$ 时,缓冲腔内的封严效率下降了 0.082,下封严腔内封严效率下降了 0.032;当转速从 $Re_\varphi = 1.81 \times 10^6$ 增加到 $Re_\varphi = 2.53 \times 10^6$ 时,缓冲腔内的封严效率下降了 0.040,下封严腔内的封严效率下降了 0.048。这是因为盘腔内流体受转盘旋转影响而产生向心加速度,从而产生径向压力梯度。随转速增大,径向压力梯度增大,燃气入侵驱动

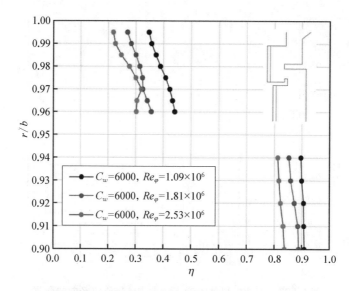

图 6-38 不同转速下盘腔内封严效率沿径向的变化

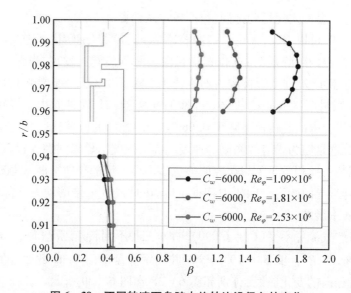

图 6-39 不同转速下盘腔内旋转比沿径向的变化

力提高。此外,转速增大使得更多腔内流体出流,为平衡腔内流体质量守恒,会有更多高温燃气入侵盘腔。因此转速增大导致整个盘腔内封严效率均降低。

由图 6-39 可以看出,在缓冲腔内旋转比随转速增加而明显下降,而在下封严腔内旋转比随转速增加略有升高,不同转速工况下下封严腔旋转比几乎无变化。由腔内距静盘 1 mm 位置沿径向的平均旋转比发现,当转速从 $Re_\varphi = 1.09 \times 10^6$ 增加到 $Re_\varphi = 1.81 \times 10^6$ 时,缓冲腔内的旋转比下降了 0.399,而下封严腔内的旋转比仅增加了 0.011;当转速从 $Re_\varphi = 1.81 \times 10^6$ 增加到 $Re_\varphi = 2.53 \times 10^6$ 时,缓冲腔内的旋转比下降了 0.256,而下封严腔内的旋转比仅增加了 0.019。在研究封严气流量对封严效率的影响时发现封严效率和旋转比负相关,而转速增大使得缓冲腔内封严效率和旋转比均下降。可以发现,缓冲腔内封严效率和旋转比正相关,不再符合式 (6-4)。这可以解释为,转速越大,整个盘腔内尤其是缓冲腔内高温燃气和封严冷气掺混更加强烈,非定常效应增强。而式(6-4)是基于流体参数只沿径向变化的一维、定常、无黏流动的假设而得到的,和实际的三维、非定常、黏性流动过程有较大差异。因而式(6-4)不再适用于变转速工况下的流动规律。

6.4.2.2　对盘腔内流场结构的影响

为研究封严气流量对盘腔内流场结构的影响,在扇区模型选取三个等间距子午面。其中子午面①和子午面③周向位置位于导叶尾缘和另一动叶前缘处。做不同封严气流量下子午面的封严效率云图和流线图,如图 6-40 所示。

观察图 6-40 可知,随着封严气流量增加,各子午面的封严效率均得到了有效提高,燃气入侵得以抑制。由于轮缘间隙出口压力周向分布不均匀,不同子午面燃气入侵程度各不相同。其中子午面①燃气入侵最严重,子午面②燃气入侵最弱。子午面①和子午面③发生燃气入侵,对应图 6-31 中的径向内流区域和低封严效率区。子午面②发生封严冷气出流和燃气入侵再出流,对应图 6-31 中的径向外流区域和高封严效率区。

盘腔内流动区域沿径向可以分成三部分,分别是高半径位置的掺混区,占据较大径向范围的核心区和低半径位置的源区。掺混区是高温燃气和封严冷气发生掺混所在区域。核心区和源区的划分由旋转比决定,源区中的旋转比为零,核心区中的旋转比大于零。源区是由经低径位篦齿封严的气流沿壁面进入盘腔并径向外流形成,为腔内提供封严气。封严气流量较小时,封严气无法补偿因转盘旋转而流出腔外的气流,便卷吸燃气入侵,形成核心区。核心区内部存在径向压力梯度以平衡核心区旋转产生的离心力。径向压力梯度是诱导燃气入侵盘腔的根本原因。封严气流量较小($C_w = 3\,000$)时,盘腔内较大径向范围为核心区,其内部径向压力梯度较大,提供封严冷气的源区较小,此时燃气严重入侵。随封严气流量增大($C_w = 6\,000$),源区内的环形涡增大,核心区环形涡减小,腔内径向压差降低,燃气入侵减弱。随封严气流量进一步增大($C_w = 9\,000$),核心区几乎消失,腔内主要由源区环形涡覆盖,燃气入侵进一步减弱。

为研究转速对盘腔内封严效率的影响,选取静盘下封严唇和转盘之间的中间轴向位置所在截面为参考面,如图 6-41 所示。分别绘制三种转速工况下三个不同时刻的封严效率云图,如图 6-42 所示。图中黑色竖线表示导叶尾缘对应的周向位置,红色方框表示燃气入侵区域。三个不同时刻两两相隔 12 个时间步长。

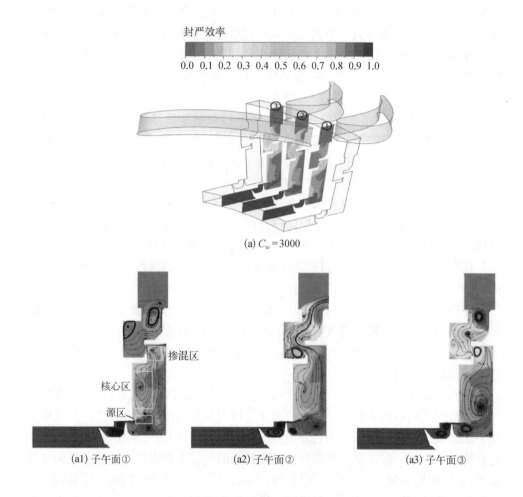

封严效率

0.0 0.1 0.2 0.3 0.4 0.5 0.6 0.7 0.8 0.9 1.0

(a) $C_w=3000$

(a1) 子午面① 　　　　　(a2) 子午面② 　　　　　(a3) 子午面③

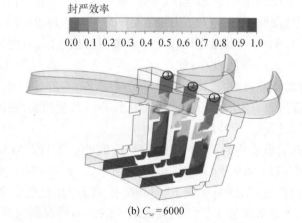

封严效率

0.0 0.1 0.2 0.3 0.4 0.5 0.6 0.7 0.8 0.9 1.0

(b) $C_w=6000$

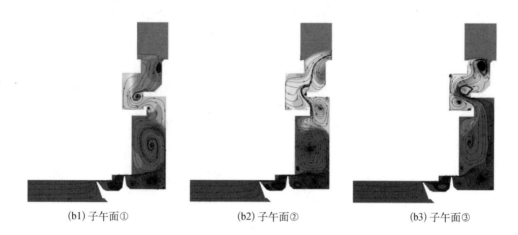

(b1) 子午面①　　　　　　　(b2) 子午面②　　　　　　　(b3) 子午面③

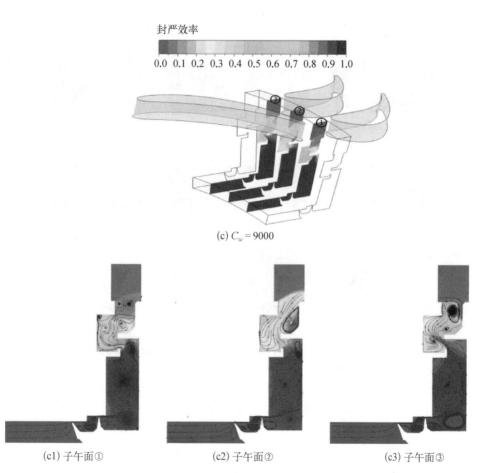

(c) $C_w = 9000$

(c1) 子午面①　　　　　　　(c2) 子午面②　　　　　　　(c3) 子午面③

图 6-40　不同封严气流量下盘腔内子午面的封严效率云图和流线图

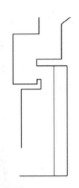

图 6 – 41　静盘下封严唇和转盘中间截面的轴向位置

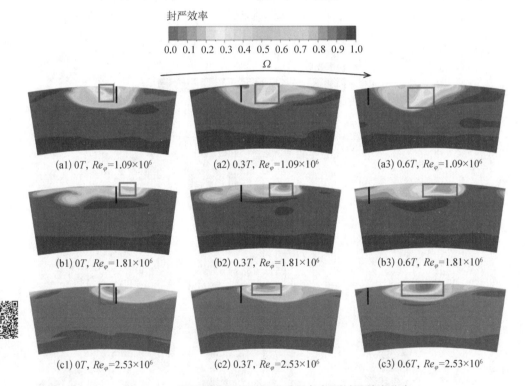

图 6 – 42　不同转速工况下不同时刻参考面封严效率分布

　　观察图 6 – 42 可知,随着转速增大,低封严效率区域的封严效率明显下降,与前文得到的封严效率随转速增大而降低的结论相同。在 $0T$ 时刻,不同转速工况下燃气入侵区域周向位置均在导叶尾缘附近,对应图 6 – 42 中的(a1)、(b1)、(c1)。随着转盘旋转,燃气入侵的周向位置发生迁移。不同转速工况下燃气入侵区域周向迁移速度都略小于动叶旋转速度。在不同转速和不同时刻,燃气入侵区域的周向范围都有一定差别,具有明显的非定常效应。不过,在不同转速的同一时刻情况下,燃气入侵区域周向位置没有明显差别。这说明燃气入侵区域周向迁移速度和动叶旋转速度的比值受转速影响较小。

6.5 小　结

本章针对航空发动机中常见的三种典型轮缘封严结构——轴向轮缘封严、单层轮缘封严、鱼嘴式轮缘封严分别在不同工况下进行定常和非定常数值研究,以封严气流量和转速为变量,研究了主流通道的周向压力不均匀性、轮缘间隙的入流和出流特征、盘腔内的瞬时燃气入侵程度和不稳定性流动特性,揭示了不同轮缘封严结构之间在封严机理和流动特性规律上的一些异同,主要结论如下:

(1) 在主流端壁处,三种不同的轮缘封严结构均存在明显的周向压力不均匀现象,这是诱导燃气入侵发生的主要物理因素。通过对轴向封严模型的研究,发现定常计算会低估导叶尾缘的压力值,进而低估燃气入侵程度,高估封严效率。通过对单层封严模型的研究,发现增加封严气流量使周向压力波动更为剧烈,间隙内外压差作用下燃气入侵和封严气出流的效果更明显。

(2) 在轮缘间隙处,通过频谱分析的方法,不同轮缘封严模型均捕捉到明显的非定常压力脉动,它们与间隙处的非定常流动结构有关。随着封严气流量的增大,主流燃气和盘腔封严气的混合过程更加强烈,从而诱导更多的大尺度非定常流动结构,与非稳定流动现象相关的低频信号的幅值增大。随着动盘转速增加,叶片通过频率的幅值逐渐降低,这是因为增加转速使间隙附近的流动更加趋于稳定。通过对单层封严模型和鱼嘴式封严模型的研究,发现增加封严气流量使间隙处燃气入流区域面积减小,出流区域面积增加,且部分出流区域对应着低封严效率区,这是由于入侵的主流燃气通过间隙流入腔内与封严气发生掺混,掺混后的气体再从间隙流出造成的。说明间隙处的流场非常复杂,主流燃气与封严冷气的混合比较强烈,判断间隙处燃气入侵和封严气出流发生的区域时应综合考虑周向压力不均匀性和转盘的泵吸效应。

(3) 在密封腔内,由于转盘的泵吸效应,腔内封严气沿转盘径向出流,当流入腔内的封严气流量小于盘腔流出的流量时,会引起燃气沿静盘侵入腔室内部并向转盘侧流动,使腔内形成核心区,核心区中的径向压差是燃气向盘腔深处入侵的驱动力。当封严气流量增加时,腔内的压力增大,旋转比减小,径向压力梯度减小,核心区逐渐减小,源区占据整个盘腔空间,燃气与封严气在腔内的掺混位置上升,封严效率提高。腔内的封严效率与动盘转速呈负相关。随着动盘的旋转,腔内发生燃气入侵区域的周向迁移速度小于动叶旋转速度。在发生掺混的区域存在由 Kelvin - Helmholtz 不稳定性诱导的涡结构,表现出明显的非定常流动特征。

参考文献

[1] Horwood J T, Hualca F P, Scobie J A, et al. Experimental and computational investigation of flow instabilities in turbine rim seals[J]. Journal of Engineering for Gas Turbines and Power, 2019, 141(1): 011028.

[2] Teuber R, Li Y S, Maltson J, et al. Computational extrapolation of turbine sealing effectiveness from test rig to engine conditions[J]. Proceedings of the Institution of Mechanical Engineers, Part A: Journal of Power and Energy, 2013, 227(2): 167 - 178.

[3] Rabs M, Benra F K, Dohmen H J, et al. Investigation of flow instabilities near the rim cavity of a 1.5 stage gas turbine[C]. Orlando: ASME Turbo Expo 2009: Power for Land, Sea, and Air, 2009.

[4] Chilla M, Hodson H, Newman D, et al. Unsteady interaction between annulus and turbine rim seal flows[J]. Journal of Turbomachinery, 2013, 135(5): 051024.

[5] Horwood J T, Hualca F P, Wilson M T, et al. Flow instabilities in gas turbine chute seals [J]. Journal of Engineering for Gas Turbines and Power, 2019, 142(2): 1 - 46.

[6] Cheng X S, Li Z G, Li J. Effects of endwall profiling near the blade leading edge on the sealing effectiveness of turbine rim seal[J]. Proceedings of the Institution of Mechanical Engineers, Part A: Journal of Power and Energy, 2019, 233(7): 821 - 833.

[7] 吴康.燃气轮机高温透平转静轮缘封严与入侵的流动传热机理[D].北京: 清华大学, 2014.

第 7 章
轮缘密封结构设计及燃气
入侵抑制策略的探索

7.1 引　　论

第 6 章介绍了三种典型的轮缘封严结构(轴向轮缘封严、单层轮缘封严、鱼嘴式轮缘封严)的封严特性和非定常流动机理的异同,为进一步认识轮缘封严处燃气入侵现象这一复杂物理问题提供了一些数值计算上的支撑。在深入理解发动机中轮缘封严处真实流动形态的前提下,本章从抑制燃气入侵的角度出发,在第 6 章三种封严模型的基础上,对封严冷气的流路进行了创新性设计,提出了三种新型轮缘封严结构——带有高径位封严孔(周向有倾角)的轮缘封严结构。本章通过封严气路的优化设计和封严冷气的重新分配,研究了新型密封结构对封严效率和非定常流动特性的影响规律,并阐述了新的结构设计对燃气入侵程度和封严效率的影响机理。

本章对轮缘密封结构的精细化设计的探索,有助于进一步理解和分析轮缘封严处复杂的流动现象,为更多较复杂的新型轮缘封严结构的设计提供了创新思路和有益参考,从而为轮缘封严效率乃至发动机的整机效率的进一步提升提供了潜在可能。

7.2　基于高径位供气孔的轮缘封严结构

涡轮轮缘密封的几何结构和供封严冷气的流路设计与封严特性的好坏有直接的关系,进而会对封严冷气的用量产生影响。优良的封严结构和流路设计会在相同的封严气流量条件下达到更加高效的封严效果,是近些年来许多研究者在有关轮缘密封结构设计上探索的重点和热点方向。例如,在封严结构复杂化的研究方面,Sangan 等[1]在双层轮缘封严结构的基础上,在缓冲腔的转盘上增加了径向的翅片。实验结果表明,这种带翅片的新型封严结构,通过提高缓冲腔的旋转比和压力,提高了封严效率。Scobie 等[2]设计了一种更复杂的封严结构——静盘侧周向带翅片的封严结构,实验结果表明翅片可以增加外部腔室的压力,减弱燃气入侵程度,进而提高封严效率。Li 等[3] 在径向封严结构的动盘侧封严唇表面沿周向增加了六边形的蜂窝状结构,非定常数值计算结果表明,蜂窝结构可以显著降低气流的旋转比,增加入侵燃气的湍流耗散,使封严效率提高 9%~14%。在供封严气的流路设计方面,Clark 等[4] 考虑了发动机轮缘封严附近真实存在的高位横向泄漏流,实验结果表明在特定的封严流量范围内静盘上高径位开设 150 个均匀分布的供气孔可以实现腔室的完全密封,而开设 32 个均匀分布的供气孔则不能实现腔内完全密封。

事实上,在航空发动机(例如 CFM56 - 7 大涵道比涡扇发动机)空气系统的流路结构中,除了在低半径位置从篦齿前腔通过篦齿流入涡轮盘腔的这股封严气流外,还在盘腔高径向位置存在横向泄漏流,另一股封严气以泄漏流的形式流入封严腔内,这股温度较低且动量较高的封严气会对轮缘封严附近的流场产生显著影响,如图 7 - 1 所示。充分认识并利用这种轮缘封严中的"二股气流"是很有必要的,是发展更优的封严方法的基础。Patinios 等[5] 指出,轮缘封严中的泄漏流广泛存在于两零件配合面的间隙处,在真实发动机和真实运行工况下是不可避免的。实验研究了不同泄漏流量对封严效率的影响。结果表明,当泄漏流量增加时,盘腔内的流动形态会发生从典型 Batchelor 流型到涡主导的流型的转变,在盘腔内高径向位置处诱导出环形涡,诱发更强烈的燃气入侵。在特定封严流量下,封严效率可能会降低 10% 以上。

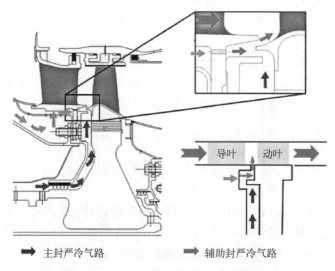

➡ 主封严冷气路   ➡ 辅助封严冷气路

图 7 - 1   轮缘封严供封严冷气流路的优化

然而,随着设计和制造水平的提高,有关封严结构复杂化的研究已趋于饱和,新型轮缘封严结构已越来越复杂,目前轮缘封严结构的发展已趋于极限,且复杂结构也会带来诸如零件加工难度大、易刮磨、可靠性降低、寿命降低、维护难度大等问题。因此,有必要对供封严冷气的流路设计进行探索,亟待发展一种新供气方法,在不显著提高封严结构复杂度的前提下,尽可能地抑制燃气入侵,提高封严效率。

　　上述学者对轮缘封严结构中真实存在的高径向位置横向泄漏流的研究中,泄漏流都是垂直进入轮缘间隙或盘腔内部的,泄漏封严气并没有周向的速度分量,且泄漏封严气占总封严气流量的比例很小,均在 10% 以下。结论是,泄漏封严气在提升封严效率方面的作用不明显,甚至会降低封严效率。然而作者通过更深入的文献调研,有了新的发现。Zlatinov 等[6]通过 CFD 方法,研究了带有周向预旋的封严流对轮缘封严处流动的影响。结果表明,带周向速度分量的封严流可以减少主流燃气和封严冷气因黏性剪切作用造成的气动损失。而且,在特定情况下(即燃气入侵主要由主流压力的周向不均匀引起时),带预旋的封严流对提高封严效率有利。Chilla 等[7]通过非定常 CFD 方法,针对发动机中的真实轮缘封严结构——倾斜封严进行了研究,聚焦轮缘封严流与主流的掺混机理和轮缘间隙处 Kelvin - Helmholtz 不稳定性的形成机理。结果表明,主流和封严流的周向速度差异是诱导此处发生非稳定流动进而诱导燃气入侵的一大因素,如图 7 - 2 所示。增大封严流的周向速度分量,从而减小主流和封严流的周向速度差异,可以抑制轮缘封严处流动的不稳定性,从而抑制燃气入侵。

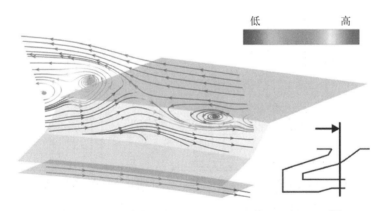

图 7 - 2　由相对速度绘制的瞬时流线图(以静温值着色)[7]

　　基于以上分析,作者合理推测,静盘上高径向位置带预旋的封严流,其作用可能不仅局限于降低封严流与主流的掺混损失,而极有可能抑制燃气入侵,提高封严效率。下面,将结合前人已有研究基础,介绍三种不同轮缘封严结构(轴向封严结构、单层封严结构、鱼嘴式封严结构)下的高位封严气流动形式,分别研究高位带旋流的封严气对不同轮缘封严处 Kelvin - Helmholtz 式非稳定剪切湍流流动、轮缘封严效率及燃气入侵深度的潜在调控效果,分析不同封严结构下这一流动特征的时间非定常性和空间三维特性,探索这一轮缘封严新的供封严气流路形式在提高轮缘封严效率方面的作用。

7.3 高位辅助供气孔应用在轴向封严结构上的研究

7.3.1 计算模型与边界条件

本节研究的轴向轮缘封严新结构——带辅助供气孔(径向高位、周向有倾角)如图 7-3 所示。将计算模型分为四个计算域,其中导叶域、辅助供气孔域设置为静止域,如图中黑色虚线所示;动叶域、盘腔域设置为旋转域,如图中黑色实线所示。在静止域和旋转域之间,设置有转、静交界面,如图中红色实线所示。这里共有两个转、静交界面,第一个设置在轮缘间隙上游、导叶域和盘腔域的交界面;第二个设置在辅助供气孔域和盘腔域的交界面。在定常计算中,通过冻结转子法进行静止域到旋转域的数据传递;在非定常计算中,通过瞬态转子静子法进行静止域到旋转域的数据传递。

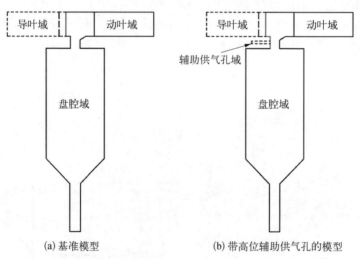

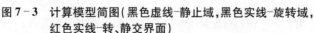

(a) 基准模型 　　　　　　　　(b) 带高位辅助供气孔的模型

**图 7-3　计算模型简图(黑色虚线-静止域,黑色实线-旋转域,
红色实线-转、静交界面)**

图 7-4 更直观地展示了计算域的划分情况。其中导叶域(绿色)和辅助供气孔域(紫色)是静止域,动叶域(蓝色)和盘腔域(黄色)是旋转域。交界面 1 和交界面 2 是转-静交界面,交界面 3 是转-转交界面。三个交界面在计算中采用统一的设置方法。模型共有三个入口和一个出口:一个主流入口,给定主流质量流量和静温;两个封严流入口,其中主封严流从盘腔底部径向进气,辅助封严流从高径向

位置处轴向进气,两个封严流入口均给定质量流量和静温;一个出口,在远离动叶的下游位置,给定静压。本节算例的计算边界条件见表 7-1。

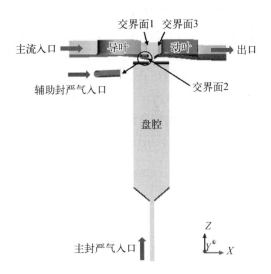

图 7-4　计算域的划分和边界

表 7-1　计算边界条件

参　　　数	数　　　值
主流质量流量/(kg/s)	1.642 08
入口静温/K	298
主流轴向雷诺数 Re_w	1.37×10^6
出口静压/Pa	101 325
转速/(r/min)	4 000
旋转雷诺数 Re_φ	1.63×10^6
总封严气质量流量/(kg/s)	0.044 946
无量纲封严流量 C_w	10 000
封严流参数 Φ	0.006 10
湍流参数 λ_T	0.107 0
主封严气质量流量 m_1/(kg/s)	0.022 473 ~ 0.044 946
辅助封严气质量流量 m_2/(kg/s)	0 ~ 0.022 473

7.3.2 研究变量与计算工况

本节计算工况共 13 个,变量共 2 个: 一是辅助封严气的周向进气角度(即辅助供气孔的周向倾斜角度),二是封严气的分配比例。首先说明辅助封严气的周向进气角度。前已述及,带周向旋流的辅助封严气可能对提高封严效率有利。辅助封严气的周向进气角度会影响轮缘间隙处的旋转比,进而影响轮缘间隙处的 K - H 不稳定性强弱。因此,在基准模型(无辅助封严孔)的基础上,设计了 0°、35° 和 70° 共三种不同周向倾角的辅助封严孔,如图 7 - 5 所示。其中 0° 倾角孔与发动机轴线方向一致,辅助封严气垂直进入轮缘间隙;35° 和 70° 倾角孔的倾斜方向与动盘旋转方向、导叶出口气流周向速度分量的方向一致,其中 70° 倾角孔与导叶出口气流角(67.04°)很接近。

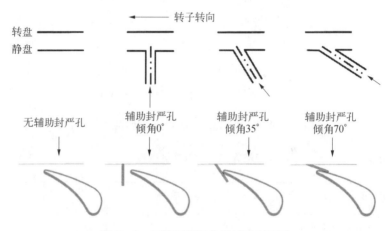

图 7 - 5 三种不同倾角的辅助封严孔

辅助供气孔的位置如图 7 - 6 所示,其径向位置在上封严唇的正中,周向位置正对导叶尾缘下游。以带 70° 倾角周向辅助供气孔的模型为例并划分网格,在辅助供气孔出口、轮缘间隙等关键位置均加密处理,保证计算中捕捉到足够的流场细节,如图 7 - 7 所示。辅助供气孔的入口段是长度为 10 倍管径的管道,可允许辅助

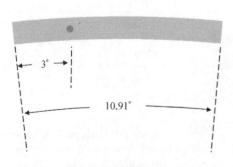

图 7 - 6 辅助供气孔的径向和周向位置

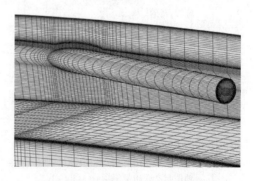

图 7 - 7 辅助供气孔局部网格细节

封严气在进入轮缘间隙前充分发展。

封严气的分配比例,是本节研究的另一个重要变量。固定总的封严气质量流量不变(0.044 946 kg/s,对应 $C_w = 10\,000$,占主流质量流量的 2.74%),并进行分配:主封严气从盘腔底部进入盘腔,其质量流量记为 m_1;辅助封严气从高径向位置处的辅助供气孔进入轮缘间隙,其质量流量记为 m_2。选择四种封严气分配比例($m_1 : m_2 = 1 : 1, m_1 : m_2 = 2 : 1, m_1 : m_2 = 3 : 1, m_1 : m_2 = 4 : 1$),研究封严气的分配比例对封严效率的影响。此时,辅助封严气最多占全部封严气的 50%($m_1 : m_2 = 1 : 1$),最少占全部封严气的 20%($m_1 : m_2 = 4 : 1$)。由上述两个变量组合得到的全部计算工况见表 7-2。

表 7-2　计算工况

算例编号	辅助供气孔倾角/(°)	封严气分配比例 $m_1 : m_2$
0(基准)	—	—
1-1	0	1:1
1-2	0	2:1
1-3	0	3:1
1-4	0	4:1
2-1	35	1:1
2-2	35	2:1
2-3	35	3:1
2-4	35	4:1
3-1	70	1:1
3-2	70	2:1
3-3	70	3:1
3-4	70	4:1

7.3.3　结论与分析

首先,从宏观上分析这一股高位辅助封严气对盘腔内封严效率的影响。在下文中,除特殊说明外,所展示的结果全部为非定常计算所得 0T 时刻的瞬时结果,保证不同工况的转、静子相对位置均一致。

图 7-8 展示了本章计算的全部 13 个工况,静盘上沿径向的封严效率变化,黑色虚线表示基准模型(不带辅助供气孔)的封严效率。在不同的辅助封严气周向进气角度和封严气分配比例下,封严效率的差别非常明显。其中,有 8 个工况的平均封严效率高于基准模型,而 4 个工况的平均封严效率低于基准模型,且与低半径

处相比,在高半径处,不同工况间的封严效率存在更大的差别。说明辅助供气孔的
引入,对封严冷气的重新分配和封严效率有很大的影响。

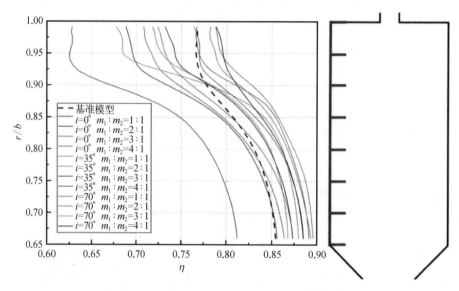

图 7 - 8   静盘上封严效率沿径向的变化

针对这一复杂现象,定性分析其封严效率存在差异的原因:由于辅助封严
气通过径向高位的辅助供气孔进入轮缘间隙中,这一股高位分流冷气不仅具有
明显的湍流射流结构,且与盘腔内流体在掺混过程中呈现强剪切流特性,诱导出
非均匀、多尺度的复杂涡(对)结构。并且,这一高位预旋分流流动控制策略是
通过周向离散的孔结构实现的,从调节掺混面处切向速度差异、调控轮缘封严处
速度剖面以抑制 Kelvin - Helmholtz 不稳定流动的角度考虑,其"时空双维度"的
范畴内不一定是一致有效的。因此,其对封严效率的影响可能有利,也可能
不利。

图 7 - 9 展示了本节计算的 13 个工况中,封严效率最大和最小的工况。这里
的封严效率值是静盘上沿径向的平均值。当辅助封严气周向进气角度为 0°,且封
严气分配比例为 $m_1 : m_2 = 1 : 1$ 时,封严效率最低,与基准模型相比,静盘上的平均
封严效率降低了 9.55%;而当辅助封严气周向进气角度为 70°,且封严气分配比例
为 $m_1 : m_2 = 2 : 1$ 时,封严效率有了明显的提升,达到了所有计算工况中的最高值,
与基准模型相比,封严效率提升了 5.08%。

因此,辅助封严气周向进气角度和封严气分配比例,均对封严效率有显著的影
响。合理地布置冷却流路,分配封严冷气,可以提高封严效率;而不合理地利用辅
助封严气,将使封严效率降低。

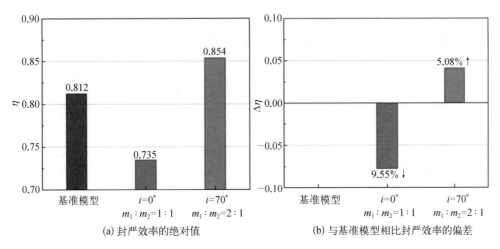

(a) 封严效率的绝对值　　　　(b) 与基准模型相比封严效率的偏差

图 7-9　与基准工况相比最大和最小封严效率的工况及其封严效率值

7.3.3.1　辅助封严气周向进气角度对封严效率的影响

在航空发动机的二次空气系统中,一类常见的流阻元件是预旋系统。带有周向倾角的辅助供气孔,可产生带预旋的辅助封严气。预旋可以降低气流相对于转盘的总温,对冷却有利。但是,预旋气流是否对封严效率的提高有利仍不清楚。为深入研究辅助封严气周向进气角度对封严效率的影响,在四种封严气分配比例下,将不同辅助供气孔周向倾角的工况进行比较,如图 7-10 所示。这里的封严效率仍是静盘上沿径向的平均值。

在四个不同的封严气分配比例下,封严效率随辅助封严气周向进气角度的变

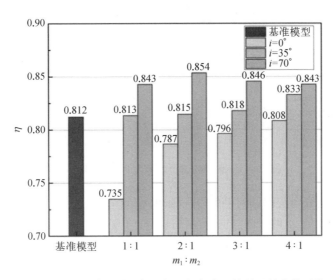

图 7-10　不同辅助封严气周向进气角度下的封严效率值对比

化规律一致：辅助封严气的周向进气角度越大，即辅助供气孔的周向倾角越大，封严效率越高。说明带有周向大倾角的辅助供气孔对封严效率的提高有利。

当辅助封严气周向进气角度为 70°，且封严气分配比例为 $m_1 : m_2 = 2 : 1$ 时，封严效率（$\eta = 0.854$）比基准模型（$\eta = 0.812$）高 5.17%；而当辅助封严气周向进气角度为 0°，且封严气分配比例为 $m_1 : m_2 = 2 : 1$ 时，封严效率（$\eta = 0.787$）比基准模型（$\eta = 0.812$）低 3.18%。这两个工况的封严效率有较大差异，且与基准模型相比，它们的封严效率有相反的趋势。因此，选择这两个工况，与基准模型对比，进行深入分析，研究辅助封严气周向进气角度对封严效率和流动特性的影响机理。

首先，为了更直观地比较轮缘间隙和盘腔内不同工况的封严效率差别，针对上述三个工况，绘制了盘腔域内封严效率为 0.76 的等值面，如图 7-11 所示。对于不带辅助供气孔的基准工况(a)，这一等值面分布在轮缘间隙中和静盘中部。对于 0°辅助供气孔的工况(b)，这一等值面从辅助供气孔的出口开始，一直深入到盘腔内静盘侧较深的位置处。而在这一等值面径向以上的位置，封严效率应都低于 0.76，较基准工况(a)更低。而对于 70°辅助供气孔的工况(c)，这一等值面主要被限制在了高半径处的轮缘间隙中，说明盘腔内的封严效率均比 0.76 高，封严效果较基准工况(a)更好。

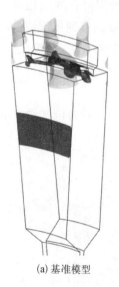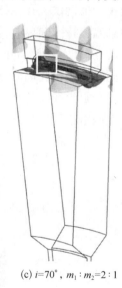

(a) 基准模型　　　　(b) $i=0°$，$m_1 : m_2 = 2 : 1$　　　　(c) $i=70°$，$m_1 : m_2 = 2 : 1$

图 7-11　盘腔内封严效率为 0.76 的等值面

为进一步研究盘腔内的封严效率在轴向、径向、周向上的三维分布情况，针对上述三个工况，绘制了盘腔域内周向等间距的五个子午面上的封严效率云图，如图 7-12 所示。子午面的周向位置分别是① 0.075θ、② 0.275θ、③ 0.475θ、④ 0.675θ、⑤ 0.875θ，径向高度是 225 mm≤r≤250 mm。图 7-12 中也展示了辅助封严孔的实体。

针对上述三个工况，比较盘腔内的封严效率。因为转盘上的封严效率主要受

封严效率

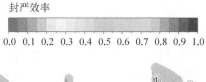

0.0 0.1 0.2 0.3 0.4 0.5 0.6 0.7 0.8 0.9 1.0

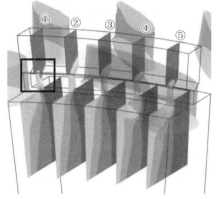

(a) 基准模型

(b) $i=0°$，$m_1:m_2=2:1$

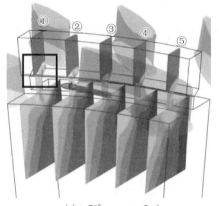

(c) $i=70°$，$m_1:m_2=2:1$

图 7-12　子午面上的封严效率云图

盘旋转的夹带作用,因此效率值均较高且不同工况间相差不大。对于基准工况(a)
和 0°辅助供气孔工况(b),转盘上的封严效率在 0.90~0.95 之间,而 70°辅助供气
孔工况(c),转盘上的封严效率更高,在 0.95~1 之间,已经很接近完全封严。与转
盘不同,在盘腔内高温燃气主要沿静盘入侵,因此静盘上的封严效率与燃气入侵量
密切相关,不同工况间存在较大的差别。对于 0°辅助封严孔的工况(b),静盘上的
封严效率最低,在 0.65~0.75 之间,且低封严效率区沿轴向的占比很大,占据盘腔
内近一半的轴向区域。而对于基准工况(a)和 70°辅助供气孔的工况(c),静盘上
的封严效率均较高,在 0.75~0.80 之间。但可以明显观察到,70°辅助供气孔的工
况(c),静盘侧低封严效率的区域占比更小,盘腔内整体的封严效率更高。这进一
步证明了图 7-10 展示的结论:对于盘腔内的封严效率,70°辅助供气孔的工况>基

准工况>0°辅助供气孔的工况。

盘腔内封严效率的差异,与轮缘间隙处的封严效率密切相关。而轮缘间隙处的封严效率,又与此处的流动情况紧密关联。辅助供气孔位于高径向位置处,由图7-12可以看出,这一位置的封严效率分布复杂,沿周向差异很大,具有明显的三维特性。而且,主流高温燃气都是经由轮缘间隙侵入盘腔的。因此,为了探寻不同辅助供气孔倾角工况的封严效率存在差别的原因,必须深入研究轮缘间隙处的封严效率和流场结构。

在轮缘间隙中,由盘腔出口($r = 245\ \text{mm}$)到主流端壁处($r = 250\ \text{mm}$),每隔0.5 mm取一个等r面,计算面平均的封严效率,绘制各个面上的平均封严效率沿径向的变化,和沿径向各个面上的封严效率的平均值,如图7-13所示。

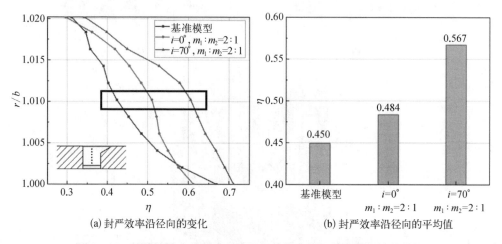

(a) 封严效率沿径向的变化   (b) 封严效率沿径向的平均值

图7-13 轮缘间隙中的封严效率沿径向的变化及其沿径向的平均值

在轮缘间隙中由低到高的每个径向位置,70°辅助供气孔的工况封严效率均最高(平均比基准工况高26.00%),而0°辅助供气孔的工况,在大部分径向位置(除了靠近盘腔出口和主流端壁处,这两处远离辅助供气孔出口,受辅助封严气的影响较小),封严效率都比基准工况更高(平均高7.56%)。在辅助供气孔的出口($r/b = 1.010\ 2$)附近,三个工况的封严效率差别最大,如图7-13(a)中的黑色线框所示。在这一位置,70°辅助供气孔的工况和0°辅助供气孔的工况,分别比基准工况的封严效率提高42.72%和20.36%。

由以上分析可知,辅助封严气使轮缘间隙处的封严效率得到了较大的提高。同时,这一股高位湍流射流还会进一步影响轮缘间隙中的流动形态。为了研究这一股高位辅助封严气对轮缘间隙处流动形态的影响,针对上述三个工况,选择轮缘间隙中高、中、低三个等间距的不同径向高度的S1流面,绘制封严效率云图和流线图,如图7-14所示。其中,面①与主流端壁的径向高度相同($r = 250\ \text{mm}$),面②位于轮缘间隙的

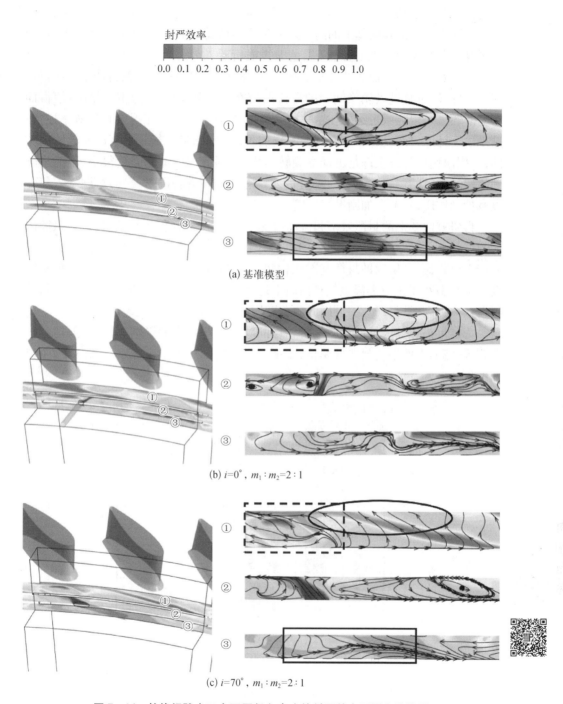

封严效率

0.0 0.1 0.2 0.3 0.4 0.5 0.6 0.7 0.8 0.9 1.0

(a) 基准模型

(b) $i=0°$, $m_1:m_2=2:1$

(c) $i=70°$, $m_1:m_2=2:1$

图 7‑14　轮缘间隙中三个不同径向高度的封严效率云图和流线图

径向正中且正对辅助供气孔出口($r = 247.5\,\mathrm{mm}$),面③位于盘腔出口($r = 245\,\mathrm{mm}$)。

首先研究面①和面②上的封严效率和流动情况。基准模型(a)的面①上,在导叶尾缘与动叶前缘交汇的位置(黑色虚线框所示),燃气入侵严重,存在一个明显的低封严效率区。0°辅助供气孔工况(b)的面①上,对应位置的低封严效率区仍然存在,且由于垂直进入轮缘间隙的湍流射流在轮缘间隙中的"屏障"作用,使得面②上的燃气入侵区域也集中在这一周向位置处,甚至比基准工况的封严效率还低。这是由于辅助封严气无法影响到这一周向位置(辅助封严气是垂直进入轮缘间隙的,其周向速度分量全部是由动盘旋转提供的,因此周向速度分量很小,不能影响到入侵最严重的位置)。因此,垂直进入轮缘间隙中的辅助封严气,对燃气入侵并没有抑制作用,甚至会加剧燃气入侵。

再研究面③上的封严效率和流动情况。这一 S1 流面位于盘腔出口,与盘腔内的封严效率关联紧密。观察图 7 – 14(c)中的面③(对应 70°辅助供气孔工况),与基准工况相比,高位辅助封严气对入侵燃气有明显的轴向"挤压"作用(黑色实线框所示),减小了主流高温燃气径向向下迁移的有效通流面积,阻碍了燃气入侵,使封严效率提高,且封严效率沿周向分布更均匀。

为定量描述分配辅助封严气对轮缘间隙处封严效率的影响,计算了上述三个典型 S1 流面上的平均封严效率值,如图 7 – 15 所示。图中也标示了这三个 S1 流面的位置。

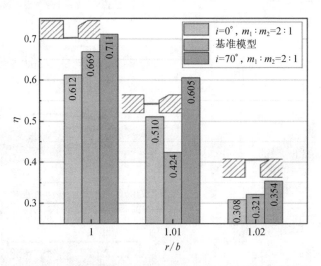

图 7 – 15 轮缘间隙中三个不同径向高度的封严效率平均值

对于盘腔出口位置(对应面③,$r = 245\,\mathrm{mm}$,$r/b = 1$),70°辅助供气孔工况的封严效率($\eta = 0.711$)比基准工况($\eta = 0.669$)高 6.28%,而 0°辅助供气孔工况的封严效率($\eta = 0.612$)比基准工况($\eta = 0.669$)低 8.52%。盘腔出口的封严效率趋势

在定性上与盘腔内的封严效率趋势一致。

对于轮缘间隙径向正中位置(对应面②, $r = 247.5\,\text{mm}$, $r/b = 1.010\,2$),因基准模型缺少高位辅助封严气,其封严效率甚至比 0°辅助供气孔的工况还低。但是,这并不能说明基准工况的封严效果最差,因为轮缘间隙处的封严效率并不能完全反映盘腔内的封严效率,二者需要结合分析,在下文中将详细说明。

在高径向位置处(对应面①, $r = 250\,\text{mm}$, $r/b = 1.020\,4$),0°辅助供气孔工况的封严效率($\eta = 0.308$)与基准工况($\eta = 0.321$)相差不大,仅为 4.05%。但 70°辅助供气孔工况的封严效率($\eta = 0.354$)有了很大的提高,与基准工况($\eta = 0.321$)相比,封严效率提高 10.28%。这也反映出,周向 70°倾角的辅助封严气,在不同的径向高度上均可以减弱燃气入侵的程度,提高封严效率。

综上,周向 70°倾角的辅助封严气,在轮缘间隙中不同的径向高度上,均有明显的抑制燃气入侵的作用,不仅改变了高径向位置处入侵燃气的流动形态和位置,且在盘腔出口处,通过对入侵燃气的轴向"挤压"作用,使入侵燃气的有效通流面积大大减小,从而提高了盘腔内的封严效率。

7.3.3.2 辅助封严气周向进气角度对旋转比的影响

由图 7-14 中三个 S1 流面①的流线图可知,高位辅助封严气显著改变了轮缘间隙中的相对周向速度,这会进一步改变轮缘间隙中的旋转比。因此,选择轮缘间隙中三个不同轴向位置的 S3 流面,绘制旋转比云图,如图 7-16 所示。三个 S3 流面的轴向位置分别是:① $x = 1.5\,\text{mm}$,位于上封严唇的下游 0.5 mm;② $x = 3\,\text{mm}$,位于轮缘间隙正中位置;③ $x = 4.5\,\text{mm}$,位于下封严唇上游 0.5 mm。

对于基准工况[图 7-14(a)],高、低旋转比的区域都较为集中,且界限明显。对于 0°辅助供气孔的工况[图 7-14(b)],垂直进入轮缘间隙的辅助封严气,相对转盘的周向速度很小,甚至与转盘旋转方向相反,故显著降低了当地的旋转比,甚至出现了旋转比为负值的区域。同时,因为 0°辅助封严气的引入使轮缘间隙处的流动形态更复杂,由图 7-14(b)流面②可知,在孔出口的径向高度上,诱导出了复杂的、多尺度的涡系结构,故间隙中的旋转比沿周向的分布更不均匀,且在图 7-16(b3)存在一个明显的、较为集中的低旋转比区。而对于 70°辅助供气孔的工况[图 7-14(c)],带有周向预旋的高位辅助封严气,显著提高并均匀了高半径处气流的旋转比,在下游的流面(c3)上,间隙中的旋转比已经基本达到或超过了 1。

为了定量比较轮缘间隙中的旋转比,同样计算了轮缘间隙中不同径向高度处的面平均旋转比,绘制了旋转比沿径向的变化曲线及沿径向的平均值,如图 7-17 所示。

由图 7-17 和图 7-13 对比可得,轮缘间隙中的旋转比与封严效率正相关,这与无黏径向平衡方程(6-4)推导出的关系(旋转比与封严效率负相关)不符,说明径向高位的辅助封严气是一股明显的湍流射流,其特征不满足简单的无黏流理论。而此时旋转比与封严效率之间应存在一定的定量关联关系,还需要深入研究。

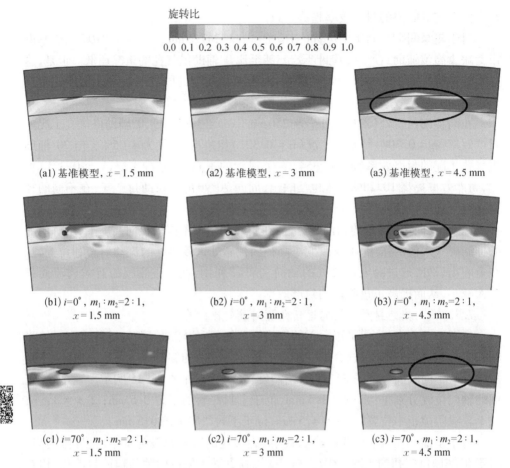

图 7-16   三个不同轴向位置的 S3 流面上的旋转比云图

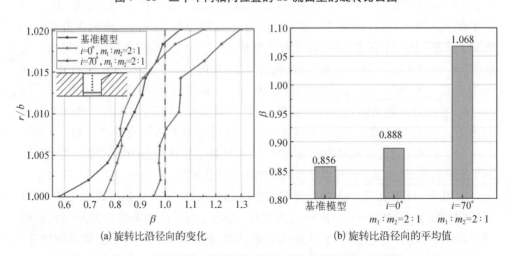

(a) 旋转比沿径向的变化

(b) 旋转比沿径向的平均值

图 7-17   旋转比沿径向的变化及旋转比沿径向的平均值

7.3.3.3　辅助封严气周向进气角度对 Kelvin‑Helmholtz 不稳定性的影响

在第 6 章已经提到,非定常计算捕捉到轮缘间隙中存在明显的 Kelvin‑Helmholtz 不稳定现象,这是诱导燃气入侵的一个重要原因。上文已提到,高位辅助封严气提高了轮缘间隙处的旋转比,因而有可能影响轮缘间隙处的 Kelvin‑Helmholtz 不稳定现象的强弱。这里选择轮缘间隙正中($x = 3\,\mathrm{mm}$)的 S3 流面,绘制周向相对速度、周向涡量和轴向涡量的云图,如图 7‑18 所示。

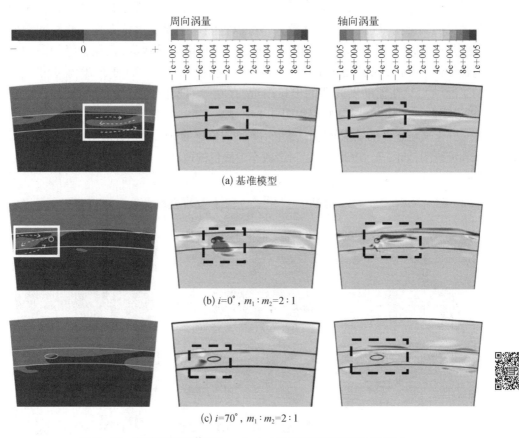

图 7‑18　轮缘间隙中截面($x = 3\,\mathrm{mm}$)的相对周向速度云图(左)、
周向涡量云图(中)和轴向涡量云图(右)

周向相对速度的云图可以定性表示 Kelvin‑Helmholtz 现象的出现。在图 7‑18 的左列云图中,红色表示周向相对速度的方向与动盘旋转方向相同,而蓝色表示与动盘旋转方向相反。根据 K‑H 不稳定性的诱发机理,在正、负周向相对速度交汇的位置,会产生强烈的 K‑H 不稳定现象。对于基准模型(a)和 0°辅助供气孔模型(b),在轮缘间隙中,都存在明显的周向速度差异,会发生剪切进而诱发 Kelvin‑Helmholtz 不稳定现象,如图 7‑18 中白色线框所示。而对于 70°辅助供气

孔的工况(c),在轮缘间隙处,正、负相对周向速度的交界面较为平滑,未形成明显的由剪切作用诱导出大尺度涡系结构的条件。

　　根据右手定则,周向涡量的绝对值大小和正负,可以表征轴向速度差异诱导出的非定常效应的强弱,即可以定量表示在轴向上由剪切作用(这里主要是 Kelvin - Helmholtz 不稳定性)产生的涡旋的强度。而轴向涡量,则可以表征在周向上的剪切作用的强弱。由图 7 - 18 中列和右列的涡量云图可以看到,不论对于周向涡量还是轴向涡量,对于 0°辅助供气孔的工况(b),在辅助供气孔出口处均会诱导出强烈的反向涡结构,且涡旋的强度较大。可以推测这主要是由垂直进入轮缘间隙的辅助封严气诱导的 Kelvin - Helmholtz 不稳定流动结构导致的,且在轮缘间隙中远离辅助供气孔出口的其他周向位置,涡结构的强度也较大。而对于 70°辅助供气孔的工况(c),只在辅助供气孔的出口附近,存在一对反向涡结构,且涡旋的强度较小,说明此处的轴向、周向剪切作用并不明显。

　　在上文已述及的轮缘间隙中三个不同轴向位置的 S3 流面上,绘制了封严效率云图和流线图,如图 7 - 19 所示;以封严效率为底色的速度矢量图,如图 7 - 20 所示。

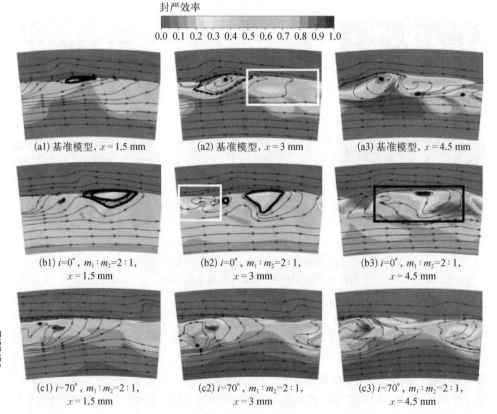

图 7 - 19　三个不同轴向位置的 S3 流面上的封严效率云图和流线图

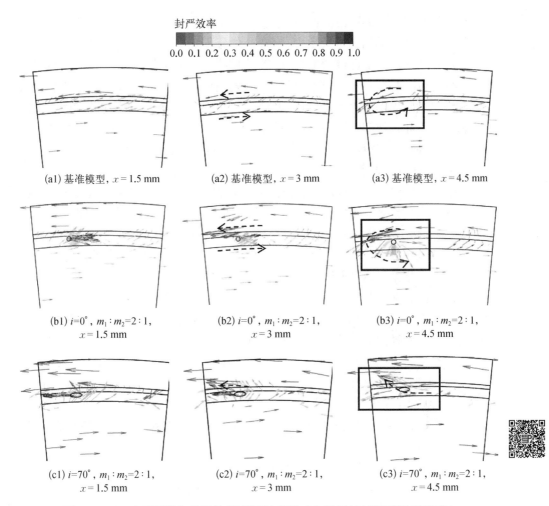

图 7 - 20　三个不同轴向位置的 S3 流面上的速度矢量图(以封严效率值着色)

　　在图 7 - 19 基准工况(a2)和 0°辅助供气孔的工况(b2)中,轮缘间隙中封严效率最低的区域(白色方框所示)与图 7 - 18 中的强剪切区域(白色方框所示)的位置完全一致,说明轮缘间隙中的大尺度流动结构与燃气入侵直接相关。观察图 7 - 20,对于基准工况(a2)和 0°辅助供气孔的工况(b2),在轮缘间隙中截面上,均存在明显的周向剪切力。流动经进一步发展后,在下游截面(a3)和(b3)上,均存在明显的大尺度涡旋结构,如图中黑色线框所示。且对于 0°辅助供气孔的工况,其涡旋结构的尺度明显比基准工况的更大,其将主流高温燃气夹带到盘腔内的作用更加明显。而对于 70°辅助供气孔的工况来说,在轮缘间隙中截面(c2)上,因为带预旋的辅助封严气的作用,几乎没有明显的周向剪切作用,且在下游截面(c3)上,几乎不存在由 Kelvin - Helmholtz 不稳定性诱发的涡系结构。

7.3.3.4 封严气分配比例对封严效率的影响

除辅助封严气的周向进气角度,封严气的分配比例是影响封严效率的又一重要因素。在7.3.3.1节已经说明,高位辅助封严气可能会抑制或增强主流高温燃气的入侵,其作用效果与这一股辅助封严气的周向进气角度有关。而低位主要封严气可增大盘腔内的压力,提高盘腔内封严效率,这一股主要封严气的作用效果总是有利的。因此,最终盘腔内的封严效率,需要综合考虑这两股封严气的影响,寻找一个最优的封严气分配比例,使盘腔内的封严效率达到最大值。

本节研究了四种封严气分配比例($m_1 : m_2 = 1 : 1, m_1 : m_2 = 2 : 1, m_1 : m_2 = 3 : 1, m_1 : m_2 = 4 : 1$,其中 m_1 代表由低半径处进入盘腔的主要封严气,m_2 代表由高半径处进入轮缘间隙的辅助封严气)。对于基准模型,没有辅助封严气($m_2 = 0$),故可以认为 $m_1 : m_2$ 趋于正无穷,这样可以将基准工况与四种封严气分配比例的工况统一进行分析。比较三种辅助封严气周向进气角度下,封严效率随封严气分配比例的变化关系,如图 7-21 所示。

通过不同工况的封严效率与基准工况对比,发现在所研究的三个辅助封严气周向进气角度下,封严气分配比例对封严效率的影响规律并不一致。这里的封严效率是静盘上沿径向的平均值。当辅助封严气的周向进气角度为 0° 时,封严效率均低于基准工况,且随辅助封严气的占比减小而单调增大;当辅助封严气的周向进气角度为 35° 时,封严效率均略高于基准工况,且随辅助封严气的占比减小,封严效率先增大后减小,存在一个最优的封严气分配比例($m_1 : m_2 = 4 : 1$),使封严效率达到最大值;当辅助封严气的周向进气角度为 70° 时,封严效率均高于基准工况,随辅助封严气的占比减小,封严效率同样先增大后减小,存在一个最优的封严气分配比例($m_1 : m_2 = 2 : 1$),使封严效率达到最大值。

对于周向倾角为 0° 的辅助封严气,其效果类似轮缘间隙处的泄漏流。前已述及,轮缘间隙处的泄漏流对封严效率的提高不利[8-10]。根据 7.3.3.3 节的分析,周向倾角为 0° 的辅助封严气,会在轮缘间隙中诱导出旋向相反的复杂涡系结构,降低轮缘间隙中的旋转比,增强轮缘间隙处的 Kelvin-Helmholtz 不稳定性,从而增强燃气入侵。因为这一股辅助封严气对封严效率的提高不利,故其占比越小,盘腔内的封严效率越高。

对于周向倾角为 35° 和 70° 的辅助封严气,7.3.3.3 节的分析表明,这一带有周向预旋的辅助封严气,可显著提高并均匀轮缘间隙处的旋转比,减弱轮缘间隙处的 Kelvin-Helmholtz 不稳定性,从而抑制燃气入侵。因此,分配 35° 和 70° 周向倾角的辅助封严气,对盘腔内封严效率的提高都是有利的。

在一定范围内,辅助封严气的周向角度越大,其与主流燃气(带有很大的周向速度分量)的周向速度差异越小,Kelvin-Helmholtz 不稳定性越弱,燃气入侵越弱。因此,70° 周向倾角的辅助封严气,作用效果普遍优于 35° 倾角的辅助封严气。因

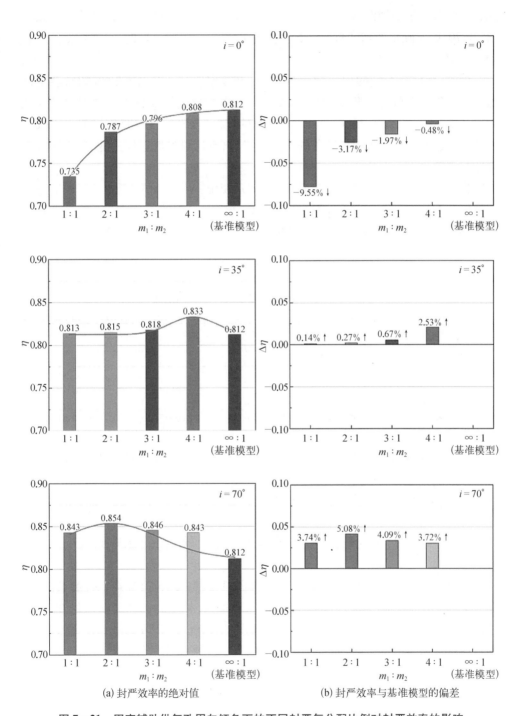

(a) 封严效率的绝对值　　　　　　　(b) 封严效率与基准模型的偏差

图 7-21　固定辅助供气孔周向倾角下的不同封严气分配比例对封严效率的影响

此,35°周向倾角的辅助封严气在占比较小($m_1 : m_2 = 4 : 1$)时,封严效率达到最大值;而70°周向倾角的辅助封严气在占比较大($m_1 : m_2 = 2 : 1$)时,封严效率即会达到最大值。

同时,辅助封严气的周向倾角越大,封严效率对封严气分配比例的敏感度越低。当辅助封严气周向角度为0°时,随封严气分配比例的改变,封严效率的变化最大可达9.04%,而对于35°倾角和70°倾角的辅助封严气,这一变化仅为2.40%和1.29%。这说明对于大周向倾角的辅助封严气,不论封严气怎样分配,均能实现较高的封严效率。

在三种辅助封严气周向进气角度下,分别使用三次多项式,拟合了封严效率随封严气分配比例的变化关系,拟合曲线见图7-21(a)中的橙色曲线。拟合曲线的标准形式见公式(7-1),公式中的系数见表7-3。

$$\eta = A_0 + A_1 x + A_2 x^2 + A_3 x^3 \tag{7-1}$$

表7-3 拟合的三次多项式(7-1)的系数

	A_0	A_1	A_2	A_3
$i = 0°$	0.640 38	0.124 43	-0.032 1	0.002 82
$i = 35°$	0.850 57	-0.059 3	0.026 13	-0.003 15
$i = 70°$	0.833 95	0.009 54	0.000 73	-0.000 69

通过三次多项式拟合的方法,得到了封严效率随封严气分配比例的变化关系。可以计算三种辅助封严气周向进气角度下,任一封严气分配比例下的静盘上平均封严效率,从而为评估封严气分配比例对封严效果的影响提供了极大的便利。

7.4 高位主要供气方式对单层封严结构的影响研究

前已述及,优良的封严气流路设计对提高轮缘密封的封严效率是至关重要的。7.3节介绍了带有辅助供气孔的轮缘封严新结构,这种新的燃气入侵抑制方法,通过封严气路的优化设计和封严冷气的重新分配,提高了封严效率。本节介绍另一种封严气流路设计的思路,通过优化主要供气支路来探究供气孔的周向进气角度和供气孔整周的数目对轮缘密封的封严效率和非定常流动特性的影响规律。

7.4.1 计算模型与边界条件

本节的计算模型是典型的单层轮缘封严模型(图7-22),几何参数和尺寸见

表 7-4。

相关计算模型的数值处理方法和计算设置与 7.3 节相似,具体为:以周向进气角度 $i = 0°$ 供气孔结构为例,图 7-23 给出了轮缘密封模型的子午面示意图。导叶和供气孔所在的计算域为静止域,如蓝色区域所示,腔体和动叶所在的计算域为旋转域,如红色区域所示。考虑到计算资源的制约并且为了满足非定常计算中转、静域的节距比为

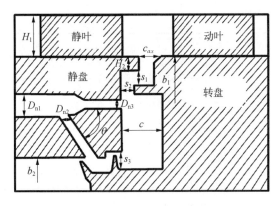

图 7-22　带高位供气孔的单层轮缘封严模型

1∶1 的要求,选取整周模型的 1/21 即 17.143° 建立扇形计算域,采用旋转周期性假设的同时将导叶和动叶的数目由 21∶42 公约化为 1∶2,即扇形计算域中包含一个导叶和两个动叶。流入密封腔的封严气分为两支:一支仍通过盘腔底部的台阶篦齿流进腔内,该封严气质量流量记为 m_2;另一支从静盘壁面上的高径位供气孔流进腔内,该封严气质量流量记为 m_1。本节将供气孔作为主要的供封严气路进行研究,即 $m_1 \geqslant m_2$。计算域的进出口段的流动充分发展以防止边界上出现回流。表 7-5 列出了计算工况的边界条件,其中封严气流量占主流流量的 1%。

表 7-4　几何参数和尺寸

几 何 参 数	尺　寸
主流通道高度 H_1/mm	10
轮缘封严轴向间隙 c_{ax}/mm	4.4
轮缘封严内径 b_1/mm	215
静子侧封严唇高度 H_2/mm	3.5
封严唇和静盘间的径向间隙 s_1/mm	4.8
封严唇和静盘间的轴向间隙 s_2/mm	3.5
转静盘间的轴向间距 c/mm	12.4
静盘内供气孔内径 D_{n1}/mm	5
篦齿间斜供气孔内径 D_{n2}/mm	3
静盘壁面供气孔内径 D_{n3}/mm	3

续　表

几　何　参　数	尺　寸
侧向孔和倾斜孔间的夹角 $\theta/(°)$	58
篦齿高度 s_3/mm	3.5
篦齿环内径 b_2/mm	182.4

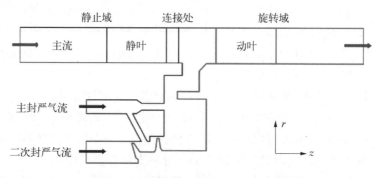

图 7-23　轮缘密封模型子午面示意图

表 7-5　计算工况的边界条件

参　　数	数　　值
主流入口总压/kPa	160
主流入口总温/K	328.15
封严气流量/(kg/s)	0.017 2
次流入口静温/K	298.15
转速/(r/min)	3 000
主流出口静压/Pa	101 325
封严气分配比例 $m_1 : m_2$	1:1, 2:1, 3:1

　　本节研究的供气孔几何结构特征涉及两个变量:一是供气孔的周向进气角度;二是供气孔整周的数目。在无供气孔的基准模型基础上,设计了 $i = 0°$、$i = -30°$、$i = 30°$ 和 $i = 60°$ 四种不同倾斜角度的供气孔结构,如图 7-24 所示。其中 $i = 0°$ 供气孔无周向倾角表示垂直进气,$i = -30°$ 供气孔的进气方向与动盘旋转方向相反,$i = 30°$ 和 $i = 60°$ 供气孔的进气方向与动盘旋转方向相同。供气孔的周向位置位于燃气入侵最严重的导叶尾缘处,径向位置在封严唇的下表面高度附近,这

样设计的目的是尽可能地阻碍燃气向腔内深处倒灌的趋势。供气孔整周的数目有 21 个和 42 个两种分布方式,数量为 21 个恰好与导叶数目相同,对应扇形计算域中分布有一个供气孔;数量为 42 个与动叶数目相同,对应扇形计算域中分布有两个供气孔,即在一个供气孔的基础上于相邻动叶的周向位置布置另一个供气孔。计算网格的划分方法与 7.3 节相同,如图 7 - 25 所示。

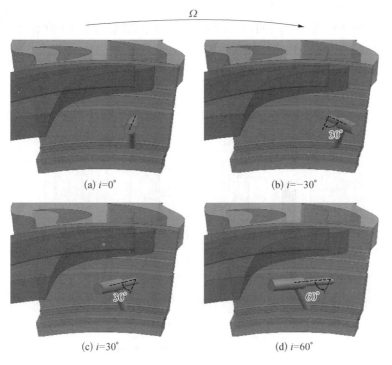

(a) $i=0°$

(b) $i=-30°$

(c) $i=30°$

(d) $i=60°$

图 7 - 24　四种周向进气角度的供气孔结构模型(以整周 21 个孔为例)

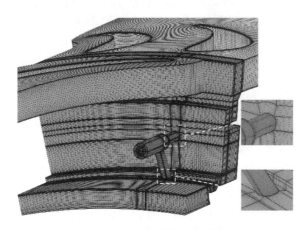

图 7 - 25　轮缘密封模型的计算网格

7.4.2　供气孔的周向进气角度对轮缘密封的影响

首先在三种不同的封严气流量分配比例($m_1 : m_2 = 1 : 1$，$m_1 : m_2 = 2 : 1$，$m_1 : m_2 = 3 : 1$)工况下研究了供气孔的周向进气角度对轮缘密封的影响。针对所有的 13 个计算工况(4 种周向进气角度×3 种封严气流量分配比例+1 个无供气孔的基准工况)，对比了不同工况下密封腔内的封严效率变化情况。图 7-26 给出了非定常计算得到的 $0T$ 时刻腔内距静盘 1.5 mm 截面上封严效率沿径向的平均值，其中 T 为一个导叶通过的周期，选择瞬时 $0T$ 的计算结果是为了保证不同工况的转、静子的相对位置一致，便于比较。

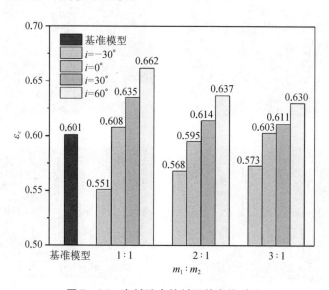

图 7-26　密封腔内的封严效率值对比

由图 7-26 可知，在三种封严气流量分配比例($m_1 : m_2 = 1 : 1$，$m_1 : m_2 = 2 : 1$，$m_1 : m_2 = 3 : 1$)工况下，高径位供气孔的周向进气角度对腔内封严效率的影响规律基本相同。当进气方向与动盘转向相同($i = 30°$，$i = 60°$)时，腔内的平均封严效率大于基准(无供气孔)工况，并且随着进气角度的增加，封严效率增大，在 $i = 60°$ 且 $m_1 : m_2 = 1 : 1$ 时，封严效率较基准模型增大的最多，增加了 10.15%；当进气方向与动盘转向相反($i = -30°$)时，腔内的平均封严效率小于基准工况，在 $m_1 : m_2 = 1 : 1$ 时，封严效率较基准模型减小得最多，降低了 8.32%。值得注意的是，垂直进气 $i = 0°$ 的供气孔对腔内封严效率的影响规律并不统一，可能会提高封严效率亦可能使其降低，与封严气流量分配比例有关，但对封严效率值的大小影响不明显，最多使其变化 1.16%(在 $m_1 : m_2 = 1 : 1$ 工况下)。这说明改变高径位供气孔的周向进气角度对轮缘密封腔内的封严效率有不同程度的影响。

7.4.2.1　对封严效率的影响

在封严气流量分配比例 $m_1 : m_2 = 1 : 1$ 工况下改变供气孔的周向进气角度得到的封严效率与基准工况相比存在较为显著的差异,故选择该组工况进行深入分析研究。图 7 - 27 给出了不同进气角度工况下密封腔内封严效率为 0.65 的等值面。

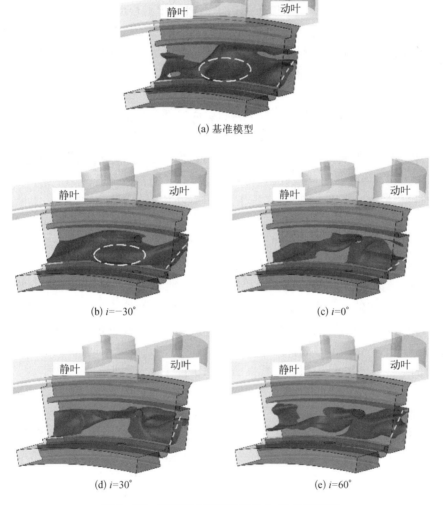

(a) 基准模型

(b) $i=-30°$ 　　　　　　　　　　(c) $i=0°$

(d) $i=30°$ 　　　　　　　　　　(e) $i=60°$

图 7 - 27　密封腔内封严效率为 0.65 的等值面

观察图 7 - 27 可知,由于"泵吸效应"使腔内封严气在靠近动盘侧径向向外流动,等值面倾斜分布于基准模型(a)的静盘低半径处和动盘高半径处的位置(图中黄色虚线所示),并且沿周向具有明显的不均匀性,说明封严气和入侵燃气在腔内发生复杂且剧烈的掺混运动。该等值面在导叶尾缘的周向位置向下凹陷[图 7-27(a)中白色虚线框所示],说明这一区域由于导叶尾缘局部高压而沿静盘发生程度最为严重的燃气入侵,导致此处的等值面在整个周向上位于腔内的最深处。然而,高径位供气孔的引入使等值面上的这一凹陷区域消失,该区域的等值面向上移动,并且向上移动的位置随着供气孔的进气角度由负到正而越来越高,除 $i =$ $-30°$外,这一区域的等值面在 $i = 0°$、$i = 30°$、$i = 60°$工况下都被抬升至孔出口位置以上的高度。这是因为通过孔流入腔内的封严气阻碍了燃气沿静盘进一步向腔内深处入侵。此外,$i = -30°$、$i = 0°$工况的等值面的倾斜程度均小于基准工况,并且位于腔内更深的位置,随着孔的进气角度由负到正[图 7-27(b)~图 7-27(e)],这一等值面的径向位置被整体抬高,等值面以上区域的封严效率均小于 0.65,说明 $i = -30°$、$i = 0°$工况发生程度更严重的燃气入侵,导致封严效率降低,而 $i = 30°$、$i = 60°$工况则反之。

图 7-28 是不同进气角度工况下密封腔内四个子午面上的封严效率云图。位于导叶尾缘的子午面 B 上发生程度最严重的燃气入侵[图 7-28(a)中黑色虚框线所示],供气孔的引入抑制了入侵燃气在经过封严唇上表面后继续沿静盘向腔内低半径处的流动,将燃气阻碍在孔出口径向高度以上的位置,显著提高了封严唇以下区域的封严效率。但在 $i = -30°$工况下,孔的存在使得位于两相邻动叶之间的子午面 C 上引发程度较严重的燃气入侵现象[图 7-28(b)中黑色虚线框所示],降低了该面上的封严效率。值得注意的是,与基准模型相比,供气孔的引入导致通过盘腔底部的台阶篦齿流入腔内的封严气流量减少,造成动盘侧高封严效率区($\varepsilon_c > 0.7$)的面积减小,更多的封严气聚集在腔室底部靠近动盘侧的区域,使该区域的封严效率提高。随着孔的进气角度由负到正[图 7-28(b)~图 7-28(e)],动盘侧高封严效率区($\varepsilon_c > 0.8$)的面积逐渐增加,并且在径向高度上占据的范围逐渐增大。在靠近静盘侧的低半径区域,随着通过孔的封严气的周向速度分量增大,更多的封严气聚集于此[图 7-28(e)中黑色虚线框所示],提高了静盘附近的封严效率。

图 7-29 是不同进气角度工况下四个子午面上的封严效率云图和流线图。与基准模型相比,供气孔的引入使子午面 B 上占据腔室主要位置的环形涡的尺度和位置发生改变。在 $i = -30°$工况下,环形涡的尺度减小并且向低半径位置移动;而在其余三种进气角度工况下,孔中的封严气以射流的形式挤压着入侵燃气,减小燃气继续沿静盘向低半径处流动的有效流通面积[图 7-29(c)中黑色虚线框所示],使腔内的环形涡演变为占据整个腔内低半径位置的源区涡,并且随着进气角度的增大($i = 0°~60°$),封严气与入侵燃气的周向速度分量差异减小,源区涡的尺度增大,整个腔内低半径处的封严效率增加。在子午面 C 上,$i = -30°$的供气孔不仅在封严唇附近诱导出与低封严效率区相对应的涡结构,还在靠近静盘侧的低半径位置诱导出另一个涡,使该面的流场结构变得复杂。$i = 60°$的供气孔抬高了子午面

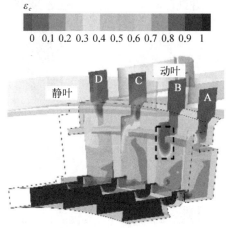

(a) 基准模型

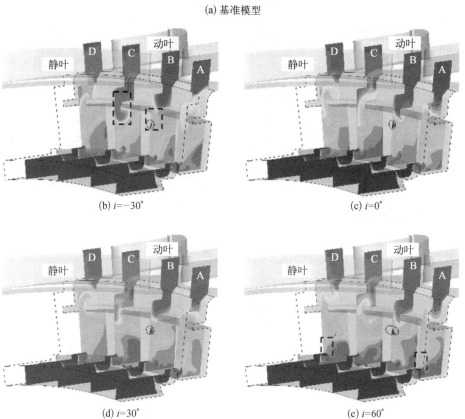

(b) $i=-30°$　　　　　　　　　(c) $i=0°$

(d) $i=30°$　　　　　　　　　(e) $i=60°$

图 7-28　密封腔内不同子午面上的封严效率云图

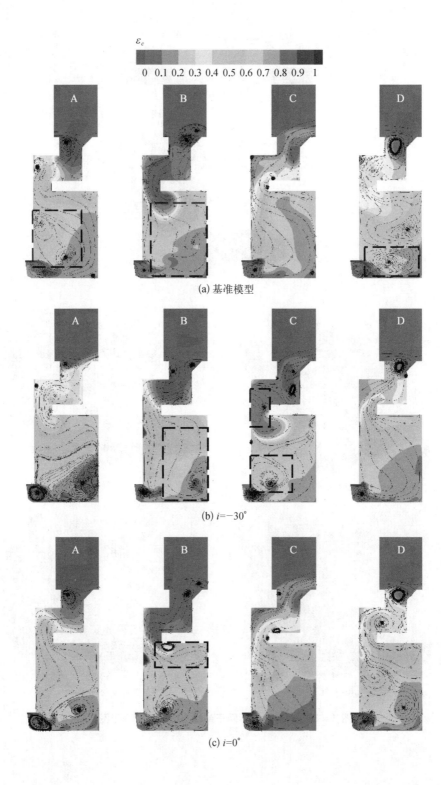

(a) 基准模型

(b) $i=-30°$

(c) $i=0°$

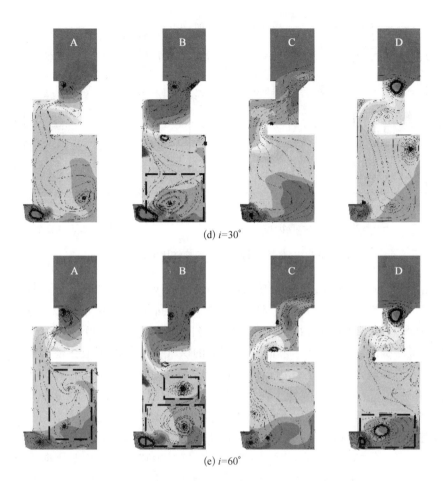

(d) $i=30°$

(e) $i=60°$

图 7 - 29　密封腔内不同子午面的封严效率云图和流线图

A 上的一对涡结构,使这对涡占据腔室的主要位置,提高了该面的封严效率。在子午面 D 上,$i = -30°$ 的供气孔使腔底部的源区涡消失,而 $i = 60°$ 的供气孔增大了该涡的强度,提高了腔室底部的封严效率。

图 7 - 30 给出了密封腔内距静盘 1.5 mm 截面上封严效率和旋转比沿径向的分布情况,每个径向高度的数值是通过周向平均得到的。

由图 7 - 30(a)可知,$i = 30°$、$i = 60°$ 工况在整个径向高度上的封严效率均高于基准工况,并且每一径向位置的封严效率随着进气角度的增大而提高。在供气孔出口的径向位置($r/b = 0.90$),不同倾角的供气孔均使基准模型的封严效率提高,特别是在 $i = 60°$ 工况下,封严效率在基准模型的基础上最多提高了 21.2%。然而与基准工况相比,$i = -30°$、$i = 0°$ 的供气孔降低了孔出口径向高度以上位置的封严效率,且 $i = -30°$ 工况的封严效率较 $i = 0°$ 工况下降得更显著,最多降低了 27.32%;在低半径处($r/b < 0.86$),$i = -30°$、$i = 0°$ 工况的封严效率较基准工况有所提高。

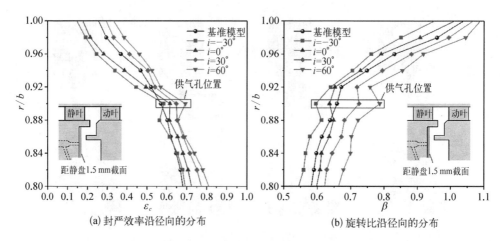

(a) 封严效率沿径向的分布　　　　　(b) 旋转比沿径向的分布

图 7 – 30　密封腔内封严效率和旋转比沿径向的分布

　　由图 7 – 30(b)可知,与基准模型相比,$i = 30°$、$i = 60°$的供气孔显著提高了整个径向位置的旋转比,并且孔的周向倾角越大(方向与动盘转向一致),每一径向位置的旋转比提高得越多,特别在孔出口的径向位置($r/b = 0.90$),$i = 60°$工况的旋转比最多提高了 18.14%。然而,$i = -30°$的供气孔使基准模型在整个径向高度上的旋转比降低,特别是在孔出口的径向位置($r/b = 0.90$)降低了 9.66%。对于 $i = 0°$工况,供气孔的引入降低了孔出口径向高度及以上位置($r/b \geqslant 0.90$)的旋转比,提高了孔出口径向高度以下位置($r/b < 0.90$)的旋转比。这说明当高径位供气孔的周向倾角与动盘转向一致且越来越大时,这股横向射流的周向速度分量大小与腔内入侵燃气的速度差异减小,封严气和燃气发生掺混时的相对周向速度方向更为统一;而进气角度与动盘转向相反时,会导致两股气流发生掺混时的相对周向速度差异增大,腔内的旋转比和封严效率减小。两图对比可知,除孔出口附近和低半径处,密封腔内其余径向位置的旋转比与封严效率正相关。

7.4.2.2　对流动特性的影响

　　统计不同进气角度工况下封严唇与静盘壁面正中位置监测点的压力值随时间的变化,并做快速傅里叶变换(FFT),进行频谱分析,如图 7 – 31 所示。统计过程是在 URANS 计算收敛后进行的,采集了 6 300 个时间步(420 个动叶扫掠周期)的压力波动情况,并用转子旋转频率 f_d 进行归一化。

　　由图 7 – 31 可知,不同工况的腔内监测点均能捕捉到扇区计算域在整个 360°周向上通过的频率($f/f_d = 21$,与导叶的数目相同),以及通过频率的二倍、三倍、四倍频率(分别为 $f/f_d = 42$、63、84),这些频率的幅值随频率升高而依次降低,且不随工况的改变而发生幅值的明显变化。然而,在频谱图中占主要地位的是一些较扇区计算域通过频率低的信号($f/f_d < 21$),这些低频信号的出现可能是由腔内复杂的三维、非定常流动所诱导的大尺度涡系结构引起的。与基准模型相比,$i = -30°$、

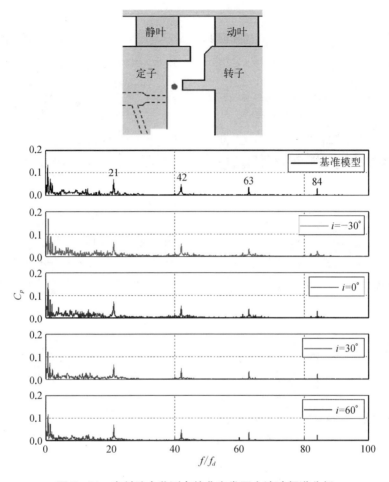

图 7-31　密封腔内监测点的非定常压力波动频谱分析

$i = 0°$ 的供气孔使低频信号增强且幅值升高,而 $i = 30°$、$i = 60°$ 的供气孔使低频信号略微减弱且幅值降低。这说明 $i = -30°$、$i = 0°$ 的供气孔引起孔出口附近发生更为强烈的流体间的剪切作用,产生与黏性剪切流动有关的不稳定涡结构,进而导致非定常效应增强,低频信号更明显;而 $i = 30°$、$i = 60°$ 的供气孔引起的变化则反之。

　　已有研究表明,封严气和入侵燃气在密封腔内发生掺混时会因周向速度差异产生 Kelvin - Helmholtz 不稳定涡结构,与燃气入侵程度密切相关[11]。为了研究孔的进气角度对腔内 Kelvin - Helmholtz 不稳定性流动的影响,图 7 - 32 是不同工况下密封腔内距静盘 1.5 mm 截面上的轴向涡量云图和周向涡量云图。根据右手定则,轴向涡量值可以定量地表征周向上因速度差异诱导出的 Kelvin - Helmholtz 不稳定涡结构的强度;同样地,周向涡量值可以定量地表征轴向上由剪切作用产生的涡系的强弱。

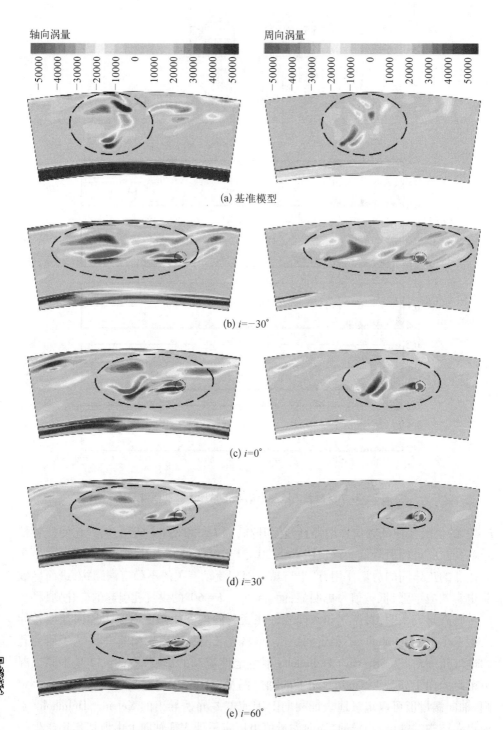

图 7 - 32   密封腔内距静盘 1.5 mm 截面上的轴向涡量云图(左)和周向涡量云图(右)

　　由图 7-32 可知,供气孔的引入显著改变了基准模型腔内涡旋的强度和分布。无论是轴向涡量还是周向涡量,在任一进气角度的供气孔出口处均会产生一对反向的涡结构,并且在远离孔出口的其他周向和径向位置,诱导出的涡结构强弱不一。与基准工况相比,$i = -30°$ 工况在腔内诱导出的涡结构的强度最大且分布范围最广,随着进气角度由负到正且逐渐增大[图 7-32(b)~图 7-32(e)],涡旋的强度减小,涡结构主要集中在孔出口附近。这是因为通过高径位供气孔进入腔内的这股封严气与腔内的流体发生掺混时伴随有明显的剪切作用,在掺混面附近存在流体间周向速度的差异,会抑制或增强 Kelvin-Helmholtz 不稳定流动结构的强度。对于 $i = -30°$ 工况(b),高径位进入的封严气与腔内流体间的周向速度差异较基准工况(a)增大,导致腔内 Kelvin-Helmholtz 不稳定性增强,涡结构的尺度增大。而对于 $i = 60°$ 工况(e),两股流体间的周向速度差异减小,导致腔内 Kelvin-Helmholtz 不稳定性得到抑制,涡结构的尺度减小。

　　图 7-33 给出了不同工况下腔内距静盘 1.5 mm 截面上的封严效率云图和流线图。由图 7-33 可知,密封腔内的低封严效率区($\varepsilon_c < 0.3$)与图 7-32 中因发生剪切作用而诱导出的轴向涡量分布的位置一致,并且大尺度涡结构(图 7-33 中红

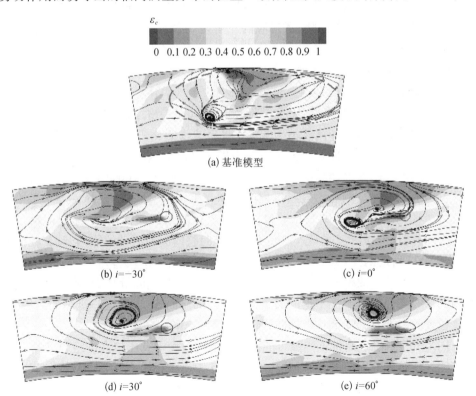

图 7-33　密封腔内距静盘 1.5 mm 截面上的封严效率云图和流线图

色虚线所示)恰好位于腔内燃气入侵程度最严重的区域,说明 Kelvin-Helmholtz 不稳定流动结构的强弱与燃气入侵程度直接相关。与基准工况(a)相比,$i=-30°$、$i=0°$工况虽然将燃气入侵的深度抬升至孔出口的径向高度上,提高了孔出口径向位置以下区域的封严效率,但是通过孔流入的封严气与腔内流体的周向速度差异增大,导致剪切作用增强,诱导出的 Kelvin-Helmholtz 不稳定涡结构的尺度增大,夹带着更多的主流燃气倒灌至腔内的高半径区域,使封严效率降低。对于 $i=30°$、$i=60°$工况(d)、(e),由于供气孔的进气方向与腔内旋流方向相同,使得流入的封严气与入侵燃气间的周向速度差异减小,导致剪切作用减弱,诱导出的 Kelvin-Helmholtz 不稳定涡结构的尺度得到抑制并且其径向位置被抬高至孔出口处,主流燃气倒灌进腔内的程度减弱,低封严效率区($\varepsilon_c < 0.2$)消失,提高了整个腔内的封严效率。

7.4.3 供气孔的数目对轮缘密封的影响

为了探究供气孔的数目对轮缘密封的封严特性和流动结构的影响,本小节选择 7.4.2 节中对提高封严特性最有利的进气角度 $i=60°$ 的供气孔结构,在保持流经供气孔的总封严气流量不变的前提下进行深入分析。绘制两种不同数目(21 个和 42 个)的供气孔结构模型中密封腔内三个等半径面上的封严效率云图和流线图,如图 7-34 所示。这三个流面从高到低分别为封严唇高度以上的流面 S1($r=209\,\text{mm}$),孔出口高度位置的流面 S2($r=201.5\,\text{mm}$),孔出口高度以下的流面 S3($r=193\,\text{mm}$)。

由图 7-34 可知,与整周 21 个供气孔的分布方式相比,增加一倍孔的数目导致密封腔内的封严特性和流场结构发生了显著的改变。在流面 S1 上,增加孔的数目使位于导叶尾缘周向位置上发生燃气入侵最严重的区域向下游迁移,并且在入侵燃气和封严气掺混处诱导出一对新的涡系结构[图 7-34(b)中蓝色线框所示],使该流面上靠近静盘侧的燃气入侵程度更加严重,封严效率明显降低。对于给定的总封严气流量,更多的供气孔导致流经每个孔的封严气流量减少,射流动量减小,使这股高径位封严气阻碍入侵燃气进一步向腔内深处流动的能力减弱,在流面 S2 上孔出口附近诱导出的两个涡结构的尺度增大,卷吸着更多燃气向腔内倒灌,使该流面上的封严效率降低。由于流经每个孔的封严气流量减少,使得从孔射入腔内的这股高径位封严气不足以聚集在低半径的流面 S3 上靠近静盘侧的区域,因此该位置的封严效率降低且沿周向分布更均匀。

图 7-35 给出了两种不同数目的供气孔结构模型中孔出口高度距静盘 1.5 mm 位置的封严效率沿周向的分布情况。图 7-35 中横坐标表示无量纲周向位置,$\theta=0\sim1$ 的方向与动盘旋转方向相同。需要说明的是,封严气在腔内的旋转速度比盘腔慢,相对速度方向与动盘转向相反。由图 7-35 可知,孔的数目由 21 个增加到

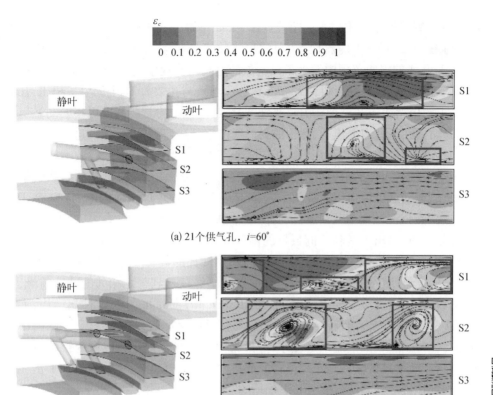

(a) 21个供气孔，$i=60°$

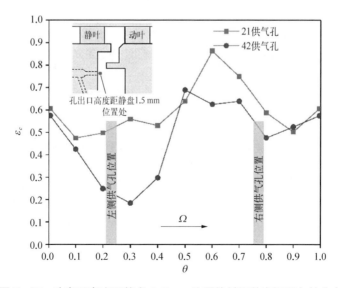

(b) 42个供气孔，$i=60°$

图 7-34　密封腔内不同等半径面上的封严效率云图和流线图

图 7-35　孔出口高度距静盘 1.5 mm 位置的封严效率沿周向的分布

42 个的过程降低了孔出口高度距静盘 1.5 mm 位置处几乎所有周向位置的封严效率。由图 7 - 34(b)中的流面 S2 上的封严效率分布可知,孔数为 42 个的模型在 $\theta = 0.2\sim0.4$ 的周向范围内发生了更剧烈的燃气入侵现象,使该区域的封严效率显著降低。在右供气孔的出口位置($\theta = 0.6\sim0.8$),与孔数为 21 个的模型相比,孔数为 42 个的模型使流经每个孔的封严气流量减少,孔中的封严气以更小的动量射入腔内并贴附在静壁面上流动,更少的封严气能够到达监测位置,导致这股高径位封严气对入侵燃气的轴向"挤压"作用减弱,燃气向腔内深处倒灌的有效流通面积增加,减小了燃气入侵的阻力,使该范围的封严效率降低。此外,更多的封严气从右孔流出后在动盘旋转作用的带动下迁移到孔出口位置的下游(图中 $\theta = 0.5\sim0.7$ 的区域),在该区域内离孔口越远,封严效率越高。

图 7 - 36 给出了两种不同数目的供气孔结构模型中距静盘 1.5 mm 截面上的封严效率云图和流线图。由图 7 - 36 可知,供气孔的数目增加一倍使腔内发生燃气入侵程度最严重的周向位置由原来的导叶尾缘迁移到与之相邻的动叶前缘,在左供气孔的出口区域诱导出尺度更大的 Kelvin - Helmholtz 不稳定性涡结构,夹带着更多的主流燃气倒灌至密封腔内,导致该区域的封严效率显著降低。此外,由于这股高径位封严气的射流动量减小,导致聚集在静盘侧低半径区域的封严气流量减少,封严效率降低。除高半径位置的低封严效率区外,供气孔数目增加一倍使整个腔内其他区域的封严效率分布更加均匀。

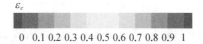

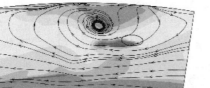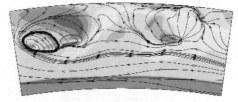

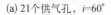

(a) 21个供气孔,$i=60°$ (b) 42个供气孔,$i=60°$

图 7 - 36   密封腔内距静盘 1.5 mm 截面上的封严效率云图和流线图

图 7 - 37 给出了两种不同数目的供气孔结构模型以及无供气孔的基准模型中距静盘 1.5 mm 截面上封严效率沿径向的分布情况。由图 7 - 37 可知,在密封腔内的整个径向位置,尽管 42 个供气孔结构模型的封严效率比 21 个供气孔结构模型的低,但比基准模型的封严效率高。由于增加一倍供气孔的数目加剧了孔出口附近燃气入侵的程度,因此与基准模型相比,供气孔数目的增加并未显著改变孔出口位置($r/b = 0.90$)的封严效率,仅提高了 5.45%。但总的来说,供气孔整周的数目

无论是 21 个还是 42 个,引入这种周向进气角度为正的高径位供气孔结构对提升涡轮轮缘密封的封严性能是有益的。

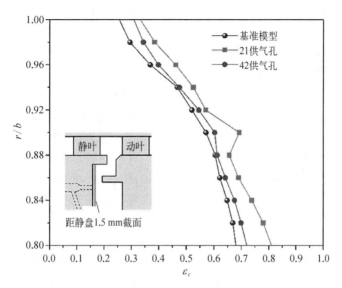

图 7-37　密封腔内两种不同数目的供气孔模型及基准模型
中距静盘 1.5 mm 截面上封严效率沿径向的分布

7.5　小　结

本章在前文介绍了涡轮转-静系盘腔和轮缘封严处真实的三维非定常流动机理的基础上,对轮缘封严的供封严气流路结构进行精细化设计,旨在使热端部件得到高效冷却并有效抑制燃气入侵的同时,尽可能减少抽取的冷气量,受前人对轮缘密封结构优化设计的研究工作的启发,分别针对轴向轮缘封严结构和单层轮缘封严结构提出两种带有高径位供气孔的新型轮缘封严结构,其中一种是在轴向封严结构基础上引入高径位辅助供气孔,研究了辅助封严气周向进气角度和总封严气分配比例对封严效率和流场结构的影响;另一种是在单层封严结构基础上引入高径位供气孔并将高位孔作为主要的供封严气流路,研究了通过孔的主要封严气周向进气角度和孔的数目对封严效率和流场结构的影响。通过分别介绍这两种不同的燃气入侵抑制策略,为轮缘封严的供封严气流路的精细化设计的探索提供了新思路。主要结论如下:

(1)无论是高径位辅助供气孔还是高径位主要供气孔,孔周向进气角度的改变均会显著影响封严效率。当供气孔的周向进气角度为正且越来越大时,对封严效率的提高越有利。这是因为从高径位供气孔流入盘腔的周向带预旋的封严气,显著提高了射流冷气的周向速度分量,增大了周向动量,使掺混后流体的相对周向速度方向更加统一,提高并均匀了此处气流的旋转比,减小了主流燃气和封严冷气掺混时诱导的 Kelvin - Helmholtz 不稳定性的强度,从而抑制了燃气入侵,提高了封严效率。

(2) 在辅助供气孔的研究中,封严气的分配比例也会影响封严效率。在研究的四个封严气分配比例($m_1:m_2=1:1,m_1:m_2=2:1,m_1:m_2=3:1,m_1:m_2=4:1$)中,封严气分配比例对封严效率的影响规律并不一致,影响规律主要与辅助封严气的进气角度有关。分配 0° 周向倾角的辅助封严气,对盘腔内封严效率的提高不利,且辅助封严气占比越大,盘腔内封严效率越低;而分配 35° 和 70° 周向倾角的辅助封严气,对盘腔内封严效率的提高有利,此时对高位辅助封严气和低位主要封严气之间的分配,存在一个最优值,使盘腔内的封严效率达到最大值。

(3) 在高径位主要供气方式的研究中,供气孔整周的数目从 21 个增加到 42 个,会导致高径位封严气的射流动量减小,对入侵燃气的"挤压"作用减弱,腔内 Kelvin - Helmholtz 不稳定涡结构尺度增大,加剧了主流燃气向腔内深处倒灌的程度,导致聚集在静盘侧低半径区域的封严气流量减少,使腔内封严效率降低。但孔的数目无论是 21 个还是 42 个,将高径位正预旋供气孔结构作为主要封严气路的供气方式对提升涡轮轮缘密封的封严性能是有益的。

参考文献

[1] Sangan C M, Scobie J A, Owen J M, et al. Performance of a finned turbine rim seal[J]. Journal of Turbomachinery, 2014, 136(11): 111008.

[2] Scobie J A, Teuber R, Li Y S, et al. Design of an improved turbine rim-seal[J]. Journal of Engineering for Gas Turbines and Power, 2015, 138(2): 022503.

[3] Li J, Gao Q, Li Z, et al. Numerical investigations on the sealing effectiveness of turbine honeycomb radial rim seal[J]. Journal of Engineering for Gas Turbines and Power, 2016, 138 (10): 102601.

[4] Clark K, Barringer M, Johnson D, et al. Effects of purge flow configuration on sealing effectiveness in a rotor-stator cavity[J]. Journal of Engineering for Gas Turbines and Power, 2018, 140(11): 4040308.

[5] Patinios M, Ong I L, Scobie J A, et al. Influence of leakage flows on hot gas ingress[J]. Journal of Engineering for Gas Turbines and Power, 2019, 141(2): 021010.

[6] Zlatinov M B, Tan C S, Little D, et al. Effect of purge flow swirl on hot-gas ingestion into turbine rim cavities[J]. Journal of Propulsion and Power, 2016, 32(5): 1055 - 1066.

[7] Chilla M, Hodson H, Newman D, et al. Unsteady interaction between annulus and turbine rim seal flows[J]. Journal of Turbomachinery, 2013, 135(5): 051024.

[8] Clark K, Barringer M D, Thole K A, et al. Effects of purge jet momentum on sealing effectiveness[J]. Journal of Engineering for Gas Turbines and Power, 2016, 139(3): 031904.

[9]　Patinios M, Ong I L, Scobie J A, et al. Influence of leakage flows on hot gas ingress[J]. Journal of Engineering for Gas Turbines and Power, 2018, 141(2): 021010.

[10]　Durocher E, Synnott R, Blais D. Airfoil platform impingement cooling: US7452184(B2)[P]. 2008 - 11 - 18.

[11]　Horwood J. Computation of flow instabilities in turbine rim seals[D]. Bath: University of Bath, 2019.